石油和化工行业"十四五"规划教材

Essential Biochemistry

精编生物化学

陈 畅　刘广青　主编

化学工业出版社

·北 京·

内容简介

　　《精编生物化学》由十一章组成，包括静态生物化学和动态生物化学两部分内容。其中静态生物化学重点阐述了生命的物质基础（如糖类、脂质、蛋白质、核酸、酶、维生素等）的组成、结构、性质和功能；动态生物化学主要介绍了生物体内的物质代谢和能量转换过程，如新陈代谢、生物氧化、糖代谢、脂质代谢、蛋白质和氨基酸代谢、核酸代谢以及遗传信息的储存、传递和表达。本书强化了生物化学核心的知识脉络，力求内容简明扼要、脉络清晰完整、重点难点突出。全书对生物结构、代谢途径、复杂反应均以彩图绘制，有利于学生形成深刻印象，便于理解和记忆。每章附有课后练习，可供读者自测。

　　《精编生物化学》适用于生命科学相关、相近专业，如生物工程、生物技术、制药工程、生物医学工程、生物材料、环境工程、食品科学与工程、微生物学等，可作为普通高等教育本科生、研究生的必修教材，也可作为高等继续教育教材，同时对从事相关领域研究开发的科研人员有一定的参考价值。

图书在版编目（CIP）数据

精编生物化学 / 陈畅，刘广青主编 . — 北京：化学工业出版社， 2023. 11
ISBN 978-7-122-43619-1

Ⅰ. ①精…　Ⅱ. ①陈… ②刘…　Ⅲ. ①生物化学-高等学校-教材　Ⅳ. ①Q5

中国国家版本馆 CIP 数据核字（2023）第 101735 号

责任编辑：李　琰　宋林青　　　　　　　文字编辑：刘志茹
责任校对：王　静　　　　　　　　　　　装帧设计：韩　飞

出版发行：化学工业出版社
　　　　　（北京市东城区青年湖南街 13 号　邮政编码 100011）
印　　刷：三河市航远印刷有限公司
装　　订：三河市宇新装订厂
787mm×1092mm　1/16　印张 16　字数 387 千字
2024 年 2 月北京第 1 版第 1 次印刷

购书咨询：010-64518888　　　　　售后服务：010-64518899
网　　址：http: //www. cip. com. cn

凡购买本书，如有缺损质量问题，本社销售中心负责调换。

生物化学是运用化学的原理和方法，从微观水平上研究生物分子的结构与功能，及其代谢过程中遵循化学规律所发生的一系列变化的科学。生物化学与人类生活息息相关，在人类社会的发展过程中发挥了极其重要的作用。生物化学课程在各国生命科学相关的各类专业（生物学、医学、药学、农学、林学、生物材料、生物工程等）教学中，无一例外地被当作重要的专业基础课，还是我国大部分生命科学相关专业研究生招生考试的必考科目，同时也为生物化工、制药工程、生物材料、能源化工、环境工程等交叉学科的发展做出了重要贡献。随着科技和社会的快速发展，生物化学教材必须与时俱进。

生物化学知识点繁多，涉及面较广，有的生物化学教材强调面面俱到而难分主次，内容过于庞杂，学生较难理解与记忆，因此有必要对关键的核心知识进行梳理与凝练。另外，在长期教学实践中，编者发现讲授很多复杂的代谢途径、特殊结构或生物过程时，用图片来辅助讲解会有"一图胜万言"的效果。国内现行教材中虽包含一些配图，但多数是黑白图片，在清晰度和形象程度上存在不足。针对以上问题，编者在集成了 10 余项北京市级和校级教学改革项目以及 20 余篇教学研究论文成果的基础上，编写了《精编生物化学》教材，重新梳理了教学内容，强化了生物化学最核心的知识脉络，全书对生物结构、代谢途径和复杂反应均以彩图绘制，有利于学生形成深刻印象，便于理解和记忆。

本教材特点如下：

1. 对生物化学内容体系进行抽丝剥茧，突出对核心知识和重点知识的凝练，详略得当，逻辑清晰，无论是教师授课还是学生自学都可以快速理清重点。

2. 对生物化学教学框架不健全的地方进行补充完善，如增加厌氧消化内容，构建完整的代谢网络框架，便于学生进行整体把握和记忆。对生物化学中的专业术语进行统一和规范，对专有名词增加中英文对照，与国外主流教材接轨。

3. 构思、设计并绘制不同形式的插图，采用双色印刷（提供彩色图片二维码），将抽象的文字和复杂冗长的代谢过程转化为清晰、生动、直观的图片，便于学生梳理知识脉络和框架，在头脑中形成深刻印记，提高学生的阅读兴趣，为教材注入活力。

生物化学课程目前为北京市优质本科课程，编者多年从事生物化学课程的教学，先后获得全国性、北京市、学校教学奖励 30 余项，具有比较丰富的教学经验。陈畅编写、审定了所有章节，刘广青审定了全书章节，并提供了宝贵的教学资源，黄燕参与了校稿，李成参与了统稿校稿，张校闯、李成参与了插图绘制。本书的编写得到了北京化工大学教务处、北京化工大学国际教育学院、北京化工大学化学工程学院的支持，在此表示感谢。

本书在北京市与中央共建教学改革——教学名师项目、北京化工大学中外合作办学教学改革项目资助下完成，在撰写过程中编者越发对生物化学领域的前辈钦佩不已，特此表达崇高的敬意。当今世界科技发展日新月异，生物化学领域不断涌现出新的知识和新的成果，教师也需要与时俱进。由于编者水平有限，疏漏之处在所难免，敬请读者批评指正。

北京化工大学　陈畅　刘广青
2023 年 8 月于北京

目录

第三章　蛋白质 / 40

第四章　核酸 / 78

第五章　酶 / 98

第六章　维生素与辅酶 / 119

第七章　生物氧化 / 131

第八章　糖代谢 / 149

第九章　脂质代谢 / 179

第十章　蛋白质和氨基酸代谢 / 200

第十一章　核酸代谢 / 225

绪论

第一节 生物化学概述

生物化学是运用化学的原理和方法，研究生物体的物质组成和遵循化学规律所发生的一系列化学变化，进而深入揭示生命现象本质的一门科学，有生命的化学之称。生物化学是生物学与化学相互交叉，解析生命的化学组成和生命过程中的化学变化的一门学科。

生物化学以微生物、植物、动物及人体为研究对象，运用生物学、化学、物理的原理和方法研究生物体的物质组成及其变化规律，进而揭示生命现象的化学本质，以期为农业、工业、食品、环保、医药等行业服务。

从分子水平上看，生物化学主要研究构成生物体的物质的化学组成、结构、性质和功能，这些物质包括糖类、脂质、蛋白质、核酸、维生素和酶等，这部分内容属于静态生物化学。

从物质在生物体内发生的动态变化来看，生物化学主要研究生物体内的物质代谢和能量转换过程，如新陈代谢、糖代谢、脂质代谢、蛋白质和氨基酸代谢、核酸代谢以及遗传信息的储存、传递和表达，这部分内容属于动态生物化学。

静态生物化学和动态生物化学构成了生物化学的主体，也是本书的核心。

第二节 生物化学的发展历史

19 世纪末 20 世纪初，生物化学发展成为一门独立的新兴学科。早在 1000 多年前，我国古代劳动人民已经在生产实践中积累了许多生物化学知识并将其应用于生产实践，如殷商有酿酒的记载，西周有制酱记载，北宋寇宗奭编写的《本草衍义》记载了豆腐的制作过程，等等。但是由于清朝闭关锁国，使得近代中国科学技术发展迟滞不前，生物化学发展缓慢。随着欧洲资产阶级革命的爆发，生产力得到解放，生物化学研究也陆续发展起来。1771 年 Priestley 发现了光合作用，随后 1785 年 Lavoisier 证明呼吸过程中，机体吸收氧气排出二氧化碳，同时放热，这是生物氧化和能量代谢研究的开端。1897 年 Buchner 兄弟发现酵母细胞质能使糖发酵，证明没有活细胞也可以发生发酵这样复杂的生化反应，奠定了酶化学的基础。19 世纪末到 20 世纪初，西方国家对蛋白质、酶、维生素、激素、核酸等的研究做出了巨大贡献。1902 年 Fischer 通过对蛋白质进行水解，提出蛋白质是由氨基酸组成的，之后将氨基酸合成多肽，确认氨基酸之间通过肽键连接。1911 年 Funk 结晶出治疗"脚气病"的复合维生素 B。1926 年 Sumner 从刀豆结晶出脲酶，并证明酶是蛋白质。1935 年 Schneider 将同位素应用于代谢的研究，这对揭示物质在生物体内的代谢途径具有重要意义。1937 年 Krebs 提出物质有氧代谢的氧化途径——三羧酸循环。1944 年 Avery 等人证明细菌携带遗传信息的物质不是蛋白质而是 DNA，1952 年 Hershey 和 Chase 用同位素示踪技术进一步证明遗传物质是核酸而不是蛋白质。20 世纪 50 年代 Chargaff 发现不同生物之间的碱基组成规律。1953 年 Watson 和 Crick 提出了 DNA 的双螺旋结构模型，这是 20 世纪最重大的科学发现之一，从此标志着生物学研究进入了分子水平。自 20 世纪 70 年代发现限制性核酸内切酶后，逐步形成了以基因工程为代表的生物工程技术。20 世纪末和 21 世纪初随着人类基因组全序列测定的基本完成，生命科学进入了后基因组时代，产生了功能基因组学、蛋白质组学、结构基因组学等。生物化学作为现代生命科学的前沿，也得到了空前的发展，对人类社会的进步起到了重要的推动作用。

　　我国的生物化学研究在新中国成立后得到了快速发展，取得了举世瞩目的成果。1965 年成功合成了具有生物学活性的蛋白质——结晶牛胰岛素，这是世界上第一个人工合成的蛋白质。1972 年中国和英国科学家用 X 射线衍射法测定了猪胰岛素的空间结构，表明中国在生物大分子的 X 射线晶体结构分析领域跨入了世界先进列。1983 年人工合成了酵母丙氨酸转移核糖核酸，这是世界上首次人工合成核糖核酸。1999 年我国加入了人类基因组计划，承担其中 1% 的任务，即人类 3 号染色体短臂上约 3000 万个碱基对的测序，中国成为参加这个计划唯一的发展中国家。随着综合国力的提升，国家对科学研究的投入不断加大，目前我国已经跻身生物化学研究的强国之列。

第三节　生物化学与其他学科的关系

　　生物化学与分子生物学关系密切，生物化学和分子生物学是生物学的最深层次，生物化学通过研究酶的作用机制、蛋白质的结构和功能、物质的代谢、遗传信息的传递等，在分子水平上揭示了生物学中的很多重要规律。生物化学又是化学的最高层次，它利用化学的原理和方法，通过揭示生物体内的化学反应机制，阐明对人类基本生存至关重要的生命现象的原因，同时为人类社会提供新的化学反应途径和催化合成方法。此外生物化学与分子生物学为农业、工业、医学、食品科学的发展和进步提供理论依据和研究手段。在农业生产实践中运用生物化学知识研制杀虫剂，如开发与昆虫消化道内的蛋白酶相互作用的蛋白酶抑制剂，影响昆虫摄入蛋白质后的正常消化，达到杀虫的效果。在医学方面，已经广泛应用生物化学知识对疾病进行诊断和治疗。例如测定血液样本中的血糖浓度、利用 PCR 技术检测病原体的 DNA、利用 ELISA 技术检测血清中的蛋白质，等等。生物化学与食品科学也关系密切，如制曲酿酒、泡菜制作、乳品发酵、食品加工与保鲜等，都在广泛使用生物化学的基本原理和方法。可以说生物化学是生命科学相关学科的基础，任何与生命现象有关的研究课题总要涉及生物化学知识。

其他科学，如物理学、信息科学和数学等为生物化学研究提供了先进的技术手段。如应用电泳、层析等方法对大分子物质进行分离纯化，通过 X 射线衍射、核磁共振等技术对生物大分子的结构进行分析表征，利用同位素标记法跟踪测定生物大分子的代谢途径，依托数学的原理和方法对生物化学的反应过程进行动力学分析，运用信息科学技术对海量的生物基因序列进行比较和挖掘等。不同学科的交叉为阐明生物化学的复杂过程和机制提供了新颖有效的研究手段，促进了生物化学的发展。随着科学技术日新月异的进步，生物化学的理论知识、研究方法和技术应用不断完善，科学价值不断提升，在人类社会发展进程中必将发挥更加重要的作用。

第一章
糖 类 >>>

第一节 概述

糖类化合物是自然界分布最广泛的一大类有机化合物，是一切生物体维持生命活动所需能量的主要来源，不仅是生物体内重要的结构物质，还是生物体合成其他化合物的基本原料。此外，糖类化合物还参与生物体内的能量代谢和多种识别过程，在生物的生命活动中发挥着重要的作用。

一、糖的定义

由于绝大多数的糖类化合物都可以用通式 $C_m(H_2O)_m$ 表示，所以过去人们一直称糖类为碳水化合物，其实并不恰当。从化学结构上看糖类物质是多羟基（至少 2 个羟基）的醛类（aldehyde）或酮类（ketone）化合物，以及它们的衍生物或聚合物。据此可将糖分为醛糖（aldose）和酮糖（ketose），最简单的糖类是丙糖，如二羟丙酮（丙酮糖）和甘油醛（丙醛糖）。

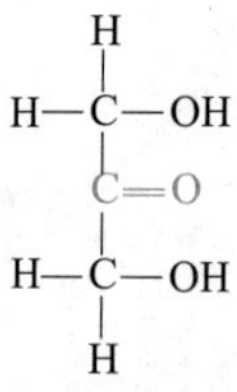

二羟丙酮 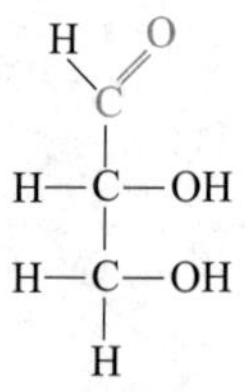　　　　　甘油醛

二、糖的种类

糖类物质是一大类物质的总称，根据糖的结构单元数目（聚合度）多少可将其分为下列几类。

1. 单糖

单糖（monosaccharide）是糖类物质中不能再被水解的、最简单的糖。根据所含碳原子数目的多少，单糖可以分为丙糖、丁糖、戊糖、己糖、庚糖等；按官能团性质分类，单糖可以分为醛糖和酮糖。

2. 寡糖

寡糖（oligosaccharide）由 2～10 个单糖分子脱水缩合通过糖苷键连接而成，其中以双糖（也称二糖）最为普遍，既能作为各种生物体的能量来源，也能作为生物体组成的物质原料，在糖类的储存或运输中发挥了重要作用。最常见的双糖有麦芽糖（maltose）、乳糖（lactose）、蔗糖（sucrose）等。

3. 多糖

多糖（polysaccharide）是由多个单糖通过糖苷键聚合形成的高分子聚合物，若构成多糖的单糖分子都相同，这种多糖被称为均一性多糖或同多糖，如淀粉、糖原、纤维素、几丁质（壳多糖）等。由两种或两种以上的单糖构成的多糖称为不均一性多糖或杂多糖，如半纤维素、透明质酸、硫酸软骨素等。

结合糖（glycoconjugate）也称复合糖或糖缀合物，指糖与蛋白质、脂质、核酸等生物分子以及其他小分子以共价键相互连结而形成的化合物，如糖蛋白（蛋白聚糖）、糖脂、糖-核苷酸等。此外还有一些糖的衍生物，如糖醇、糖酸、糖胺、糖苷等。

三、糖的生物学功能

1. 提供能量

糖类是绝大多数生命重要的能源物质，生物体生命活动需要的能量大多由糖类物质分解提供，植物中的淀粉、蔗糖和动物体中的糖原都是能量的储存形式。

2. 碳源物质

部分糖类物质或其中间代谢物能为体内蛋白质、核酸、脂质的合成提供碳源，作为有机物的碳骨架。

3. 结构组分

有些糖类物质在生物体内充当结构物质，如纤维素、半纤维素是植物细胞壁的主要成分，肽聚糖是细菌细胞壁的主要成分。

4. 信息传递

糖类物质作为一种信息分子参与细胞间通信和生物分子间的识别。如细胞膜表面糖蛋白的寡糖链能够参与细胞间的识别，一些细胞的细胞膜表面含有糖分子或寡糖链，构成细胞的天线，参与细胞通信。

第二节　单糖

一、单糖的结构

1. 单糖旋光性及构型

能使平面偏振光的偏振面发生旋转的物质称为旋光物质或旋光体，旋光体的这种性质称为旋光性（optical rotation，opticity）。使偏振面沿顺时针方向（或向右）偏转，常用（＋）/d 表示；使偏振面沿逆时针方向（或向左）偏转，常用（－）/l 表示。研究发现绝大多数的糖都有使平面偏振光发生偏转的能力，即具有旋光性。产生这种现象的原因是一般糖分子都具有手性碳原子，如果糖分子中含有多个手性碳，则糖的旋光性由糖分子中所有手性碳上的羟基决定。

分子中由于各原子或基团间特有的空间排列方式不同而使它呈现出不同的立体结构称为构型（configuration）。一个手性碳原子会产生两种构型，以最简单的单糖——甘油醛（glyceraldehydes）为例，它的两种构型如图 1-1 所示。为了区分，规定糖分子中离羰基最远的手性碳所连羟基在 Fischer（费歇尔）投影式中朝右为 D-构型，朝左为 L-构型。甘油醛的这两种构型旋光性正好相反，互为镜像，是一对对映体（对映异构体）。一般情况下，构型都比较稳定，一种构型转为另一种构型则要求共价键的断裂、原子或基团间的重排和新共价键的重新形成。需要注意，构型是人为规定的，而旋光性是根据旋光仪测定的。

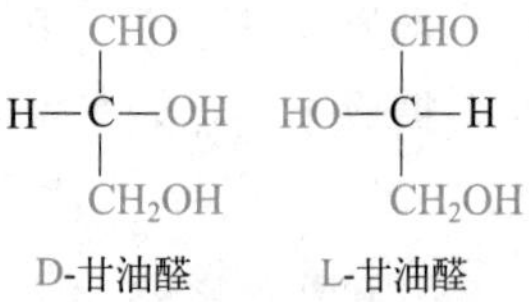

图 1-1 甘油醛的两种构型

异构体是指原子种类（组成）、数目、分子量相同的分子。包括结构异构体和立体异构体。前者是由于原子连接次序（构造）不同导致的，后者是由于原子在空间的相对分布或排列（构型）不同导致的。立体异构体又分为几何（顺反）异构体和光学（旋光）异构体。前者是因为存在双键、环或其他原因限制了原子间的自由旋转；后者是由于分子存在手性碳原子导致的。其他单糖的异构体将参照甘油醛的两种光学异构体确定 D-构型或 L-构型，图 1-2 中是 3 碳到 6 碳的 D-醛糖的 Fischer 结构式。图 1-3 中是 3 碳到 6 碳的 D-酮糖的 Fischer 投影式。

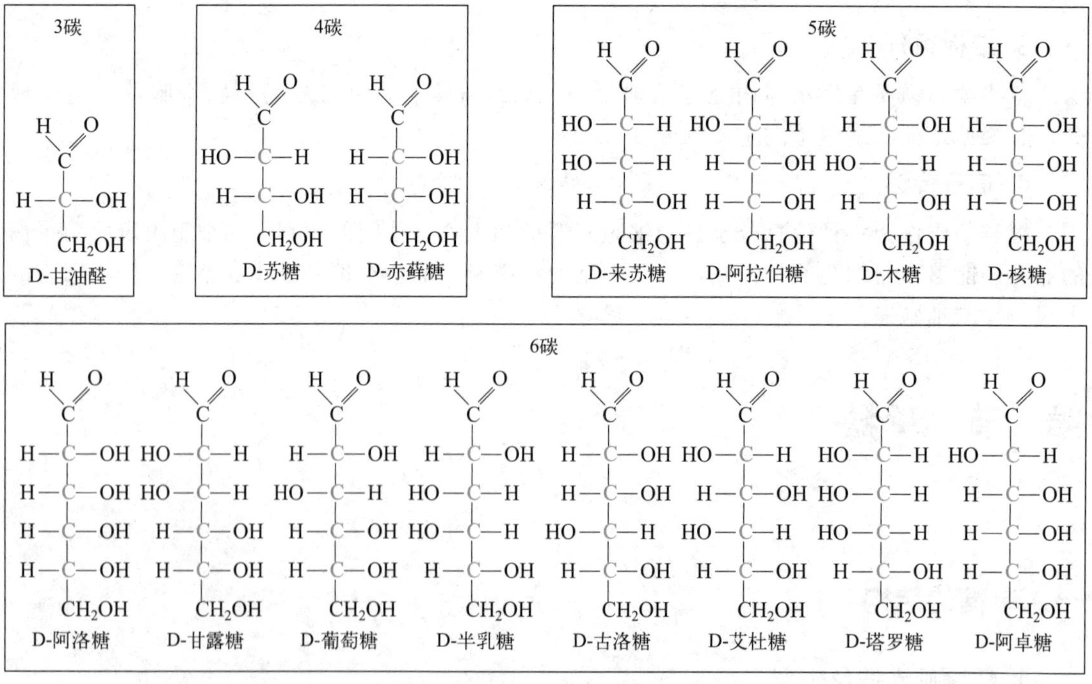

图 1-2 D-醛糖的 Fischer 投影式

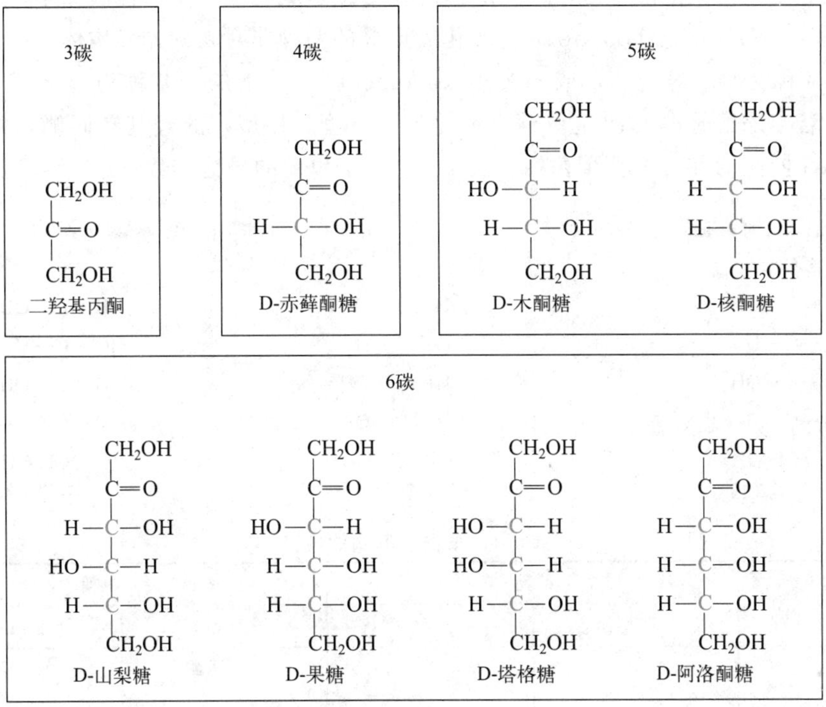

3碳

CH₂OH structure...

二羟基丙酮

4碳

D-赤藓酮糖

5碳

D-木酮糖　　　D-核酮糖

6碳

D-山梨糖　　　D-果糖　　　D-塔格糖　　　D-阿洛酮糖

图 1-3　D-酮糖的 Fischer 投影式

　　在链状单糖中，如果有 n 个不对称碳原子（手性碳原子），则旋光异构体的数目为 2^n，对映异构体数目是 $2^n/2$。醛糖中的手性碳原子数目为总碳原子数减去 2，酮糖中的手性碳原子数目为总碳原子数减去 3。葡萄糖中有 4 个手性碳原子，共有 16 个旋光异构体，即 8 对对映体。果糖中有 3 个手性碳，旋光异构体的数目为 8，对映异构体数目是 4 对。

　　两个单糖仅仅在一个手性碳原子上有不同的构型，这两个单糖互称为差向异构体（epi-mer）或表异构体，如 D-葡萄糖与 D-甘露糖为 C-2 差向异构，D-葡萄糖与 D-半乳糖为 C-4 差向异构。它们的结构式如下：

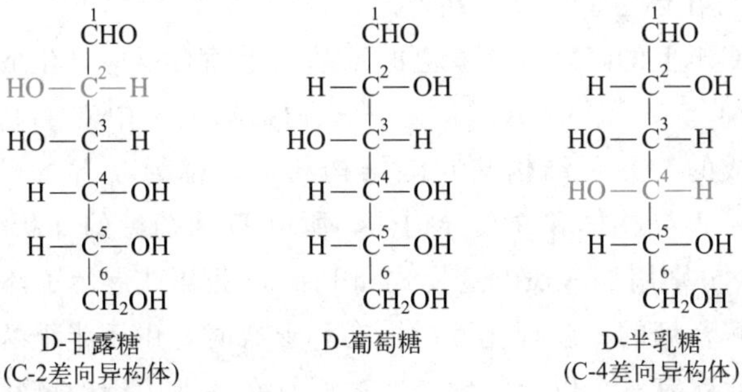

D-甘露糖　　　　　D-葡萄糖　　　　　D-半乳糖
(C-2差向异构体)　　　　　　　　　　(C-4差向异构体)

2. 单糖的环状结构和 α-、β- 构型

　　单糖的某些理化性质不能用糖的链状结构解释，如一个旋光体溶液放置后，其比旋光度会发生改变；另外醛糖的醛基也不如一般醛基活泼，不能发生加成反应。科学家对糖的结构做了大量研究，发现糖并不完全是链状结构，特别是在溶液中，直链单糖分子中的醛基和羟基处于适当位置时，分子内的基团发生相互作用（一般是 C-1 的醛基和 C-5 的羟基连接成

环）而形成分子内的半缩醛（hemiacetal）。环化后羰基碳变成 1 个手性碳原子，也称为端异构性碳原子（anomeric carbon atom），环化后形成的两种非对映旋光异构体（α-型异构体和 β-型异构体）称为端基异构体，或异头物（anomer）。C-1 上的羟基称为半缩醛羟基，以葡萄糖为例，若半缩醛羟基与决定单糖直链构型（D-型、L-型）的羟基在同侧，则称为 α-型葡萄糖，不在同侧的称为 β-型葡萄糖。表 1-1 列出了单糖的异构体数目。

α-D-葡萄糖   D-葡萄糖 β-D-葡萄糖

表 1-1　单糖的异构体数目

糖类	醛糖		酮糖	
	D-型	L-型	D-型	L-型
丙糖	1	1	二羟丙酮	二羟丙酮
丁糖	2	2	1	1
戊糖	4×2[①]	4×2[①]	2×2[①]	2×2[①]
己糖	8×2[①]	8×2[①]	4×2[①]	4×2[①]

①表示环状结构有 α-、β-异头体之分。

环状结构的 Fischer 投影式中形成过长的氧桥是不合理的，1926 年 Haworth（哈沃斯）提出透视式表达糖的环状结构。Haworth 透视式比 Fischer 投影式更能正确反映糖分子中的键角和键长。投影式转化为透视式的方法如下：①粗线表示平面向前的边缘，细线表示向后面的边缘，环上的 C 可不写；②将 Fischer 式右边的羟基写在环下面，左边的羟基写在环上面；③糖成环后，有多余的碳原子（未成环的碳原子）时，如在 Fischer 式中氧桥是向右的，则未成环 C 原子写在环之上，反之在环之下。

若葡萄糖分子中 C-1 上的醛基和 C-5 上的羟基发生缩合反应，生成的 6 元环结构与吡喃结构相似，称为吡喃葡萄糖（glucopyranose）；若葡萄糖分子中 C-1 上的醛基和 C-4 上的羟基发生缩合反应，生成的 5 元环结构与呋喃结构相似，称为呋喃葡萄糖（glucofuranose）。每一类环状结构又有 α-型异构体和 β-型异构体，所以 D-葡萄糖的环状结构共有 4 种。图 1-4 是葡萄糖环化的过程，分别用 Haworth 透视式和 Fischer 投影式展示了环化后的葡萄糖结构。

糖的环式结构能解释糖的一些理化性质：在环形成时，由于半缩醛羟基的空间排布不同（有 α-、β-之分），因此就有 1 个以上的旋光度，而且在溶液中糖的链状结构和环状结构之间可以相互转变，最后达到动态平衡。糖中醛基不如一般的醛基活泼，这是由于环形结构形成后，链式结构中的醛基在环状结构中变成半缩醛羟基，不如一般的醛基活泼，因此不能发生加成反应。

不同条件下结晶出的葡萄糖旋光度不同，从乙醇水溶液中结晶出的葡萄糖比旋光度为 $+112.2°$，从吡啶溶液中结晶出的葡萄糖比旋光度为 $+18.7°$。在水溶液中 D-葡萄糖会形成

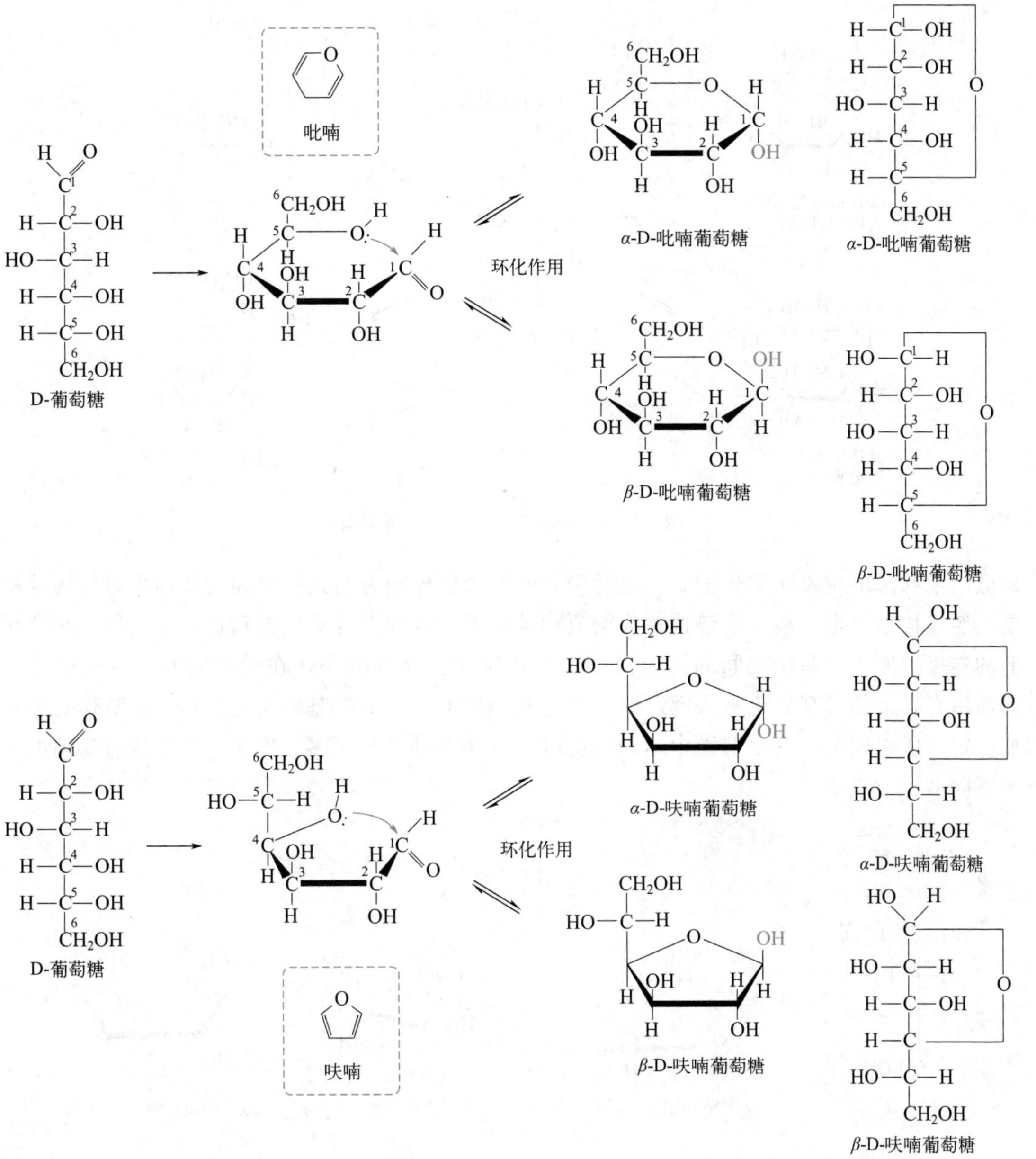

图 1-4 葡萄糖的环化过程

5 种结构，以 α-D-吡喃葡萄糖、β-D-吡喃葡萄糖为主，存在较少的 α-D-呋喃葡萄糖、β-D-呋喃葡萄糖，仅有极少量的开链式 D-葡萄糖。放置一段时间后，5 种结构达成动态平衡，比旋光度逐渐转变为 +52.5°。这 5 种结构及在水溶液中的占比如图 1-5 所示。

3. 单糖的构象

Haworth 透视式虽能正确反映糖的环状结构，但还是不能完全反映物质的立体结构特点。分子中的某个原子或基团绕 C—C 单键自由旋转会形成不同的暂时性易变的空间结构形式，称为构象（conformation）。不同的构象之间可以相互转变，但空间位置的改变不涉及共价键的断裂。构象式最能正确地反映糖的环状结构，它反映出了糖环的折叠形结构。处于

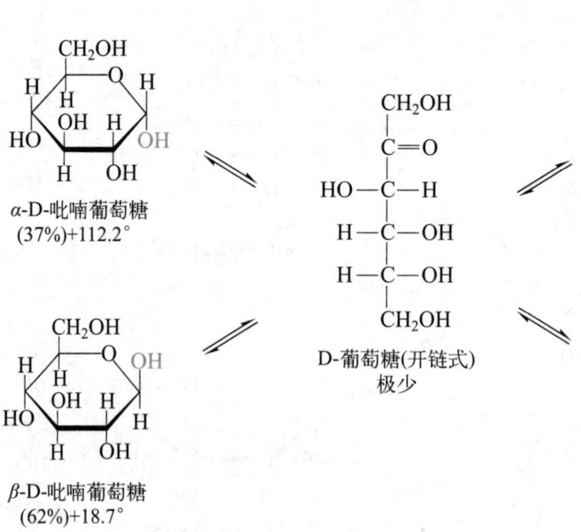

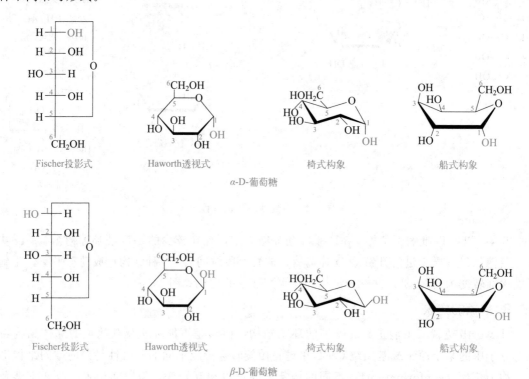

图 1-5　D-葡萄糖在水中的不同结构

最低能量状态的构象叫优势构象。葡萄糖有两种构象分别为船式构象和椅式构象，但椅式构象比船式构象稳定，属于优势构象。构象中碳原子形成的键有平伏键和直立键两种，平伏键上的连接的原子或基团之间的排斥力或位阻效应比直立键的小。在葡萄糖的构象式中 β-型葡萄糖 C-1 上的羟基处于平伏键，而 α-型葡萄糖的 C-1 上的羟基处于直立键，β-型葡萄糖更加稳定，所以葡萄糖在水溶液中达到平衡时 β-D-葡萄糖占比更多。图 1-6 为环状葡萄糖的几种不同书写形式。

| Fischer投影式 | Haworth透视式 | 椅式构象 | 船式构象 |

α-D-葡萄糖

| Fischer投影式 | Haworth透视式 | 椅式构象 | 船式构象 |

β-D-葡萄糖

图 1-6　葡萄糖的几种书写形式

二、单糖的性质

1. 单糖的物理性质

（1）旋光性

绝大多数单糖都含有手性碳原子，因而具有旋光性。旋光性一般用比旋光度（specific rotation）表示，比旋光度（$[\alpha]_D^t$）也称旋光率，是鉴定糖的一个重要指标，可用下式表示：

$$[\alpha]_D^t = \frac{\alpha_D^t}{cl} \times 100$$

式中　t——测定温度；

　　　D——钠光源（589.6nm）；

　　　α_D^t——旋光度，从旋光仪上测得的读数；

　　　l——旋光管的长度，dm；

　　　c——溶液的浓度，g/100mL。

（2）变旋性

一个旋光体溶液放置后，其比旋光度改变的现象称为变旋。在溶液中，糖的链状结构和环状结构（α、β）之间可以相互转变，最后达到一个动态平衡，几者所占比例因糖种类而异。葡萄糖变旋现象的原因就是几种结构形式之间发生互变，最后达到平衡（见图1-5），比旋光度稳定在+52.5°。

（3）甜度

单糖大多有一定甜味，可作为甜味剂。各种糖的甜度（sweetness）不同，以蔗糖的甜度（100）为标准值，表1-2列出几种常见甜味剂的甜度。

表 1-2　常见甜味剂的甜度

名称	甜度	名称	甜度
果糖	173.3	鼠李糖	32.5
转化糖	130	麦芽糖	32.5
蔗糖	100	半乳糖	32.1
葡萄糖	74.3	棉子糖	22.6
木糖	40	乳糖	16.1
糖精	50000	阿斯巴甜	15000

此外，单糖中含有多个羟基，易溶于水，且在热水中的溶解度很大，难溶于乙醚、丙酮等有机溶剂。

2. 单糖的化学性质

单糖的化学性质与其所含的羟基、醛基、酮基有关，同时羟基和羰基相互影响还会产生一些其他的特殊性质。

（1）由醛、酮基产生的性质

① 氧化还原反应　直链单糖的醛基、酮基、伯醇基（—CH_2OH）等都具有还原性易被氧化，环状单糖的半缩醛羟基也有还原性，能使一些金属离子（如 Cu^{2+}、Ag^+）还原。在

碱性条件下，醛糖、酮糖均能还原金属离子 Cu^{2+}、Hg^{2+}、Ag^+，生成糖酸。费林（Fehling）试剂定糖法即是根据此原理，反应式如下：

$$葡萄糖 + Cu^{2+} \longrightarrow 葡萄糖酸 + Cu^+$$

通过测定生成的 Cu^+ 的量即可计算溶液中糖的含量。此性质是糖的定性、定量测定的基础之一。具有还原性的糖称为还原糖，单糖都是还原糖，其氧化产物为糖醛酸、糖酸或糖二酸。

醛糖的醛基能被弱氧化剂氧化为羧基生成糖酸，如葡萄糖和溴水反应生成葡萄糖酸；在强氧化剂（如稀硝酸）存在条件下，葡萄糖被氧化成葡萄糖二酸；在生物体内酶作用下，葡萄糖可被氧化为葡萄糖醛酸。醛糖被溴水氧化成糖酸，使溴水褪色，而酮糖不能被溴水氧化，因此可以用溴水鉴别醛糖和酮糖。醛糖的不同氧化产物如下：

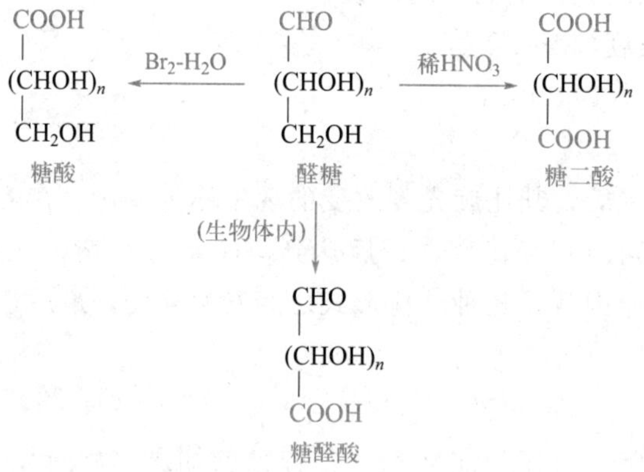

酮糖在强氧化剂（如稀硝酸）存在条件下，碳链在羰基处断裂，生成两分子低价酸（酸根的化合价是一价的）。例如果糖被强氧化剂氧化生成乙醇酸和三羟基丁酸，反应式如下：

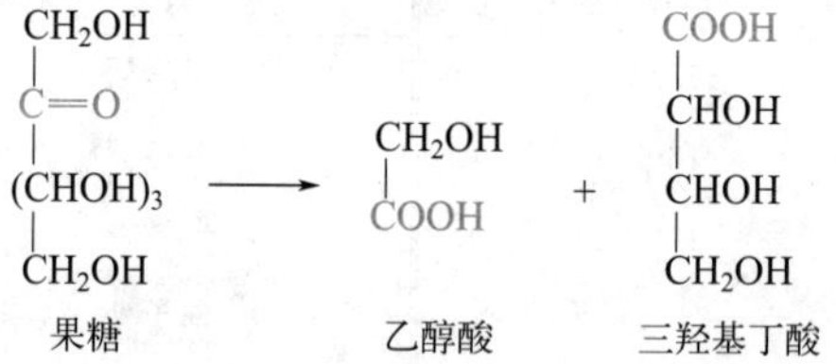

单糖分子相邻碳原子上均有羟基，可以被高碘酸氧化，氧化时连接羟基的相邻碳原子之间的碳碳单键断裂，如 C-1 上的羟基氧化成醛基，与 C-1 上羟基相邻的 C-2、C-3 上的羟基则被氧化成甲酸。且断裂 1 个碳碳单键消耗 1 分子高碘酸，可以通过这个反应测定糖结构。葡萄糖与高碘酸的反应式如下：

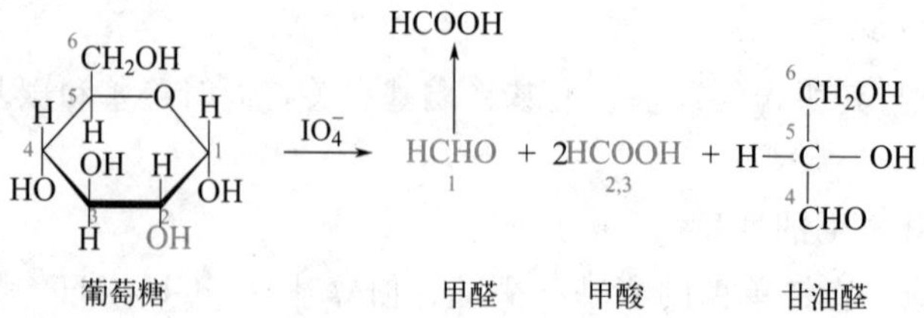

单糖的羰基容易被还原成羟基形成糖醇。如在酸性条件下 D-葡萄糖羰基被还原生成 D-葡萄醇，D-甘露糖被还原成 D-甘露醇，D-果糖既可以被还原成 D-葡萄醇，也可以被还原成 D-甘露醇。

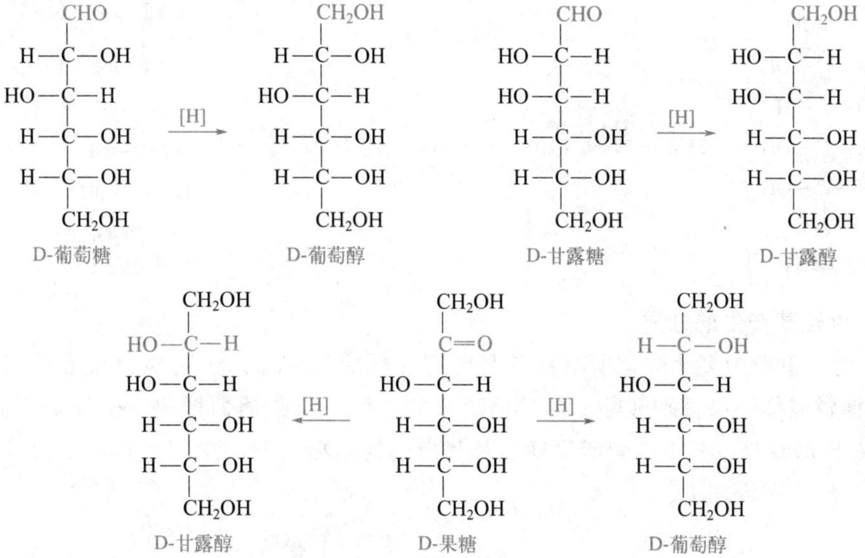

② 异构化　在弱碱性溶液中，醛糖和酮糖可以相互转化。如 D-葡萄糖、D-甘露糖和 D-果糖，可以通过烯醇式结构相互转化。转化过程如下：

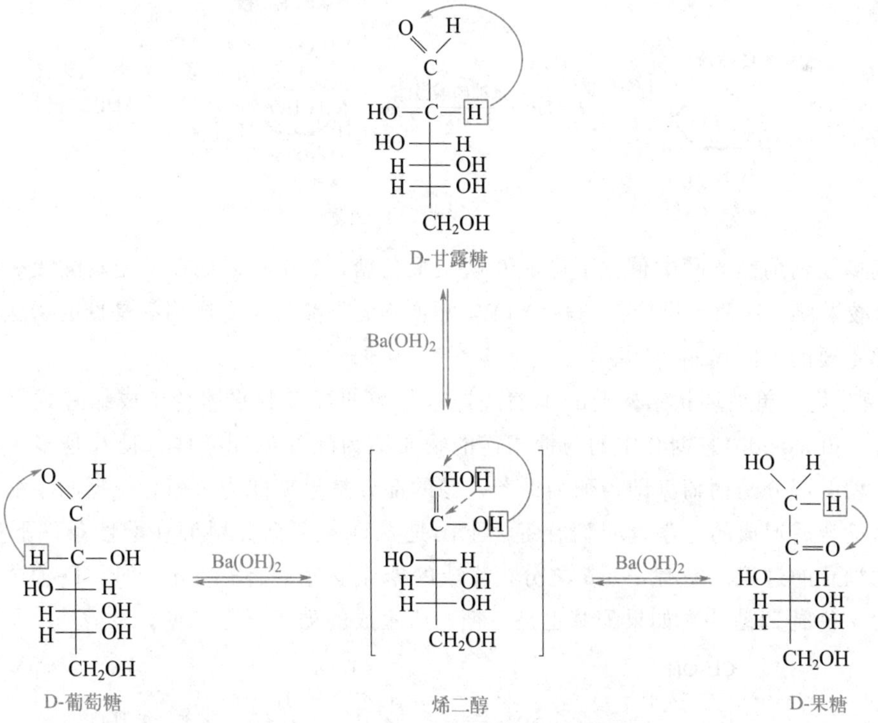

③ 成脎反应　单糖与苯肼反应可生成糖脎，醛糖、酮糖都能生成糖脎。成脎反应发生在醛糖和酮糖的链状结构中，且只在 C-1 和 C-2 上发生，不涉及其他碳原子，因此只要糖中

C-1 和 C-2 以外的 C 原子构型相同，就能得到相同的糖脎。如 D-葡萄糖、D-果糖和 D-甘露糖与苯肼反应能得到相同的糖脎。糖脎是一种黄色晶体，不溶于水，一般可以根据晶型和熔点判断单糖的种类。葡萄糖生成葡萄糖脎的反应如下：

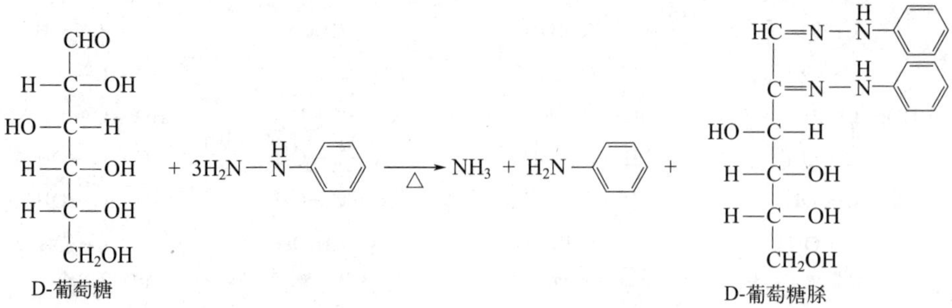

D-葡萄糖 + 3H₂N—NH—⬡ $\xrightarrow{\triangle}$ NH₃ + H₂N—⬡ + D-葡萄糖脎

（2）由羟基产生的性质

① **酯化**　单糖为多元醇，所有羟基都能与酸反应生成酯。生物体中较常见的重要的糖酯是葡萄糖磷酸酯和果糖磷酸酯。葡萄糖磷酸酯（如 1-磷酸葡萄糖和 6-磷酸葡萄糖）、果糖磷酸酯（6-磷酸果糖、1,6-二磷酸果糖）及其衍生物是糖代谢的中间产物，是由糖和磷酸反应生成的，反应过程如下：

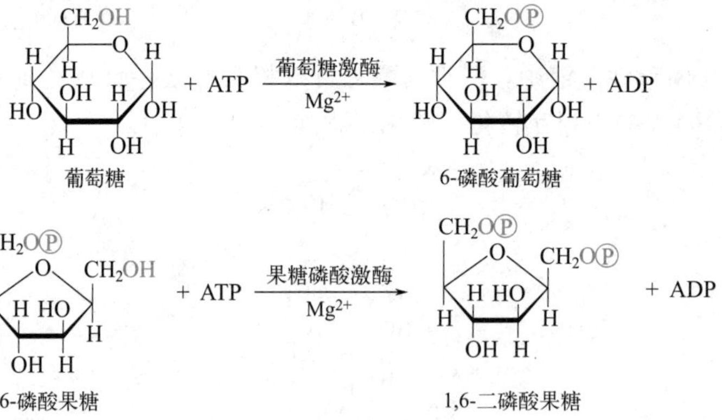

葡萄糖 + ATP $\xrightarrow[\text{Mg}^{2+}]{\text{葡萄糖激酶}}$ 6-磷酸葡萄糖 + ADP

6-磷酸果糖 + ATP $\xrightarrow[\text{Mg}^{2+}]{\text{果糖磷酸激酶}}$ 1,6-二磷酸果糖 + ADP

葡萄糖在葡萄糖激酶的催化下生成 6-磷酸葡萄糖，6-磷酸果糖在果糖磷酸激酶作用生成 1,6-二磷酸果糖。这两步反应都消耗 ATP，需要 Mg^{2+} 参与，生成物都是糖的磷酸酯，是糖酵解过程重要的中间代谢产物。

② **糖苷化**　单糖环状结构上的半缩醛羟基与醇的羟基脱水缩合生成缩醛式衍生物，通称为**糖苷**（glucoside）。糖苷中的与糖相连的物质称为配基或配糖体，糖苷是多种中药的有效成分。糖的部分是葡萄糖即为葡萄糖苷，糖的部分是果糖即为果糖苷。糖的半缩醛羟基与醇性羟基缩合后形成的化学键叫糖苷键。下图是 α-D-葡萄糖和甲醇在酸性条件下生成 α-D-甲基葡萄糖苷的过程。糖有 α-、β-之分，生成的糖苷也有 α-、β-之分，如 α-D-葡萄糖形成的糖苷称为 α-D-葡萄糖苷。如果配基也是单糖，所生成的糖苷就是二糖。

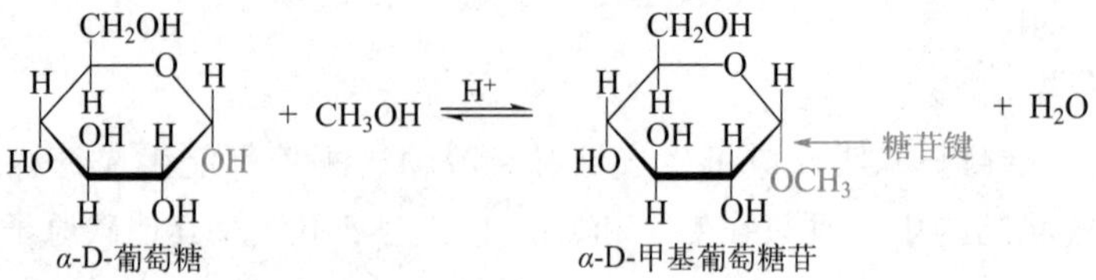

α-D-葡萄糖 + CH₃OH $\rightleftharpoons$ α-D-甲基葡萄糖苷（糖苷键 OCH₃）+ H₂O

③ 脱水　在加热条件下，单糖在非氧化性强酸（HCl、H_2SO_4）作用下戊糖脱水生成糠醛（2-呋喃甲醛）；己糖脱水可以生成羟甲基糠醛，糠醛和羟甲基糠醛裂解后产生乙酰丙酸可作为化工原料。糠醛及羟甲基糠醛都能与酚类化合物作用生成有色物质，利用此性质可对糖定性。糠醛、羟甲基糠醛以及常用于颜色反应的酚类化合物的结构式如下：

糠醛　　　　　羟甲基糠醛

α-萘酚　　　　间苯二酚　　　　间苯三酚　　　甲基间苯二酚(地衣酚)

表 1-3 是单糖涉及的一些颜色反应。

表 1-3　单糖的颜色反应

反应名称	糖类	反应条件	生成的糠醛	试剂	产物颜色
Molisch 反应	所有糖类	浓硫酸加热脱水	糠醛或糠醛衍生物	α-萘酚	紫红色
Seliwanoff 反应	酮糖	浓盐酸加热脱水	羟甲基糠醛	间苯二酚	鲜红色
Tollens 反应	戊糖	浓盐酸加热脱水	糠醛	间苯三酚(藤黄酚)	朱红色
Bial 反应	戊糖	浓盐酸加热脱水	糠醛	地衣酚(苔黑酚)	蓝绿色

三、重要的单糖衍生物

单糖经过多种反应或在体内酶的催化作用下可以生成不同的衍生物，单糖的衍生物有脱氧糖、氨基糖、糖醇、糖醛酸、糖苷等。

脱氧糖中重要的有 L-鼠李糖（也称 6-脱氧-L-甘露糖）、L-岩藻糖（也称 6-脱氧-L-半乳糖）和 2-脱氧-D-核糖。脱氧核糖是 DNA 的重要组成成分。岩藻糖常见于一些糖蛋白中，如红细胞表面 ABO 血型决定簇。

氨基糖又称糖胺，是单糖的 1 个羟基（通常在 C-2 位）被氨基取代形成的。常见的氨基糖有 D-葡萄糖胺（D-glucosamine）和 D-半乳糖胺（D-galactosamine）。氨基糖的氨基还经常被乙酰化形成 N-乙酰糖胺。

糖醇是糖分子中的醛基或酮基经还原后的产物。比较熟知的有木糖醇、D-甘露醇、山梨糖醇、肌醇等。木糖醇（xylitol）是一种五碳糖醇，具有与蔗糖相似的甜度，外观也很相似，在体内代谢不需胰岛素参与，也不会造成血糖的急剧变化，木糖醇在防龋齿食品、糖尿病患者食品当中具有重要的应用价值。

糖醛酸是单糖的伯醇基被氧化后形成的酸。常见的葡萄糖醛酸是肝脏内的一种解毒剂，它与类固醇、一些药物、胆红素（血红蛋白的降解物）结合增强其水溶性，使之更易排出体外。

第三节　寡糖

寡糖是几个单糖通过糖苷键连接而成的寡聚物，单糖的数目没有严格限定，一般指 2～10 个，也称低聚糖。二糖是由 2 分子的单糖通过糖苷键形成的缩合物。几个单糖以糖苷键相连接，则构成几糖，如三糖、四糖等。大多数寡糖来自植物，自然界发现的寡糖多为二糖。

一、二糖

二糖（disaccharide）在自然界中含量丰富，是 2 个单糖脱水后以糖苷键连接而成的。二糖可被酸、酶水解成单糖，其中 2 个半缩醛羟基构成的糖苷键最易水解。糖苷键易于酸解但对碱耐受，可在稀酸下煮沸水解得到单糖。二糖可以通过特异的酶降解为单糖，如水解蔗糖的蔗糖酶（sucrase），水解乳糖的乳糖酶（lactase）（细菌中称 β-半乳糖苷酶），水解麦芽糖的麦芽糖酶（maltase）等。在小肠中二糖必须被特异的酶水解成单糖才能被人体吸收。如这些酶有缺陷，人体摄入二糖后则不能消化而出现相应的消化病。未消化的二糖进入大肠，在渗透压的作用下从周围组织夺取水分，造成腹泻。结肠中的细菌分解二糖时产生的气体会造成胀气、绞痛或痉挛。最常见的二糖消化缺陷是乳糖不耐症，由于缺乏乳糖酶，需要避免摄入乳糖。

1. 蔗糖

蔗糖（sucrose）是由 1 分子葡萄糖和 1 分子果糖通过 α-1,2-糖苷键连接形成的，可以表示为 α-D-吡喃葡萄糖基-(1↔2)-β-D-呋喃果糖，由于 α-葡萄糖 C-1 上的半缩醛羟基和 β-果糖 C-2 上的半缩醛羟基活泼性相当，所以用 "↔" 表示。蔗糖由两个异头碳连接，没有半缩醛羟基，没有还原性，属于非还原糖，不能与 Fehling 试剂反应，也不能发生成脎反应，无变旋性。蔗糖在稀酸或蔗糖酶作用下水解生成等物质的量的葡萄糖和果糖，由右旋（比旋光度 +66.5°）变为左旋（比旋光度 -19.95°）的过程称为蔗糖的转化，所生成的葡萄糖和果糖混合物称为转化糖（invert sugar）。植物的茎、叶都可以产生蔗糖，它可以在整个植物体中进行运输，也是光合产物的运输形式之一。

2. 乳糖

乳糖（lactose）主要存在于哺乳动物的乳汁中，是由半乳糖和葡萄糖通过 β-1,4-糖苷键连接而成的，可以表示为 β-D-吡喃半乳糖基-(1→4)-D-吡喃葡萄糖。由于半乳糖 C-1 上的半缩醛羟基比葡萄糖 C-4 上的羟基活泼，所以用 "→" 表示。乳糖具有半缩醛羟基，因此有还原性、变旋性，能发生成脎反应。

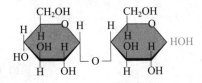

3. 麦芽糖

麦芽糖（maltose）主要为淀粉和其他葡聚糖的酶促降解产物，在自然界中不存在天然的麦芽糖。麦芽糖是两分子葡萄糖通过 α-1,4-糖苷键连接形成的，可以表示成 α-D-吡喃葡萄糖基-(1→4)-D-吡喃葡萄糖。麦芽糖具有半缩醛羟基，有变旋性、还原性，能发生成脎反应。

4. 纤维二糖

纤维二糖（cellobiose）是纤维素的降解产物和基本结构单位，自然界中不存在游离的纤维二糖。纤维二糖是两分子葡萄糖通过 β-1,4-糖苷键连接形成的，可以表示成 β-D-吡喃葡萄糖基-(1→4)-D-吡喃葡萄糖。纤维二糖具有半缩醛羟基，有变旋性、还原性，能发生成脎反应。

二、其他寡糖

三糖（trisaccharide）是由三分子单糖以糖苷键连接而成的化合物的总称。常见的三糖有棉子糖、松三糖、麦芽三糖等。其中棉子糖（raffinose，也称蜜三糖）是大多数植物中普遍存在的三糖，其结构为 α-D-吡喃半乳糖基-(1→6)-α-D-吡喃葡萄糖基-(1↔2)-β-D-呋喃果糖。

α-D-吡喃半乳糖基　　α-D-吡喃葡萄糖基　　β-D-呋喃果糖基

环糊精（cyclodextrin）是由 α-D-吡喃葡萄糖以 α-1,4 糖苷键连接而成的环状结构低聚糖，分子内一般为 6～12 个葡萄糖，常见的有 6、7、8 个葡萄糖，分别称为 α-、β-、γ-环糊精。

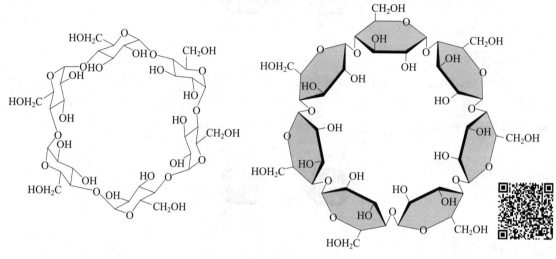

环糊精结构式

第四节　多糖

多糖（polysaccharide）是由至少 10 个以上单糖分子通过糖苷键连接而形成的高聚物。由于构成它的单糖的种类、数量以及连接方式的不同，使得多糖的种类繁多而又结构复杂。大部分的多糖类物质没有固定的分子量，多糖分子大小从一定程度上可以反映细胞的代谢状态。例如：当血糖水平高时（如饭后），肝脏合成糖原，这时糖原分子量可达 2×10^7；当血糖水平下降时，肝脏中的酶类将糖原水解成葡萄糖释放到血液中，供机体消耗，此时糖原分子量减少。多糖在水溶液中只形成胶体，虽然具有旋光性，但无变旋现象，也无还原性。

多糖是生物体内重要的能量储存形式（如淀粉、糖原、右旋糖苷等）和细胞的骨架物质（如植物的纤维素、动物的几丁质和微生物中的肽聚糖）。此外多糖还有更复杂的生理功能：如黏多糖是构成细胞间结缔组织的主要成分，可维持人皮肤及结缔组织的弹性；氨基多糖具有较大的黏滞性，能缓冲组织之间的机械摩擦，具有润滑和保护作用。

多糖按组成成分可以分为简单多糖和复杂多糖，简单多糖仅包含糖类组分，又可分为同聚多糖和杂聚多糖。同聚多糖又称均一性多糖，由同种单糖分子组成，自然界中最丰富的同聚多糖是淀粉、糖原和纤维素，它们都是由葡萄糖组成。淀粉和糖原分别是植物和动物中葡萄糖的储存形式，纤维素是植物细胞主要的结构组分。杂聚多糖又称不均一性多糖，是由 2 种或 2 种以上单糖分子组成的，如半纤维素是由木糖、阿拉伯糖和半乳糖等单糖构成的杂聚多糖。由含糖胺的重复双糖组成的糖胺聚糖（glycosaminoglycan，GAG），又称黏多糖（mucopolysaccharide）、氨基多糖等。同聚多糖和杂聚多糖见图 1-7。

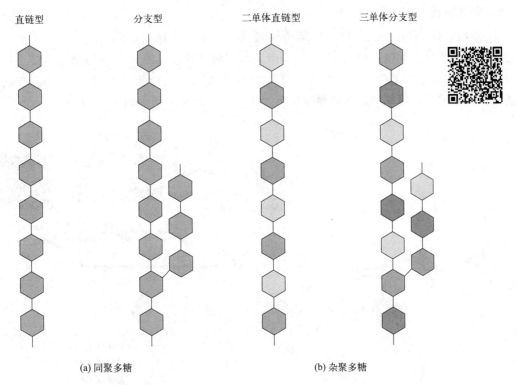

| 直链型 | 分支型 | 二单体直链型 | 三单体分支型 |

(a) 同聚多糖　　　　　　　　　　　(b) 杂聚多糖

图 1-7　同聚多糖和杂聚多糖

复杂多糖是由糖和非糖物质组成的聚合物，如糖肽、糖脂、蛋白聚糖、糖蛋白等。

一、淀粉

淀粉（starch）是植物储存能量的一种重要形式，也是植物性食物中重要的营养成分。自然界中淀粉分布广泛，主要存在于植物的种子、根、茎和果实中。淀粉按照结构特点可以分为直链淀粉和支链淀粉两类。

1. 直链淀粉

直链淀粉（amylose）是由许多 α-D-葡萄糖通过 α-1,4-糖苷键依次相连形成的链状高聚物，无分支。往往由数千个葡萄糖残基组成，分子量从 150000 到 600000 不等。直链淀粉有 1 个还原端和 1 个非还原端，水解过程中会生成麦芽糖。平均 6 个葡萄糖单位形成一个螺旋圈，整个链状结构呈长而紧实的螺旋管形。碘分子可以嵌入螺旋结构中，形成蓝色络合物，这一现象可以用于直链淀粉的检测。直链淀粉的部分螺旋结构如图 1-8 所示。

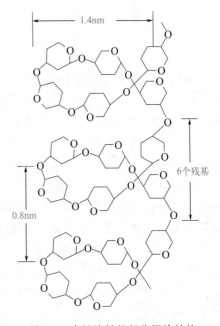

图 1-8　直链淀粉的部分螺旋结构

2. 支链淀粉

支链淀粉（amylopectin）是 α-D-葡萄糖通过 α-1,4-糖苷键连接成主链，通过 α-1,6-糖苷键连接分支侧链，侧链一般含 25～30 个由 α-1,4-糖苷键连接的 α-D-葡萄糖，侧链上每隔 6～7 个 D-葡萄糖能再度分支。支链淀粉有 1 个还原端，$n+1$ 个非还原端，（n 为分支数），无还原性，不能形成螺旋管，遇碘显紫红色。支链淀粉的部分结构如图 1-9 所示。

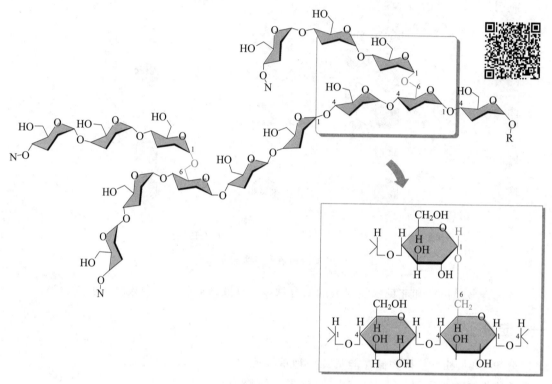

图 1-9　支链淀粉的部分结构

根据与碘反应的颜色可以区分直链淀粉和支链淀粉。淀粉遇碘显色的原因是淀粉形成螺旋结构，碘分子进入其内，糖的羟基成为电子供体，碘分子作为电子受体，形成络合物而显色。聚合度是指聚合物大分子链上所含单个结构单元（重复单元）数目。淀粉与碘反应的颜色与葡萄糖链的聚合度有关，葡萄糖聚合度大于 60 时显蓝色，20～60 时显紫色，在 20 左右时显红色，小于 6 时不显色。

α-淀粉酶也称内切淀粉酶或液化酶，在淀粉内部随机水解 α-1,4-糖苷键，生成麦芽糖等寡糖，使淀粉黏度迅速下降。β-淀粉酶也称外切淀粉酶或淀粉 β-1,4-麦芽糖苷酶，能从淀粉非还原端以二糖为单位水解 α-1,4-糖苷键生成麦芽糖，在水解过程中将水解产物麦芽糖分子中 C-1 的构型由 α-型转变为 β-型，所以称为 β-淀粉酶，在植物、霉菌中广泛存在。糖化酶也称葡萄糖淀粉酶，作用于 α-1,4-糖苷键，从非还原端逐个切下葡萄糖，在根霉、曲霉中普遍存在。异淀粉酶作用于 α-1,6-糖苷键，对上述三酶降解后产物进行脱支，在酵母、产气杆菌中普遍存在。

二、糖原

糖原（glycogen）也称动物淀粉，是人和动物餐间及肌肉剧烈运动时最易动用的葡萄糖储存库。高等动物的肝脏和肌肉组织中较多，此外在一些低等动物和微生物中也有类似糖原的物质。糖原分子量很大，一般为 $10^6 \sim 10^7$，结构与支链淀粉类似（见图 1-10）。其主链骨架由 α-1,4-糖苷键连接的 α-D-葡萄糖构成，分支处以 α-1,6-糖苷键连接侧链，每 3～5 个葡萄糖就有 1 个分支，糖原相比支链淀粉具有高度的分支状结构，能被酶更快水解。糖原遇碘显红色，无还原性。

图 1-10　糖原的部分结构

三、纤维素

纤维素（cellulose）是许多 β-D-葡萄糖分子以 β-1,4-糖苷键相连而成的直链，其分子量 5 万到 200 万不等，是一种无臭、无味的白色丝状物，不溶于水、稀酸、稀碱和有机溶剂。植物细胞壁组成以纤维素为主，并粘连有半纤维素、果胶和木质素。纤维素是自然界最丰富的有机物之一，植物体内约有 50％的碳以纤维素形式存在，地球上每年通过光合作用产生纤维素超过 1000 亿吨。棉花、亚麻、苎麻、黄麻都含有大量优质的纤维素，其中棉花纤维中的纤维素含量最高约为 90％。纤维素结构式如下：

降解纤维素的纤维素酶主要存在于微生物中，一些反刍动物可以利用其消化道内的微生物消化纤维素，产生的葡萄糖供自身和微生物共同利用。虽然许多动物和人不能消化纤维素，但是含有纤维素的食物对于健康是有益的。

四、壳多糖

壳多糖也称几丁质（chitin），是一种无定形的半透明物质。自然界中每年生成的壳多糖约 100 亿吨。天然聚合物中，壳多糖的储量占第 2 位，仅次于纤维素。壳多糖分子是由 N-乙酰-β-D-葡萄糖胺以 β-1,4-糖苷键连接形成的没有分支的长链结构，可称为聚乙酰氨基葡萄糖，可以看作纤维素的类似物（C-2 位置上的羟基被乙酰氨基置换），其分子量在 100 万以上。壳多糖一般不单独存在于自然界，多与蛋白质络合或呈现共价结合。壳多糖结构如下：

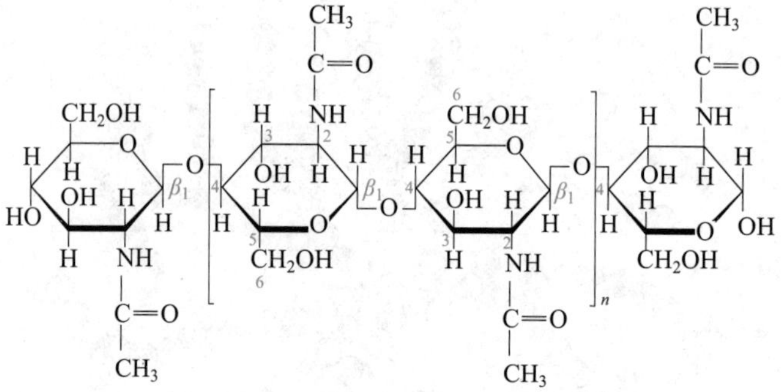

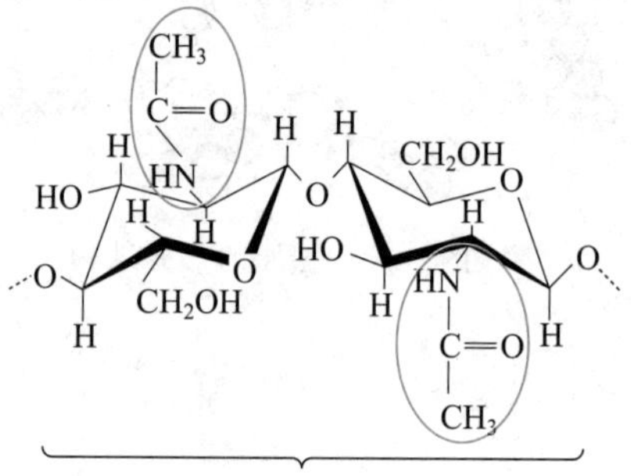

壳二糖重复单元

五、其他多糖

1. 半纤维素

半纤维素（hemicellulose）大量存在于植物的木质化部分，是由几种不同类型的单糖构成的杂聚多糖，稀酸作用下半纤维素水解产生己糖和戊糖，包括木糖、阿拉伯糖和半乳糖等。半纤维素木聚糖在木质组织中含量较高，它结合在纤维素微纤维的表面，并且相互连接构成了坚硬的细胞相互连接的网络。针叶材的半纤维素以半乳葡甘露聚糖类为主，是由半乳糖、葡萄糖和甘露糖几种单糖聚合而成。

2. 琼脂

琼脂（agar）分为琼脂糖（agarose）和琼脂胶（agaropectin），是一类海藻多糖的总称，是以多聚半乳糖为主链，被负电荷基团不同程度取代后的多糖混合物，含硫及钙。人和微生物不能消化琼脂。

3. 肽聚糖

肽聚糖（peptidoglycan）是细菌细胞壁的主要成分。肽聚糖由 N-乙酰葡萄糖胺和 N-乙酰胞壁酸通过 β-1,4-糖苷键连接而成，糖链间由肽链交联，构成稳定的网状结构，肽链长短视细菌种类不同而异。

课后练习

一、填空题

1. 最常见的己醛糖是_____，己酮糖是_____。

2. 蔗糖是由_____和_____组成，它们之间通过_____糖苷键相连。

3. 淀粉遇碘显_____色，糖原遇碘显_____色。

4. 鉴别糖类物质的颜色反应是_____反应，该反应所需的试剂是_____，所呈现的颜色是_____。

二、选择题

1. α-D-葡萄糖和 β-D-葡萄糖是（   ）。

A. 旋光对映体　　　　B. 异头物　　　　　　C. 旋光异构体　　　　D. 同分异构体

2. 下列糖中无还原性和变旋现象的是（   ）。

A. 麦芽糖　　　　　　B. 蔗糖　　　　　　　C. 乳糖　　　　　　　D. 纤维二糖

3. 一个具有环状结构的戊醛糖，其旋光异构体的数目是（   ）。

A. 4　　　　　　　　　B. 8　　　　　　　　　C. 16　　　　　　　　D. 32

4. 下列有关糖原的叙述错误的是（   ）。

A. 糖原由 α-D-葡萄糖组成　　　　　　　B. 分子中有 α-1,4-糖苷键

C. 分子中有 α-1,6-糖苷键　　　　　　　D. 1 个糖原分子只有 1 个非还原性末端

三、判断题

1. 由于醛类具有还原性，因此醛糖具有还原性；酮类没有还原性，因此酮糖没有还原性。（   ）

2. 葡萄糖在水溶液中主要以直链结构存在。（   ）

四、简答题

1. 已知 α-D-甘露糖的比旋光度为 $-21°$，β-D-甘露糖的比旋光度为 $-92°$，将配制的 D-甘露糖溶液放置一段时间后，测得溶液比旋光度为 $-70.7°$，求此溶液中 α-D-甘露糖的百分含量（忽略极少量开链式结构的存在）。

2. 某麦芽糖溶液的旋光度为 $+23°$，比色管长度为 $10cm$，已知麦芽糖的比旋光度为 $+138°$，求麦芽糖溶液的浓度。

3. 请用最简便的方法鉴别核糖、葡萄糖、果糖、蔗糖和淀粉。

4. 淀粉水解过程中，与碘作用的颜色是怎样变化的？

第二章
脂　质 >>>

第一节　脂质的概念

一、脂质的定义

　　脂质（lipid），也叫脂类或类脂，包括油脂、磷脂、固醇等，是生物体的一大类重要的有机化合物，这些物质不仅化学成分和化学结构有很大差异（图 2-1），而且具有不同的生物学功能。脂质是不溶或微溶于水而易溶于乙醚、氯仿、苯等非极性有机溶剂的化合物，根据它们的溶解性，把它们归为一类，而不是基于化学结构上的共同点。

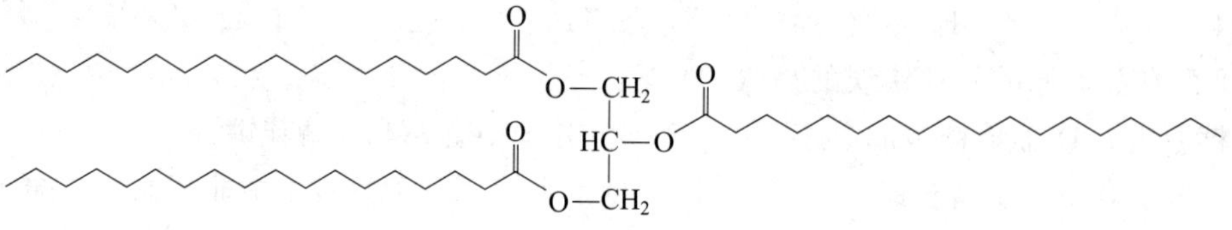

甘油三酯

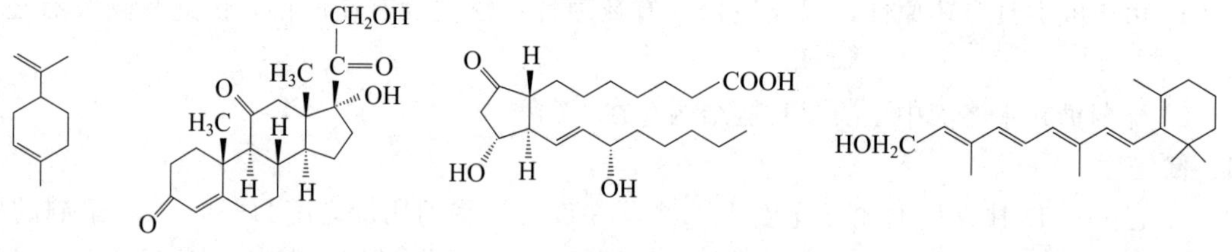

柠檬烯　　　　可的松　　　　前列腺素E_1　　　　维生素A

图 2-1　不同脂质的结构举例

　　脂质的这一共同特征主要由构成它们的长链烃类结构成分决定。对大多数脂质而言，其化学本质是脂肪酸和醇所形成的酯类及其衍生物。脂质的元素组成包括 C、H、O，有的还含有 N、P 等。脂质在生物体内的代谢方式具有类似性，一般能被生物体利用，用于构建、修补组织或为生物体提供能量。

二、脂质的生理功能

脂质是一种很好的储能物质。脂肪是一种最常见的脂质，人体内氧化 1g 脂肪可得到 38kJ 热能，氧化 1g 糖或蛋白质只能得到 17kJ 热能，因此脂肪是生物体内重要的储能物质。此外脂肪可以在机体和组织器官的表面起润滑剂的作用，有效防止机械损伤，皮下脂肪还能有效防止机体热量散失。脂质作为一种细胞内良好的溶剂，可以溶解脂溶性物质，促进人和动物体对脂溶性物质的吸收，这些物质在体内起着重要的调节细胞代谢的作用。脂质是生物膜的主要组分，细胞中的大部分磷脂都集中在生物膜中，与细胞识别、免疫等密切相关。有些脂质还充当维生素和激素的作用，参与机体的代谢调节。

三、脂质的分类

脂质可按不同的方法分类，常用的分类法是根据脂质的结构进行分类，分为单纯脂质、复合脂质和衍生脂质。单纯脂质是由高级脂肪酸和醇形成的酯，如甘油酯；复合脂质是除了含有脂肪酸和醇以外还含有其他成分，如磷脂、糖脂；衍生脂质是由单纯脂和复合脂衍生而来的脂质，如固醇类、萜、脂溶性维生素（A、D、E、K）、脂多糖、脂蛋白等。此外，还可以按功能分，将脂质分为结构脂质、储存脂质和活性脂质。其中结构脂质是生物体内重要的组织成分，如生物膜，其所特有的柔软性、半通透性以及高电阻性都与其所含的磷脂有关；储存脂质是机体新陈代谢的能量来源，如甘油三酯；活性脂质含量少，主要是参与机体代谢调节、作为胞内信使和电子载体等，如胆固醇在人体内可以转化成多种激素物质，如肾上腺皮质激素和性激素等，进而调节人体的代谢。

第二节　油脂

一、油脂的结构

油脂广泛地存在于动植物体内，最常见的是甘油三酯（triglyceride，TG），也称三酰基甘油酯或三酰甘油，是由 1 分子甘油和 3 分子脂肪酸形成的三酯。在植物中，甘油三酯含不饱和脂肪酸较多，室温下呈液态，称为油（oil）；在动物中，甘油三酯含饱和脂肪酸较多，室温下呈固态，称为脂肪（fat）；二者合称油脂。但这种区分是不严格的，从化学结构看，油脂是甘油和脂肪酸缩合形成的酯。甘油三酯的结构式如下：

$$
\begin{array}{l}
\overset{\displaystyle O}{}\\
CH_2-O-\overset{\|}{C}-R\\
\overset{\displaystyle O}{}\\
H-C-O-\overset{\|}{C}-R\\
\overset{\displaystyle O}{}\\
CH_2-O-\overset{\|}{C}-R
\end{array}
$$

结构式中 R 为各种脂肪酸的烃基，若 3 个烃基都相同则称为简单三酰甘油，3 个烃基中有 2 个或 3 个都不同，则称为混合三酰甘油。如甘油的 2 个羟基与 2 个脂肪酸酯化，形成的酯称为甘油二酯或二酰甘油。如甘油只有 1 个羟基与 1 个脂肪酸酯化，形成的酯称为甘油单酯或单酰甘油。

1. 甘油

甘油（glycerol）也称丙三醇，是一种无色无臭略带甜味的黏稠状液体，与水、乙醇可以以任意比例混溶，不溶于一些非极性溶剂。甘油分子中共含有 3 个羟基，可以逐一被脂肪酸酯化。若甘油中只有 1 个羟基或 2 个羟基被脂肪酸酯化，则分别称为单酰甘油和二酰甘油。甘油在脱水剂（如 P_2O_5）的作用下可以发生脱水作用，生成的丙烯醛（CH_2＝CH—CHO）是一种有臭味的气体，可鉴定甘油的存在。甘油广泛应用于国防、纺织、医药、涂料、工业生产等领域。

为了区分油脂的构型，书写时需要对甘油分子作以下规定：甘油分子的投影式中 3 个碳原子从上至下分别标以 1、2、3，顺序不能颠倒。中间的碳原子（第 2 位碳原子）上的羟基，一定写在碳链的左侧，其立体专一性编号，用 sn-表示。如 sn-甘油-3-磷酸，结构式如下：

$$\overset{1}{C}H_2OH$$
$$HO—\overset{2}{C}H$$
$$\overset{3}{C}H_2—O—PO_3H_2$$

2. 脂肪酸

脂肪酸（fatty acid，FA）是由长链烃基和一个羧基末端组成的有机羧酸，无环状结构。不同脂肪酸的区别在于链的长短和不饱和键的数目与位置。天然脂肪酸骨架的碳原子数一般为偶数（4～36 个），多数为 12～24 个。在高等动植物中，常见的是 C_{16} 和 C_{18} 的酸，C_{12} 以下的饱和脂肪酸主要存在于哺乳动物的乳汁中。在高等植物和低温生物中不饱和脂肪酸的含量较高，动物脂肪中饱和脂肪酸较多。细菌所含的脂肪酸种类比高等动植物少得多，约 20 多种，绝大多数是饱和脂肪酸和单烯酸的各种特殊异构体。随着碳链长度的增加，脂肪酸的溶解度降低，熔点升高。双键存在，会使脂肪酸的熔点降低，双键越多，熔点越低。

脂肪酸的命名方法有两种：一种是根据脂肪酸的来源命名，如油酸是天然存在于动植物油脂中的一种不饱和脂肪酸，亚麻酸是一种不饱和脂肪酸，在亚麻籽油中含量丰富。另一种是系统命名法，根据构成它的母体烃类的名称命名：从羧基端开始计数，先写出碳原子的数目，在冒号后面写出双键数目（饱和脂肪酸写 0），在右上角标明双键位置（用"Δ"表示）和几何构型，其中 cis 表示顺式，缩写 c，$trans$ 表示反式，缩写 t。例如软脂酸用 16：0 表示，油酸用 $18：1^{\Delta 9c}$ 表示，即顺-十八碳-9-烯酸（双键在 9 号和 10 号碳之间）。脂肪酸通式如下，与羧基相连的碳（2 号碳）为 α-碳，依次为 β-、γ-、δ-等，离羧基最远的末端碳为 ω-碳。表 2-1 是一些常见脂肪酸的命名及分布。

$$\underset{\omega}{H_3C}—(CH_2)n—\underset{\beta}{\overset{3}{C}H_2}—\underset{\alpha}{\overset{2}{C}H_2}—\overset{1}{C}\diagdown\overset{O}{\underset{OH}{}}$$

表 2-1 常见脂肪酸的命名及分布

	习惯名称	系统名称	简写符号	主要分布
饱和脂肪酸	月桂酸	十二烷酸	12:0	椰子油、可可油
	肉豆蔻酸	十四烷酸	14:0	豆蔻油、棕榈油
	软脂酸	十六烷酸	16:0	动植物油脂
	硬脂酸	十八烷酸	18:0	动植物油脂
	花生酸	二十烷酸	20:0	花生油
不饱和脂肪酸	棕榈油酸	顺-十六碳-9-烯酸	$16:1^{\Delta 9c}$	乳脂
	油酸	顺-十八碳-9-烯酸	$18:1^{\Delta 9c}$	动植物油脂
	亚油酸	顺,顺-十八碳-9,12-二烯酸	$18:2^{\Delta 9c,12c}$	亚麻籽油、大豆油
	亚麻酸	全顺-十八碳-9,12,15-三烯酸	$18:3^{\Delta 9c,12c,15c}$	亚麻籽油
	花生四烯酸	全顺-二十碳-5,8,11,14-四烯酸	$20:4^{\Delta 5c,8c,11c,14c}$	卵磷脂
	二十二碳六烯酸（DHA）	全顺-二十二碳-4,7,10,13,16,19-六烯酸	$22:6^{\Delta 4c,7c,10c,13c,16c,19c}$	鱼油、动物磷脂

不饱和脂肪酸分子中含有双键，因此存在顺反异构现象，自然界中的天然不饱和脂肪酸多为顺式结构。必需脂肪酸（essential fatty acids，EFA）是指人体维持机体正常代谢不可缺少而自身又不能合成、或合成速率慢无法满足机体需要，必须通过食物补充的脂肪酸，主要包括亚油酸和亚麻酸，都是多不饱和脂肪酸（polyunsaturated fatty acid，PUFA）。

二、油脂的理化性质

1. 物理性质

油脂的物理性质主要取决于脂肪酸。纯净的油脂一般无色、无臭、无味，不溶于水，易溶于乙醚、氯仿、苯和石油醚等非极性有机溶剂，其相对密度略小于1。在有乳化剂存在的条件下，油脂可与水混合形成乳状液。天然油脂不是由一种物质组成的，一般无明确的熔点。油脂具有折光性，不饱和油脂的折射率一般比饱和油脂高，饱和油脂分子量高的折射率也高。故可用测定油脂的折射率来判断油脂分子中脂肪酸的性质。

2. 化学性质

油脂的化学性质与酯键、甘油、脂肪酸有关。

（1）由酯键产生的性质——水解及皂化

油脂可以在酸、碱和酶的作用下水解，其水解产物是甘油和各种高级脂肪酸。其中酸水解是可逆的，碱水解是不可逆的。油脂的碱水解作用称为皂化（saponification），产物是甘油和脂肪酸盐（钾盐或钠盐），俗称皂。油脂发生皂化反应的通式如下：

$$
\begin{array}{l}
CH_2-O-\overset{\displaystyle O}{\overset{\|}{C}}-R^1 \\
CH-O-\overset{\displaystyle O}{\overset{\|}{C}}-R^2 \quad +3KOH \xrightarrow{\text{皂化}} \quad
\begin{array}{l} R^1COOK \\ R^2COOK \\ R^3COOK \end{array}
\quad + \quad
\begin{array}{l} CH_2-OH \\ CH-OH \\ CH_2-OH \end{array}
\\
CH_2-O-\overset{\displaystyle O}{\overset{\|}{C}}-R^3
\end{array}
$$

皂化价或皂化值（saponification value）表示皂化所需的碱量数值，是指完全皂化 1g 油脂所消耗的氢氧化钾的质量（以 mg 计）。油脂的皂化值计算如公式（1）所示：

$$油脂的皂化值 = \frac{VN \times 56}{m} \tag{1}$$

$$油脂的分子量 = \frac{3 \times 56 \times 1000}{皂化值} \tag{2}$$

式中，V 为测定皂化值时滴定消耗的 HCl 的体积，mL；N 表示 HCl 的浓度，mol/L；m 表示滴定所用油脂的质量，g；56 是 KOH 的分子量。已知皂化值后可以计算出油脂的分子量［由式（2）可得］，油脂的皂化值与其分子量成反比。

（2）由不饱和键产生的性质

① 氢化与卤化　脂肪分子中的不饱和脂肪酸可以与氢和卤素等发生加成反应，即氢化（hydrogenation）与卤化（halogenation）。

卤化反应中卤素的吸收量通常用碘值（iodine value）来表示。碘值是指 100g 油脂卤化时所能吸收碘的质量（以 g 计），可以反映油脂的不饱和程度。不饱和程度越高，碘值越高。用硫代硫酸钠进行滴定得到碘值的计算公式如式（3）所示，测得碘值后，结合油脂的分子量即可计算油脂中不饱和双键的数目，计算公式如式（4）所示：

$$碘值 = \frac{\dfrac{V}{1000} \times N \times 127}{m} \times 100 \tag{3}$$

$$不饱和双键的数目 \ n = \frac{M \times 碘值}{2 \times 127 \times 100} \tag{4}$$

式中，V 为测定碘值时滴定消耗的硫代硫酸钠的体积，mL；N 表示滴定时硫代硫酸钠的浓度，mol/L；127 表示碘的原子量；m 表示滴定所用不饱和脂肪酸的质量，g；M 表示油脂的分子量。

② 酸败与自动氧化　天然油脂长时间暴露在空气中会产生难闻的气味，这种现象称为酸败。酸败的化学本质是脂质所含的不饱和脂肪酸与氧气发生反应后，产生脂肪酸过氧化物，进而降解成挥发性的醛、酮、酸等复杂物质。酸败程度一般用酸值（acid value）来表示，酸值是指中和 1g 油脂中游离脂肪酸所需要的氢氧化钾的质量（以 mg 计）。

（3）羟基脂肪酸产生的性质——乙酰化

含羟基脂肪酸的油脂可与乙酰酐或其他酰化剂反应生成乙酰化甘油酯或其他酰化油脂。油脂的羟基化程度一般用乙酰化值（acetylation number）或乙酰值表示。乙酰值是指中和从 1g 乙酰化产物中释放的乙酸所需的氢氧化钾的质量（以 mg 计），根据乙酰值的多少可以推知样品中所含羟基的多少。

第三节 磷脂

磷脂是含有磷酸的复合脂质，是生物膜的重要组成成分，具有重要的生物功能，它主要包括甘油磷脂和鞘磷脂两类。

一、甘油磷脂

1. 甘油磷脂的结构

甘油磷脂（glycerophosphatide）也称磷酸甘油酯，是一类含有甘油的磷脂，实际上是磷脂酸的衍生物，是机体含量最多的一类磷脂。甘油 C-1 和 C-2 上的羟基被脂肪酸酯化，有 2 个长长的碳氢链，形成 2 个非极性的尾巴；C-3 上的羟基被磷酸酯化，形成 1 个极性的头部；各种磷酸甘油酯的差别就在于其极性头部的大小、形状和电荷的差异，根据磷酸上取代基的不同给甘油磷脂命名。其一般结构式如下：

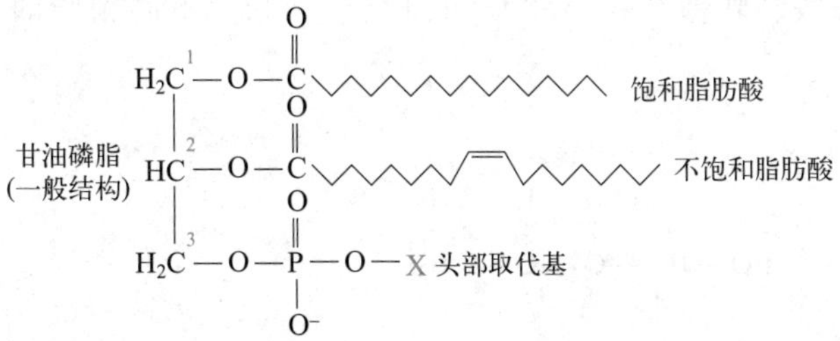

表 2-2 列出了连接不同极性头部形成的不同磷脂，及其对应的静电荷数。

表 2-2　不同甘油磷脂的结构

甘油磷脂名称	X 名称	X 的化学式	静电荷
磷脂酸	氢	—H	—1
磷脂酰乙醇胺	乙醇胺	—CH_2—CH_2—NH_3^+	0
磷脂酰胆碱	胆碱	—CH_2—CH_2—$\overset{+}{N}(CH_3)_3$	0
磷脂酰丝氨酸	丝氨酸	—CH_2—$\underset{COO^-}{CH}$—NH_3^+	—1
二磷脂酰甘油	磷脂酰甘油	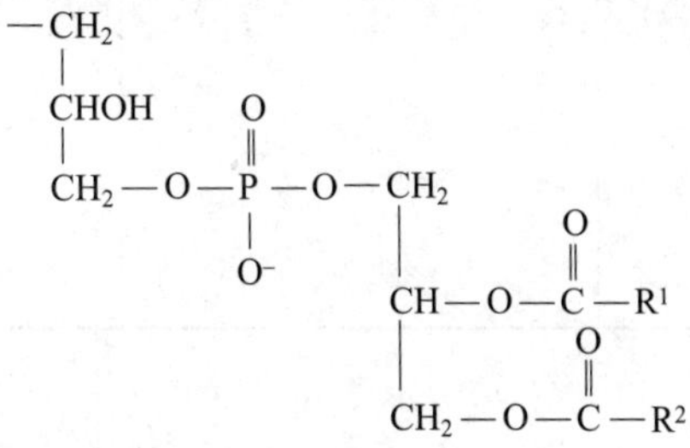	—2

2. 甘油磷脂的性质

纯的甘油磷脂是白色蜡样固体，暴露于空气中则变黑并发生复杂的变化。甘油磷脂一般不溶于水和无水丙酮，但可溶于非极性溶剂中，在水中以胶粒的形式存在。在甘油磷脂中磷脂酰肌醇、磷脂酰甘油、磷脂酰糖等不带电荷，磷脂酰胆碱、磷脂酰乙醇胺带正电荷，磷脂酰丝氨酸是兼性离子。

二、神经鞘磷脂

1. 神经鞘磷脂的结构

神经鞘磷脂（sphingomyelin）也称鞘氨醇磷脂、鞘磷脂，是一类含有鞘氨醇的磷脂，大量存在于神经组织和脑中，在脾、肺等组织中也有分布，是动植物细胞膜的重要组成成分。鞘氨醇（sphingosine）又称反式-D-赤藓糖-2-氨基-4-十八碳烯-1,3-二醇，是含有 2 个羟基的十八碳胺。鞘氨醇 C-2 上的氨基与长链脂肪酸的羧基缩合形成的化合物称为神经酰胺，神经酰胺中的鞘氨醇长链和脂肪酸长链形成了 2 条疏水的尾部，而 C-1 上的羟基与磷酸胆碱或磷酸乙醇胺的磷酸基连接形成极性的头部，这就是神经鞘磷脂。鞘氨醇 C-1 上的羟基与磷酸胆碱、磷酸乙醇胺、葡萄糖、乳糖以及复杂低聚糖相连分别形成胆碱鞘磷脂、胆胺鞘磷脂、葡萄糖苷神经酰胺、乳糖苷神经酰胺和神经节苷脂。不同鞘脂的名称和结构如表 2-3 所示。

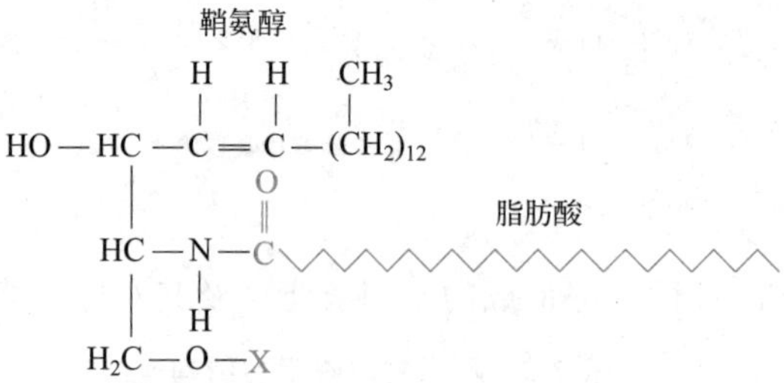

表 2-3 不同鞘脂的名称和结构

鞘脂类的名称	X 的名称	X 的结构
神经酰胺	氢	—H
胆碱鞘磷脂	磷酸胆碱	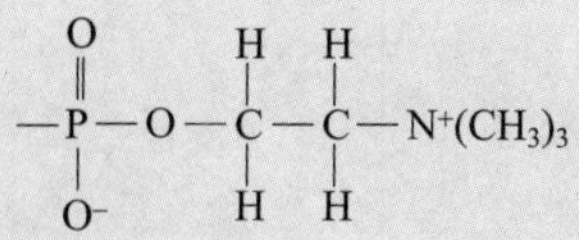 (磷酸胆碱结构式)
胆胺鞘磷脂	磷酸乙醇胺	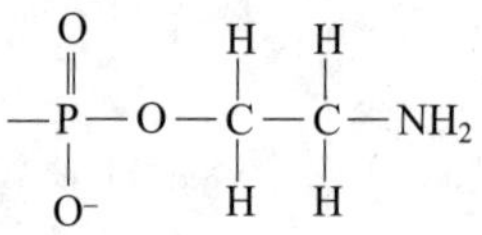 (磷酸乙醇胺结构式)

鞘脂类的名称	X 的名称	X 的结构
葡萄糖苷神经酰胺	葡萄糖	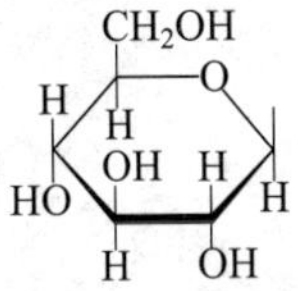
乳糖苷神经酰胺	乳糖	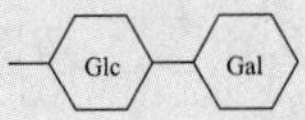
神经节苷脂	复杂的低聚糖	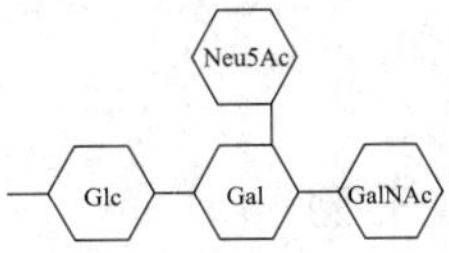

注：Neu5Ac—5-乙酰神经氨酸，GalNAc—乙酰氨基半乳糖。

2. 神经鞘磷脂的性质

鞘磷脂结构与甘油磷脂相似，性质也与甘油磷脂基本相同，都是碱性化合物，可解离成两性离子或带电荷的分子。与甘油磷脂不同的是对光及空气比较稳定，可经久不变，广泛存在于生物组织内，在神经组织中含量特别多，对神经组织维持正常生理功能十分重要。不溶于丙酮、乙醚，而溶于热乙醇。

第四节 其他脂质

一、固醇

固醇（sterol）又称甾醇，是环戊烷多氢菲母核（甾核）形成的衍生物，是一种环状醇。固醇类分为动物固醇、植物固醇和为生物固醇三类。

胆固醇是常见的动物固醇，是合成胆汁酸、类固醇激素、维生素 D_3 等生理活性物质的前体，普遍存在于动物细胞和组织中，是生物膜的重要组成成分。右侧为胆固醇结构式：

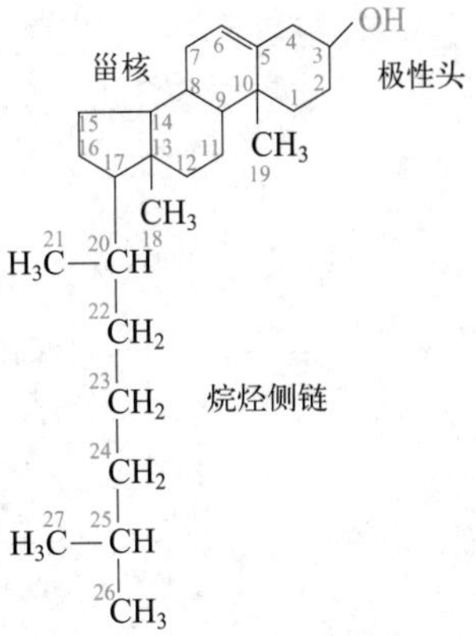

胆固醇也是两亲分子，胆固醇的羟基极性端分布在膜的亲水界面，母核及侧链深入膜双层，控制膜的流动性，阻止磷脂在相变温度以下转变成结晶状态，保证膜在低温时的流动性及正常功能。

在脑及神经组织、肝、肾中胆固醇含量较多，肾上腺、卵巢等合成固醇激素的腺体含量也较多，可达 $1\% \sim 5\%$。血清中胆固醇含量升高，会增加患心血管疾病的可能性。

在植物中有很多种固醇，是植物细胞的重要组成分，如大豆中的豆固醇、麦芽中的麦固醇（也称谷固醇），这些植物固醇不能被动物吸收和利用。此外还有微生物固醇如真菌中的麦角固醇，经紫外线照射可以转变为维生素 D_2，豆固醇、谷固醇和麦角固醇结构式如下。

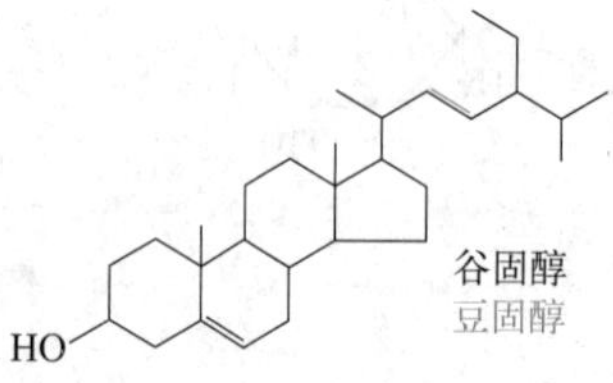

谷固醇
豆固醇

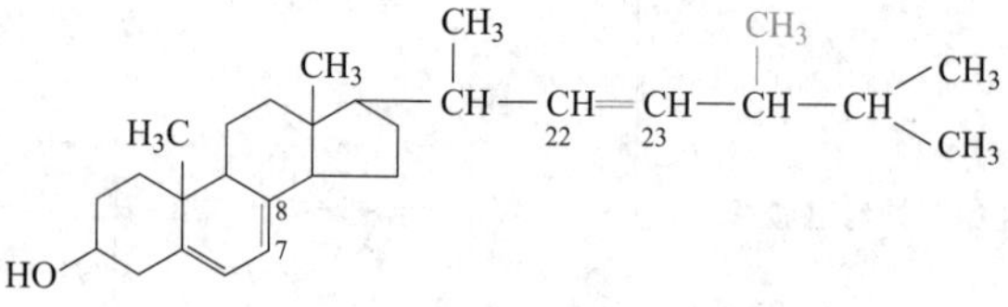

麦角固醇

二、固醇衍生物

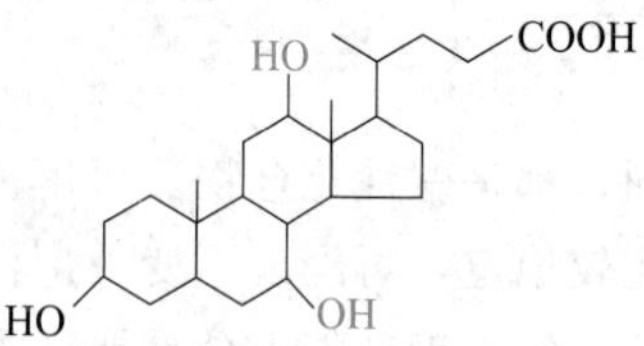

胆酸

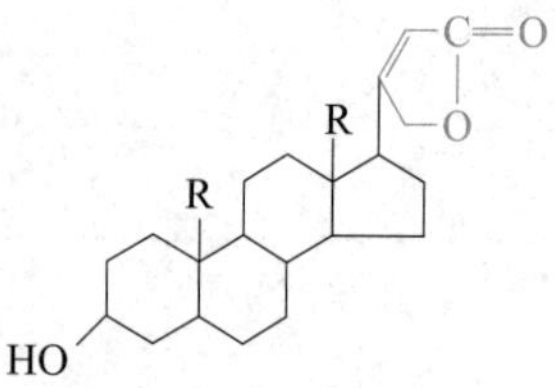

常见的固醇衍生物有胆酸、强心苷和类固醇激素等。其中最典型的就是胆酸（胆汁酸的一种），左侧为胆酸的结构式。多数脊椎动物的胆酸，能通过肽键与甘氨酸或牛磺酸结合。胆酸与脂肪酸或其他脂质如胆固醇或胡萝卜素结合成盐能乳化肠腔内的油脂，增加脂肪酶的作用位点，便于油脂消化吸收。

在一些植物的叶子和蟾蜍毒中，都含有强心苷，结构式如左图所示。强心苷能使心肌收缩作用增强，心率减慢，能用于治疗心律失常、心力衰竭等心脏病。

类固醇激素包括肾上腺皮质激素和性激素，是人和动物体内起调节代谢作用的一类固醇衍生物。一些类固醇结构式如图 2-2 所示。

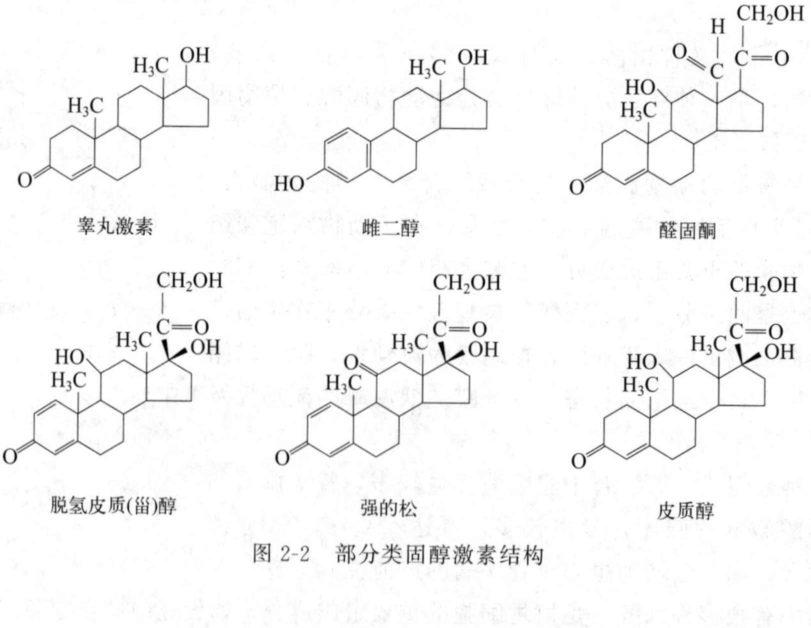

强心苷

睾丸激素

雌二醇

醛固酮

脱氢皮质(甾)醇

强的松

皮质醇

图 2-2　部分类固醇激素结构

三、其他脂质

1. 蜡

蜡（wax）是高级脂肪酸与高级脂肪醇形成的酯，蜡酯的通式为 RCOOR′。蜂蜡是许多高级一元醇酯的混合物，但主要成分是三十烷醇的软脂酸酯。蜡的理化性质类似于中性脂肪。常见的蜡有蜂蜡、虫蜡（白蜡）和羊毛蜡（羊毛脂）等。

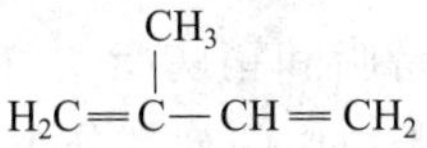

异戊二烯 β-胡萝卜素

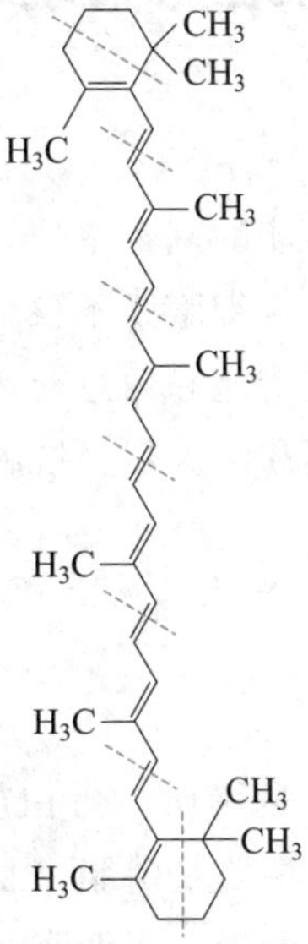

2. 萜类

萜类（terpene，terpenoid）是异戊二烯（含有支链的五碳烯烃）的衍生物，属于非皂化脂，基本结构是异戊二烯（上图）。单萜（含有 10 个碳原子）由 2 分子的异戊二烯构成，主要存在于各种挥发油如植物精油中。倍半萜（含有 15 个碳原子）由 3 分子的异戊二烯构成，主要存在于植物的挥发油中，是中草药的研究对象。双萜（含有 20 个碳原子）由 4 分子异戊二烯构成，如叶绿醇和全反视黄醛。四萜（含有 40 个碳原子）的重要代表是胡萝卜素，胡萝卜素主要有 α-、β-、γ-三种形式（都属于维生素 A 原），其中最为重要的是 β-胡萝卜素，其结构如上图所示，沿虚线位置断裂便是异戊二烯。多萜（含有 50 个及以上碳原子）由 10 分子及以上的异戊二烯构成，如天然橡胶是由几千个异戊二烯构成的多萜。

3. 糖脂

糖脂（glycolipid）是糖通过其半缩醛羟基以糖苷键与脂质连接形成的化合物。根据结合脂质的不同，可分为甘油醇糖脂和鞘氨醇糖脂。糖脂分子具有重要的生理功能，有些动物细胞膜上的糖脂分子能与细菌毒素以及细菌细胞结合，起受体的作用。糖脂分子还可以调节细胞的正常生长，与正常细胞转化成癌细胞有关。此外还可以授予细胞和其他生物活性物质的反应性倾向，参与细胞识别和信息传递过程。

4. 脂蛋白

脂蛋白（lipoprotein）是脂质与蛋白质以非共价键结合而成的复合物，无论是脂肪酸或是其他脂质，都很少以游离形式存在于生物体内，而是以与蛋白质或是糖类结合的形式存在。脂蛋白中含有脂质和蛋白质，蛋白中有较高比例的非极性氨基酸残基，当脂蛋白中脂质含量增高时，脂蛋白的密度下降。几乎所有的脂蛋白都具有运输或载体的功能，有些脂蛋白有储存功能，能将脂质稳定在身体某处以备调用。有些脂蛋白能参与脂质的代谢，如高密度脂蛋白可以将肝脏以外组织中的胆固醇转运到肝中进行分解。

第五节　生物膜的结构与功能

　　细胞是生物体结构和功能的基本单位，生物体的各项生命活动都在细胞中进行。细胞质膜将细胞和外界环境分隔开，细胞膜不仅为细胞提供一个相对稳定的内部环境，而且可以实现细胞与外界的物质、能量传递和信息交流。真核细胞内有很多细胞器，这些细胞器各自有相应的细胞器膜，细胞质膜和细胞器膜统称生物膜。

一、生物膜的组成

1. 生物膜的化学组成

　　生物膜的化学组成主要是脂质、蛋白质和糖类。组成生物膜的脂质也称膜脂，包括磷脂、胆固醇、糖脂等，其中主要是磷脂（甘油磷脂和鞘磷脂）。糖除了与脂质结合形成糖脂外，还能与蛋白质结合生成糖蛋白，糖脂和糖蛋白中的糖都分布在外膜外侧，是膜外表面天线，能参与细胞间的识别和信息传递。胆固醇在膜中主要调节膜的流动性。根据膜蛋白与膜结合的紧密程度，可以将其分为膜外周蛋白（约占膜蛋白的 20%～30%）和膜镶嵌蛋白（约占膜蛋白的 70%～80%）。其中膜外周蛋白溶于水，靠静电力或非共价键与膜结合，改变离子强度或加入金属螯合剂后易于分离，如用 1mol/L 的 NaCl 溶液或高 pH 的溶液处理，很容易使它们从膜上脱落。膜镶嵌蛋白不溶于水，部分镶嵌或横跨全膜，靠疏水作用与膜紧密结合（蛋白非极性氨基酸侧链与膜脂疏水部分相互趋近），也称为膜内在蛋白。只有用破坏膜结构的有机溶剂（如氯仿）和去污剂处理后才能将其从膜中分离出来，其中去污剂具有两亲性，可以渗入脂双层，破坏疏水作用。生物膜上的膜外周蛋白、膜内在蛋白示意图见图 2-3。

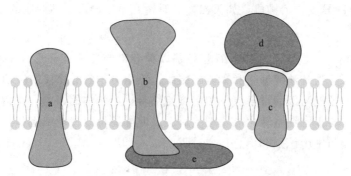

图 2-3　生物膜上的膜内在蛋白（a～c）和膜外周蛋白（d，e）

磷脂分子是两性分子，一端为亲水的头部，另一端为疏水（亲油）的长烃基链。磷脂分子在水溶液中亲水端相互靠近，疏水端也相互靠近，会自发形成几种形式（图 2-4）。在水和空气界面会聚集形成单层磷脂，磷脂分子头部在水中，疏水的尾巴在空气中。磷脂分子还会形成单层微团和双层微囊，前者亲水头部朝向外侧，疏水的尾巴朝向内侧围合成球/团，内部无水；后者是一个双层闭合膜结构，类似细胞膜，膜内外两侧都有水，亲水头部与水接触，膜内部是疏水的尾巴。此外在水溶液中仅有个别磷脂分子会以游离单体的形式存在。

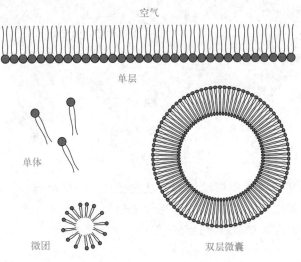

図 2-4　水溶液中磷脂分子的存在形式

2. 生物膜中分子间的作用力

　　生物膜中分子间的作用力主要有三种，分别为静电力、疏水作用和范德华（van der Waals）力。静电力是一切极性基团和带电荷基团之间的相互吸引或排斥的力，作用在膜脂质与蛋白质亲水基团间和膜蛋白之间；疏水作用是指蛋白非极性氨基酸侧链和脂双层疏水脂肪酸链均具有不与水接触的强烈倾向，穿膜的膜蛋白中肽段通常是两亲性 α-螺旋或 β-折叠，这些肽段形成的疏水面向着膜脂中的疏水脂肪酸链，亲水面则避开脂肪酸链，并且还以特定的方式排列，尽可能地避免与疏水环境接触，维持膜的稳定性。疏水作用是维系膜结构稳定的主要作用。范德华力倾向于在膜中各分子彼此靠近时发挥作用，与疏水作用相互补充。

二、生物膜的结构模型

　　目前人们普遍接受的生物膜结构模型是 1972 年由 S. J. Singer 和 G. Nicolson 提出的"流动镶嵌模型"（图 2-5）。该模型认为磷脂双分子层构成生物膜的基本支架。膜蛋白分子（球形）以各种形式与磷脂双分子层相结合，有的镶在磷脂双分子层表面，有的全部或部分嵌入磷脂双分子层中，有的贯穿于整个磷脂双分子层。磷脂双分子层和大部分膜蛋白分子能以横向扩散的形式运动，使膜具有一定的流动性。在细胞膜的外表，有一层由细胞膜上的蛋白质或脂质与糖链结合形成的物质，前者属于糖蛋白，后者属于糖脂，它们在生命活动中具有细胞识别和信号传递的重要功能。细胞膜上的这些物质不是均匀分布的，体现了膜结构的不对称性和不均匀性。此外，一些极性化合物及离子需要借助生物膜上的蛋白质实现跨膜运输，所以生物膜具有一定的选择性。虽然生物膜种类繁多，但仍有一些共同的特性。其中生物膜具有流动性是其主要特征。生物膜的以上特性均与膜结构密切相关。

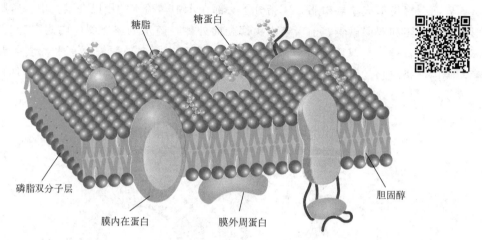

图 2-5　流动镶嵌模型

　　1975 年 Wallach 提出流动镶嵌模型的改进模型——晶格镶嵌模型，该模型指出生物膜并非完全自由流动，而是流动性脂质的可逆性变化即"流动态"和"晶态"可逆的相互转变。这种性质使得膜上的蛋白质既可运动，但运动又受到限制。

三、生物膜的功能

　　生物膜是具有特殊结构和功能的选择性透过膜，能为细胞各项生命活动提供一个相对稳定的内环境。它的主要功能有物质运输、能量转换、信息识别与传递。

1. 物质运输

（1）被动运输和主动运输

　　细胞或细胞器需要经常与外界进行物质交换，以维持其正常的功能。细胞或细胞器通过生物膜，从膜外选择性地吸收养料，同时排出不需要的物质。在物质跨膜转运过程中，细胞膜起着重要的调控作用。生物膜物质运输方式主要有被动运输和主动运输两种。被动运输是一种顺浓度梯度方向的跨膜运输方式，可以分为简单扩散和协助扩散。

　　简单扩散指物质跨膜从高浓度的一侧，转运到低浓度的另一侧，即沿着浓度梯度（膜两边的浓度差）的方向跨膜转运。这类转运是通过被转运物质本身的扩散作用进行的，是一个不需要外加能量的自发过程，也不需要膜蛋白的协助。体内的水、氧、尿素可以通过简单扩散实现跨膜运输。需要注意的是不同的小分子物质跨膜的速率差异较大：小分子比大分子容易，非极性分子比极性分子容易，带电离子最难。

　　协助扩散也是顺着浓度梯度跨膜运输，不需要能量，但需要特异的膜蛋白协助，以提高速率和特异性，如葡萄糖分子穿越红细胞膜就需要借助载体蛋白完成转运过程。

　　主动运输是在外加能量驱动下，借助载体蛋白将物质从低浓度一侧运输到高浓度一侧的跨膜转运过程。主动运输的物质可以是离子、小分子化合物，也可以是复杂的大分子物质，如某些蛋白或酶等。这一过程一般都与 ATP 的释能反应相偶联。例如 K^+、Na^+ 逆浓度梯度输入和输出的跨膜运动就是一种典型的主动运输方式。细胞内的 K^+ 浓度高于细胞外侧，

细胞内的 Na^+ 浓度低于细胞外侧，依靠膜上的特异性载体蛋白（钠钾离子泵）实现这两种离子的逆浓度梯度的跨膜运输。物质跨细胞膜的运输过程如图 2-6 所示。

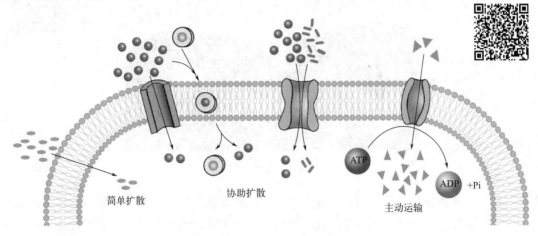

图 2-6　物质的跨膜运输

（2）细胞的内吞和外排活动

细胞通过内吞作用（endocytosis）和外排作用（exocytosis）完成大分子与颗粒性物质的跨膜运输，细胞的内吞和外排活动总称为吞排作用（cytosis）。细胞内吞较大的固体颗粒物质，如细菌、细胞碎片、食物颗粒等，称为胞吞/吞噬作用（phagocytosis）；若细胞吞入的物质为液体或极小的颗粒物质，这种内吞作用称为胞饮作用（pinocytosis）。图 2-7 是细胞内胞吞和胞饮的过程，在转运过程中，质膜内陷，形成能够包围细胞外物质的囊泡，因此又称膜泡运输（vesicular transport）。膜泡运输是变形虫等原生动物、真核生物细胞具备的运输方式。

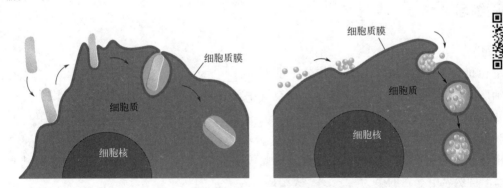

图 2-7　胞吞与胞饮过程

与内吞的顺序相反，某些大分子物质通过形成小囊泡从细胞内部移至细胞表面，小囊泡的膜与质膜融合，将物质排出细胞之外，这个过程称为外排/胞吐作用（图 2-8），某些细胞内不能利用的物质和合成的分泌物是通过这种途径排出的。

2. 能量转化

线粒体和叶绿体是细胞能量转换的重要场所，它们完成能量转换需要依靠线粒体膜和叶绿体膜发挥作用。生物膜上的能量合成主要有氧化磷酸化和光合磷酸化两种。其中氧化磷酸化是通过生物氧化作用，将食物分子中存储的化学能转变成生物能（ATP），为机体供能。

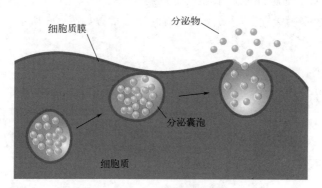

图 2-8　胞吐过程

真核细胞的氧化磷酸化主要在线粒体膜上进行，原核细胞的氧化磷酸化则是在细胞质膜上发生。氧化磷酸化的具体过程和能量生成的机制将在第七章详细介绍。光合磷酸化是指通过光合作用，将光能（主要是太阳能）转换成生物能（ATP）的过程，主要在叶绿体膜上进行。

3. 信息识别与传递

细胞膜具有一定的信息识别功能，可以接受外界的刺激或者某种信息，并通过结合在膜上的载体蛋白将其传入胞内，以启动一系列过程。如一些亲水性的化学信号分子（包括神经递质、蛋白激素、生长因子等）一般不进入细胞，而是通过与细胞膜上特异受体的结合对靶细胞产生效应。

课后练习

一、填空题

1. 皂化价为 195 的甘油三酯的平均分子量为_____。

2. 油脂与碱共热产生_____作用，在空气中放置过久产生难闻的气味，是因为_____作用造成。

3. 油脂碱水解可生成_____和_____。

4. 由于不饱和脂肪酸分子中存在双键，因此可能产生_____式和_____式两种立体异构体，自然界中存在的多为_____式结构。

二、选择题

1. 下列脂肪酸中不是必需脂肪酸的是（　　）。

A. 油酸　　　　　　B. 亚油酸　　　　　　C. 亚麻酸　　　　　　D. 花生四烯酸

2. 下列物质是十八碳三烯酸的是（　　）。

A. 油酸　　　　　　B. 亚麻酸　　　　　　C. 硬脂酸　　　　　　D. 亚油酸

3. 下列说法中正确的是（　　）。

A. 所有的磷脂都含有甘油基　　　　　　B. 所有脂质分子都含有脂酰基

C. 脂肪酸的碳链越长越不易溶于水　　　D. 油脂的碱水解生成脂肪酸和甘油

三、判断题

1. 脂肪酸的碳链越长，溶解度越大。

2. 脂酰甘油分子中不饱和脂肪酸含量越高，其熔点越高。

3. 油脂的皂化值越高，说明油脂分子所含脂肪酸的碳链越长。

4. 存在于动物皮下的胆固醇在日光或者紫外线作用下可生成维生素 D_3。

5. 细胞膜的内在蛋白通常比外周蛋白疏水性强。

6. 细胞膜的外侧和内侧具有不同的蛋白质和酶。

7. 不同种属来源的细胞可以相互融合，说明所有的细胞膜都具有相同的组分。

四、简答题

1. 完全皂化 50g 油脂样品需要 9.5g KOH，该油脂碘值为 60，求平均每个油脂分子中有几个双键？

2. 完全皂化 5g 由饱和脂肪酸组成的甘油三酯消耗 0.5mol/L KOH 36mL，求该甘油三酯中脂肪酸的平均碳原子数？

3. 计算单软脂酰二硬脂酰甘油的皂化值。

4. 按照简写符号写出下列脂肪酸的结构式：

(1) 18：0　　　　　　(2) $18：1^{\Delta 9c}$　　　　　　(3) $18：3^{\Delta 6c,9c,12c}$

第三章
蛋白质 >>>

第一节　概述

一、蛋白质的概念

蛋白质（protein）是由许多氨基酸通过肽键连接而成的具有一定空间构象的生物大分子，普遍存在于一切生物细胞中，是细胞内最丰富的有机分子，占人体干重的45％以上。蛋白质是构成生物体最基本的结构物质和功能物质。生命是物质运动的高级形式，这种运动是通过蛋白质来实现的，蛋白质是生命活动的物质基础，它参与了几乎所有的生命活动过程。随着蛋白质工程的发展，已经创造出许多对人类有用的新蛋白质。

二、蛋白质的特点

蛋白质是生物细胞内含量最丰富、功能最复杂的生物大分子。其种类繁多，每一种蛋白质都有一种空间构象，也都具有一定的生物功能。蛋白质是一类含氮有机化合物，主要含有C、H、O、N元素，有的还含有少量的S，组成百分比分别约为50％、7％、23％、16％、0～3％。某些蛋白质还含有其他微量元素，主要是P、Fe、Mn、I、Zn和Cu等。大多数蛋白质中氮含量相对恒定，平均为16％，即1g氮相当于6.25g蛋白质，这也是凯氏定氮法测定蛋白质含量的基础：

$$每克样品中蛋白质含量＝每克样品中含氮克数\times 6.25$$

这种测定蛋白质含量的方法对原料无选择性，仪器简单，操作简便，但容易将非蛋白氮归入蛋白质中，使测得的结果偏高。

三、蛋白质的分类

按分子形状不同，蛋白质可以分为球状蛋白（globular protein）和纤维状蛋白（fibrous protein）。球状蛋白外形接近球形或椭圆形，如血红蛋白、豆球蛋白、血清球蛋白、多数酶和抗体，球状蛋白溶解性较好，能形成结晶，大多数蛋白质属于这一类。纤维状蛋白外形类似纤维或细棒，有的能溶于水如肌球蛋白和血纤维蛋白原，但大多数不溶或难溶于水，如胶原蛋白、角蛋白等。纤维状蛋白在生物体中多数起支持和保护作用。

按功能不同,蛋白质可以分为功能蛋白(functional protein)和结构蛋白(structural protein),功能蛋白又包括活性蛋白(active protein)和信息蛋白(informational protein)。

按组成成分不同,可以分为单纯蛋白质(simple protein,简单蛋白质)和结合蛋白质(conjugated protein)。单纯蛋白质是仅含氨基酸,不含其他非蛋白物质的蛋白质,如白蛋白、球蛋白、醇溶蛋白、谷蛋白、精蛋白、组蛋白、硬蛋白。结合蛋白质是由蛋白质和非蛋白质组分结合而成的蛋白质,非蛋白质组分通常称为辅基或配体。表 3-1 列举了部分单纯蛋白质,表 3-2 列举了几种典型的结合蛋白质。

表 3-1　单纯蛋白质举例

类别	举例	溶解度
白蛋白	血清白蛋白	溶于水和中性盐溶液,不溶于饱和硫酸铵溶液
球蛋白	免疫球蛋白	不溶于水、半饱和硫酸铵溶液,溶于稀中性盐溶液
谷蛋白	麦谷蛋白	不溶于水、中性盐及乙醇,溶于稀酸、稀碱
醇溶蛋白	醇溶谷蛋白、醇溶玉米蛋白	不溶于水、中性盐溶液,溶于 70%～80% 乙醇中
硬蛋白	角蛋白、胶原蛋白、弹性蛋白	不溶于水、稀中性盐、稀酸、稀碱和有机溶剂
组蛋白	胸腺组蛋白	溶于水、稀酸、稀碱,不溶于稀氨水
精蛋白	鱼精蛋白	溶于水、稀酸、稀碱、稀氨水

表 3-2　结合蛋白质举例

类别	举例	非蛋白成分(辅基)
黄素蛋白	琥珀酸脱氢酶、D-氨基酸氧化酶	黄素核苷酸
核蛋白	病毒核蛋白、染色体蛋白	核酸
糖蛋白	膜糖蛋白、黏蛋白	糖类
脂蛋白	乳糜微粒、低密度脂蛋白、极低密度脂蛋白、高密度脂蛋白	各种脂类
磷蛋白	酪蛋白、卵黄高磷蛋白	磷酸
色蛋白	血红蛋白、叶绿蛋白	色素
金属蛋白	铁蛋白、钙调蛋白、铜蓝蛋白	金属离子

四、蛋白质的水解

水解蛋白质的方法有酸水解、碱水解和酶水解。水解过程中蛋白质会逐渐降解为分子量较小的肽段,若彻底水解,则生成各种氨基酸的混合物。氨基酸不能继续水解,所以氨基酸被认为是组成蛋白质的基本结构单位。分析不同蛋白质的水解产物,可以更好地研究蛋白质的结构和组成。

1. 酸水解

蛋白质在盐酸或硫酸作用下煮沸 16～20h,最终水解为 L-氨基酸。酸水解较为彻底,水解过程中没有旋光异构体产生,此法常用于蛋白质氨基酸组成的分析,但酸水解时色氨酸被完全破坏,丝氨酸、苏氨酸、酪氨酸也有部分被破坏。

2. 碱水解

蛋白质在氢氧化钠或氢氧化钡作用下煮沸 6h，即可完全水解得到 D-型和 L-型氨基酸的混合物，碱水解过程中色氨酸没有被破坏，但水解产生的其他氨基酸多数被破坏，并产生消旋现象。酸水解与碱水解相互补充，可以用于更准确地分析蛋白质的氨基酸组成。

3. 酶水解

蛋白酶（protease）可以将蛋白质水解为大小不等的肽段和氨基酸，其作用条件温和，水解过程中不发生消旋作用，且作用过程中氨基酸不被破坏。但酶水解不彻底，耗时较长。蛋白质水解过程中得到不同程度的降解物如下：蛋白质→际→胨→多肽→二肽→氨基酸。

第二节　氨基酸

氨基酸（amino acid，AA）是蛋白质的基本结构单元，目前人们发现的蛋白质有百余种，但大多数蛋白质是由 20 种氨基酸组成，这 20 种氨基酸被称为基本氨基酸。

一、氨基酸的基本结构

大多数蛋白质由 20 种基本氨基酸构成，其中 19 种氨基酸中与羧基相邻的 α-碳原子上都有一个氨基，因而称为 α-氨基酸；脯氨酸为 α-亚氨基酸。除甘氨酸外，其余 19 种氨基酸的 α-碳原子具有手性，具有旋光性。氨基酸的结构通式如下所示：

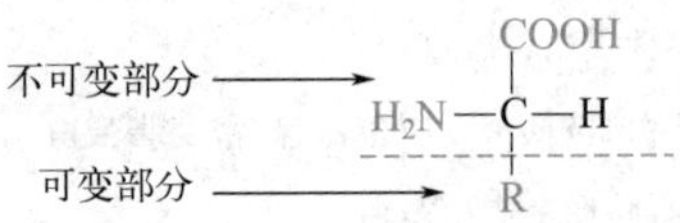

每一种氨基酸只有 R 基是不同的，侧链上的碳依次按希腊字母命名为 β、γ、δ 和 ε 碳，分别指的是第 3、4、5 和 6 号位碳。

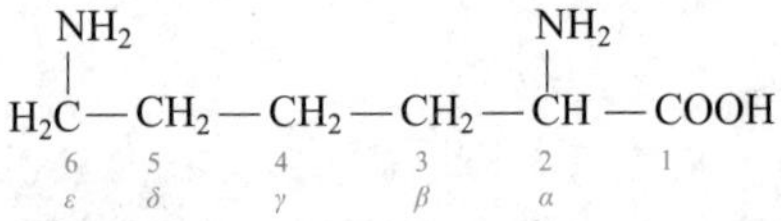

二、氨基酸的分类

1. 构成蛋白质的氨基酸

构成蛋白质的氨基酸分为基本氨基酸（也称常见氨基酸）和不常见氨基酸。基本氨基酸（图 3-1）共有 20 种，都有对应的遗传密码，区别在于氨基酸侧链 R 基不同。基本氨基酸常见的分类方法主要有 3 种：按酸碱性分，可以分为中性氨基酸（15 种）、酸性氨基酸（2种）、碱性氨基酸（3 种）；按 R 基的化学结构分，可以分为脂肪族氨基酸（15 种）、杂环氨基酸（1 种）、芳香族氨基酸（3 种）、杂环亚氨基酸（1 种）；按 R 基极性分，可以分为非极性氨基酸（8 种）、极性带负电氨基酸（2 种）、极性带正电氨基酸（3 种）、极性不带电氨基酸（7 种）。不同氨基酸的缩写与分类见表3-3。

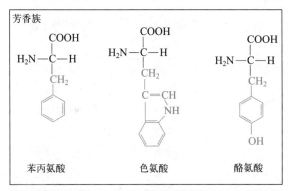

图 3-1　20 种基本氨基酸的结构（按尺基特点分类）

表 3-3　20 种基本氨基酸的缩写与分类

氨基酸名称	字母符号	酸碱性	R 基的化学结构	极性
丙氨酸（alanine）	Ala（A）	中性	脂肪族	非极性
缬氨酸（valine）	Val（V）	中性	脂肪族	非极性
亮氨酸（leucine）	Leu（L）	中性	脂肪族	非极性
异亮氨酸（isoleucine）	Ile（I）	中性	脂肪族	非极性
甲硫氨酸（methionine）	Met（M）	中性	脂肪族	非极性
苯丙氨酸（phenylalanine）	Phe（F）	中性	芳香族	非极性
色氨酸（tryptophan）	Trp（W）	中性	芳香族	非极性
脯氨酸（proline）	Pro（P）	中性	杂环亚	非极性

氨基酸名称	字母符号	酸碱性	R基的化学结构	极性
天冬氨酸（aspartic acid）	Asp（D）	酸性	脂肪族	极性带负电
谷氨酸（glutamic acid）	Glu（E）	酸性	脂肪族	极性带负电
赖氨酸（lysine）	Lys（K）	碱性	脂肪族	极性带正电
精氨酸（arginine）	Arg（R）	碱性	脂肪族	极性带正电
组氨酸（histidine）	His（H）	碱性	杂环	极性带正电
甘氨酸（glycine）	Gly（G）	中性	脂肪族	极性不带电
丝氨酸（serine）	Ser（S）	中性	脂肪族	极性不带电
苏氨酸（threonine）	Thr（T）	中性	脂肪族	极性不带电
半胱氨酸（cysteine）	Cys（C）	中性	脂肪族	极性不带电
谷氨酰胺（glutamine）	Gln（Q）	中性	脂肪族	极性不带电
天冬酰胺（asparagine）	Asn（N）	中性	脂肪族	极性不带电
酪氨酸（tyrosine）	Tyr（Y）	中性	芳香族	极性不带电

此外，按氨基酸是否能在人体内合成可分为必需氨基酸、半必需氨基酸和非必需氨基酸。必需氨基酸指人体内不能合成，必须从食物中摄取的氨基酸，有8种：苏氨酸、缬氨酸、异亮氨酸、亮氨酸、赖氨酸、色氨酸、苯丙氨酸和甲硫氨酸。半必需氨基酸指人体内可以合成，但合成量不能满足人体需要（特别是婴幼儿时期），仍需要膳食补充的氨基酸，有2种：组氨酸、精氨酸。非必需氨基酸指人体内可以合成的氨基酸，共10种：甘氨酸、丙氨酸、脯氨酸、酪氨酸、丝氨酸、半胱氨酸、天冬酰胺、谷氨酰胺、天冬氨酸和谷氨酸。

不常见氨基酸无对应的遗传密码，也称修饰氨基酸或稀有氨基酸，是在蛋白质合成后由基本氨基酸修饰而来。如：胱氨酸（cystine）广泛地存在于蛋白质中，它是由两个半胱氨酸（cysteine）的巯基氧化之后形成的；4-羟脯氨酸、5-羟赖氨酸存在于结缔组织的胶原蛋白中；3-甲基组氨酸、ε-N-甲基赖氨酸富含于肌球蛋白中。

2. 非蛋白质氨基酸

非蛋白质氨基酸不参与组成蛋白质，但有一定的生理功能，如：β-丙氨酸、γ-氨基丁酸、瓜氨酸、鸟氨酸等。β-丙氨酸是由天冬氨酸脱羧产生，是合成泛酸的原料；γ-氨基丁酸是谷氨酸在谷氨酸脱羧酶作用下生成的，能抑制中枢神经系统的传导；瓜氨酸、鸟氨酸是合成精氨酸的重要前体，也是参与尿素循环的重要中间产物等。

三、氨基酸的性质

常见氨基酸均为无色结晶，不同氨基酸之间的差异主要在侧链R基上，氨基酸的性质由氨基、羧基和R基共同决定。

1. 物理性质

（1）溶解性

各种氨基酸在水中的溶解度差别很大，能溶解于稀酸或稀碱中，但不能溶解于有机溶剂中，通常可用酒精能把氨基酸从其溶液中沉淀析出。

（2）熔点

氨基酸的熔点极高，一般在 200℃以上，熔融时会发生分解。

（3）味感

不同氨基酸味感有所不同，有的无味，有的味甜，有的味苦。谷氨酸的单钠盐有鲜味，是味精的主要成分。

（4）手性

如果侧链 R 基不是氢，则 α-碳原子结合 4 种不同基团，此时 α-碳是个不对称碳。除了甘氨酸外，其余的 19 种基本氨基酸都至少含有 1 个不对称碳原子（手性碳原子），含有 1 个不对称碳的氨基酸就存在着 2 种旋光异构体。通过与构型标准物（甘油醛）参照，氨基酸也分为 L-氨基酸和 D-氨基酸（图 3-2）。

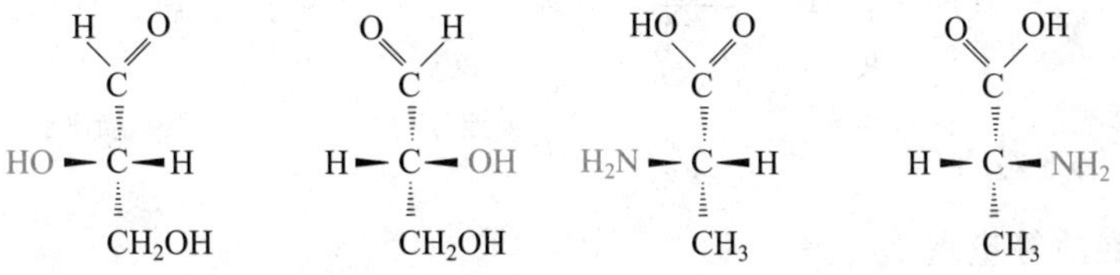

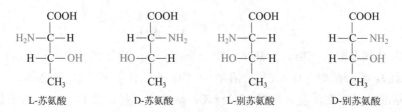

图 3-2　甘油醛和丙氨酸的投影式

目前发现的游离的以及蛋白质温和水解得到的氨基酸绝大多数是 L-氨基酸。L-氨基酸长时间放置会变成 D-氨基酸。如果氨基酸中含 2 个手性碳原子（如苏氨酸、异亮氨酸等），则有 4 种立体异构体，分别称为 D-、L-、D-别和 L-别氨基酸。图 3-3 以苏氨酸为例介绍了含 2 个手性碳的氨基酸的结构。

图 3-3　苏氨酸的 4 种结构

（5）旋光性

除甘氨酸外，氨基酸都具有旋光性，能使偏振光平面向左或向右旋转，左旋者通常用（－）表示，右旋者用（＋）表示。

（6）光吸收

构成蛋白质的 20 种氨基酸在可见光区都没有光吸收，但在远紫外区（＜220nm）均有光吸收。在近紫外区（220～300nm）只有酪氨酸、苯丙氨酸和色氨酸有吸收光的能力，因为它们的 R 基含有苯环共轭双键。其中苯丙氨酸在 260nm 处有最大光吸收，酪氨酸和色氨酸在 280nm 处有最大光吸收。蛋白质含有这些芳香族氨基酸，所以也有紫外吸收能力，一般可通过紫外分光光度计测定在 280nm 下的光吸收值对蛋白质进行定量。

2. 化学性质

（1）氨基酸的解离

氨基酸在结晶形态或在水溶液中，并不是以中性分子的形式存在，而是会解离成两性离子，所以氨基酸是一种两性电解质。氨基酸解离情况或氨基酸本身带电情况取决于所处环境的酸碱性。当氨基酸处于酸性环境时，由于氨基结合质子生成—NH_3^+，使氨基酸带一个单位正电荷；在碱性环境中，由于羧基解离生成—COO^-，而使氨基酸带一个单位负电荷。在不同的 pH 条件下，两性离子的状态也随之发生变化。

氨基酸的两性解离式如下，式中 K_1、K_2 分别表示 α-COOH 和 α-NH_3^+ 的表观解离常数。

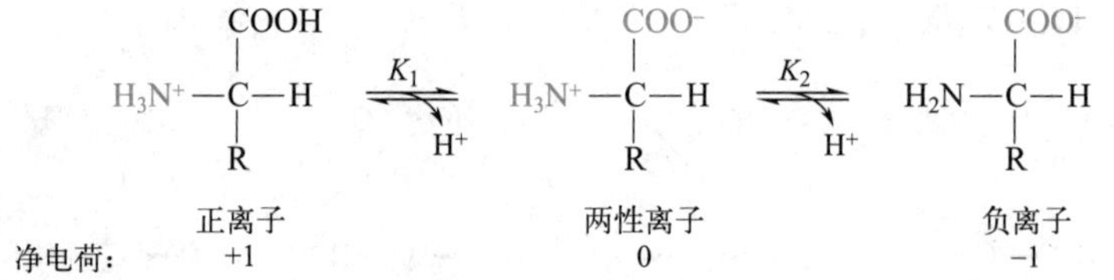

（2）氨基酸的等电点

当氨基酸处于某一 pH 值的溶液中时，氨基酸所带正电荷和负电荷数相等，分子所带净电荷为零。这一 pH 值即为氨基酸的等电点，简称 pI（isoelectric point）。在等电点时，氨基酸既不向正极移动也不向负极移动，即氨基酸处于两性离子状态，此时氨基酸溶解度最小，易沉淀。

由于氨基酸是两性电解质，所以可以通过对氨基酸进行酸碱滴定计算出各解离基团的解离常数（pK）和等电点。pK 和 pH 之间的关系可以用 Henderson-Hasselbalch 方程表示：

$$HA \rightleftharpoons A^- + H^+$$

$$pH = pK + \lg \frac{[质子受体]}{[质子供体]}$$

当有 50% 的氨基酸解离时，溶液中 [质子受体] = [质子供体]，此时 pH=pK；若氨基酸处于酸性环境，此时 pH<pK，溶液中 [质子受体] < [质子供体]，解离度小于 50%；若氨基酸处于碱性环境，此时 pH>pK，溶液中 [质子受体] > [质子供体]，解离度大于 50%。

以中性氨基酸 Gly 为例推导等电点的计算过程，Gly 解离方程如下：

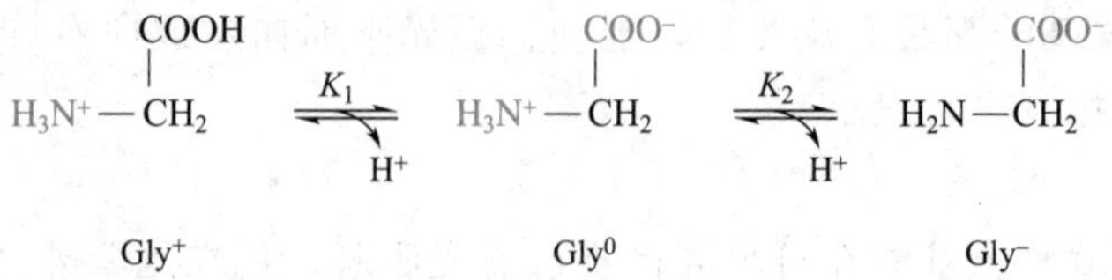

$$K_1 = \frac{[Gly^0][H^+]}{[Gly^+]} \tag{1}$$

$$K_2 = \frac{[Gly^-][H^+]}{[Gly^0]} \tag{2}$$

因处于等电点时，氨基酸所带正电荷和负电荷数相等，即［Gly$^+$］＝［Gly$^-$］，则式（1）、式（2）经整理可得：

$$[H^+]^2 = K_1 K_2，即 [H^+] = \sqrt{K_1 K_2}$$

等式两边同时取负对数，即得：

$$pH = \frac{1}{2}(pK_1 + pK_2)$$

因此时 pH＝pI，所以得到 pI＝$\frac{1}{2}$(pK_1＋pK_2)

式中，K_1、K_2 分别表示 Gly 的 α-碳原子上—COOH 和—NH$_3^+$ 的表观解离常数。

从上式可以看出 Gly 的等电点是它的 pK_1 和 pK_2 的算术平均值。同样，对于侧链含有可解离基团的氨基酸，其 pI 值取决于两性离子两侧的 pK 值的算术平均值。下面分别以酸性氨基酸 Asp 和碱性氨基酸 Lys 的解离为例计算侧链含有可解离基团的氨基酸的 pI 值。

Asp 解离方程：

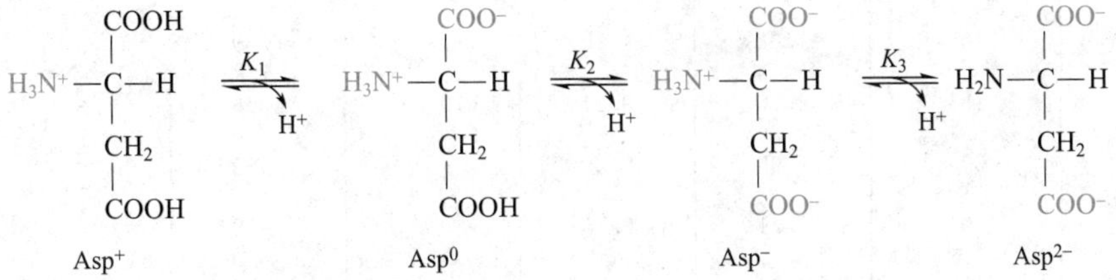

Asp$^+$ $\underset{H^+}{\overset{K_1}{\rightleftharpoons}}$ Asp^0 $\underset{H^+}{\overset{K_2}{\rightleftharpoons}}$ Asp$^-$ $\underset{H^+}{\overset{K_3}{\rightleftharpoons}}$ Asp^{2-}

上式中 K_1 表示 α-COOH 的表观解离常数；K_2 表示 β-COOH 的表观解离常数；K_3 表示 α-NH$_3^+$ 的表观解离常数。

处于等电点时，主要以 Asp^0 形式存在，［Asp$^+$］与［Asp$^-$］相等，［Asp^{2-}］可忽略不计，则：pI_{Asp}＝$\frac{1}{2}$(pK_1＋pK_2)。

Lys 解离方程：

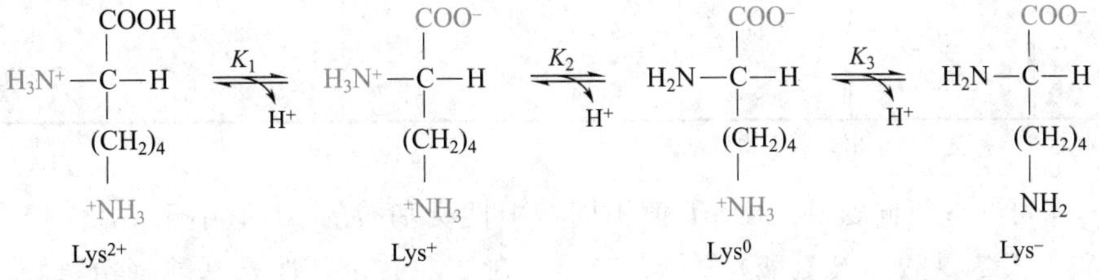

Lys^{2+} $\underset{H^+}{\overset{K_1}{\rightleftharpoons}}$ Lys$^+$ $\underset{H^+}{\overset{K_2}{\rightleftharpoons}}$ Lys^0 $\underset{H^+}{\overset{K_3}{\rightleftharpoons}}$ Lys$^-$

上式中 K_1 表示 α-COOH 的表观解离常数；K_2 表示 α-NH$_3^+$ 的表观解离常数；K_3 表示 ε-NH$_3^+$ 的表观解离常数。

处于等电点时，主要以 Lys^0 形式存在，［Lys$^+$］与［Lys$^-$］相等，［Lys^{2+}］可以忽略不计，则：pI_{Lys}＝$\frac{1}{2}$(pK_2＋pK_3)。

当 pH＝pI 时，净电荷为零，氨基酸主要以两性离子形式存在，在电场中不移动，且在等电点时氨基酸的溶解度最小；当 pH＜pI 时，净电荷为正，氨基酸主要以正离子形式存在，在电场中将向负极移动；当 pH＞pI 时，净电荷为负，氨基酸主要以负离子形式存在，在电场中将向正极移动。在一定 pH 条件下，溶液的 pH 离氨基酸等电点愈远，氨基酸所携带的净电荷愈大。利用这个性质，可以分离不同的氨基酸。表 3-4 是基本氨基酸的酸性和碱性基团解离常数的 pK 值以及氨基酸的等电点 pI。

表 3-4　基本氨基酸的 pI 和解离基团的 pK 值

氨基酸	分子量	pK			pI	蛋白质中出现的概率[①]/%
		α-羧基	α-氨基	R 基		
甘氨酸	75	2.34	9.60		5.97	7.5
丙氨酸	89	2.34	9.69		6.02	9.0
缬氨酸	117	2.32	9.62		5.97	6.9
亮氨酸	131	2.36	9.60		5.98	7.5
谷氨酸	147	2.19	9.67	4.25	3.22	6.2
赖氨酸	146	2.18	8.95	10.53	9.74	7.0
精氨酸	174	2.17	9.04	12.48	10.76	4.7
组氨酸	155	1.82	9.17	6.00	7.59	2.1
酪氨酸	181	2.20	9.11	10.07	5.66	3.5
色氨酸	204	2.38	9.39		5.89	1.1
丝氨酸	105	2.21	9.15		5.68	7.1
苏氨酸	119	2.63	10.43		6.53	6.0
蛋氨酸	149	2.28	9.21		5.75	1.7
脯氨酸	115	1.99	10.60		6.30	4.6
半胱氨酸	121	1.71	8.33	10.78	5.02	2.8
天冬酰胺	132	2.02	8.80		5.41	4.4
谷氨酰胺	146	2.17	9.13		5.65	3.9
天冬氨酸	133	2.09	9.82	3.86	2.98	5.5
异亮氨酸	131	2.36	9.68		6.02	4.6
苯丙氨酸	165	1.83	9.13		5.48	3.5

① 表示在 200 多种蛋白质中出现的平均概率。

由表 3-4 可知，不同氨基酸的 pI 值不同：中性氨基酸的 pI 值小于 7，一般在 6 左右。酸性氨基酸（天冬氨酸、谷氨酸）的 pI 较小，在 3 左右；碱性氨基酸（精氨酸、赖氨酸、组氨酸）的 pI 值＞7。

（3）几个重要的化学反应

氨基酸参与的化学反应主要与 α-氨基、α-羧基、侧链 R 基有关。

① α-氨基参加的反应

a. 与丹磺酰氯反应　氨基酸可以与丹磺酰氯（5-二甲氨基萘-1-磺酰氯，DNS-Cl）反应，α-氨基与磺酰基连接生成 DNS-氨基酸。产物在酸性条件下（6mol/L HCl）100℃也不会被破坏，因此可用于末端氨基酸分析。DNS-氨基酸有强荧光，激发波长在 360nm 左右，此法的优点是丹磺酰-氨基酸有很强的荧光性质，检测灵敏度可以达到 1×10^{-9}mol，可用于微量分析。

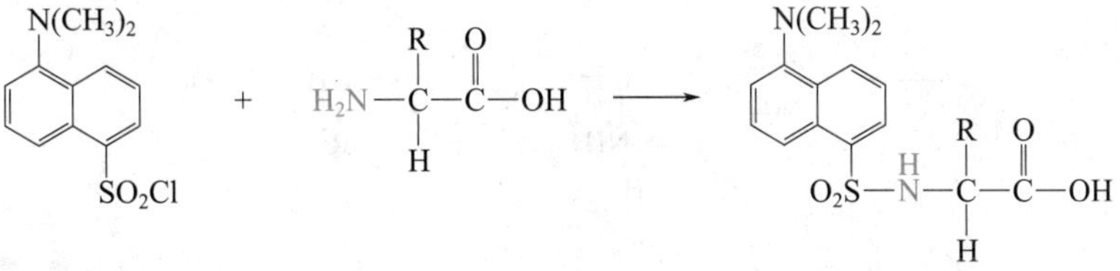

丹磺酰氯　　　　丹磺酰氨基酸

b. 与酰化试剂反应　氨基酸与酰氯或酸酐反应时，α-氨基中的氢原子被酰基取代。乙酰氯、乙酸酐、苄氧酰氯（苯甲氧酰氯）、邻苯二甲酸酐等都可用作酰化剂，在蛋白质的人工合成过程中为了保护氨基，可用苄氧酰氯作为酰化剂。选用苄氧酰氯这一特殊试剂，便于酰基引入，同时还能用多种方法进行分离。

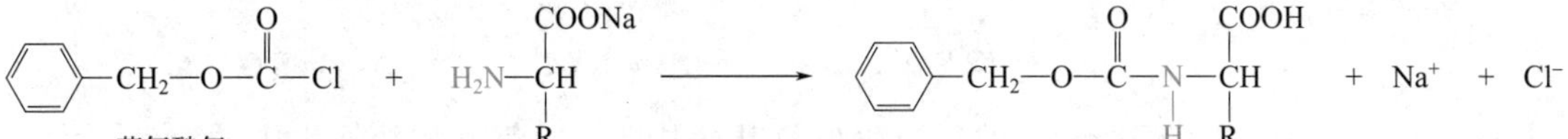

苄氧酰氯

c. 与亚硝酸反应　除脯氨酸和羟脯氨酸外氨基酸的α-氨基都能和亚硝酸反应生成氮气。伯胺都能发生这个反应，赖氨酸的侧链氨基也能与亚硝酸反应，但速率较慢。该反应是 Van Slyke 法定量测定氨基氮的基础，用于氨基酸定量和蛋白质水解程度的测定。

$$R{-}CH(NH_2){-}COOH + HNO_2 \longrightarrow R{-}CH(OH){-}COOH + H_2O + N_2\uparrow$$

d. 与2,4-二硝基氟苯反应（DNFB）　氨基酸的α-氨基与2,4-二硝基氟苯在弱碱性条件下反应，得到2,4-二硝基苯氨基酸（也称 DNP-氨基酸），该产物能够用乙醚进行分离，不同的 DNP-氨基酸可以用色谱法进行鉴定。该方法是英国科学家 Frederick Sanger 测定胰岛素的氨基酸顺序时提出的，所以也称 Sanger 法，现已应用于蛋白质 *N*-末端测定。

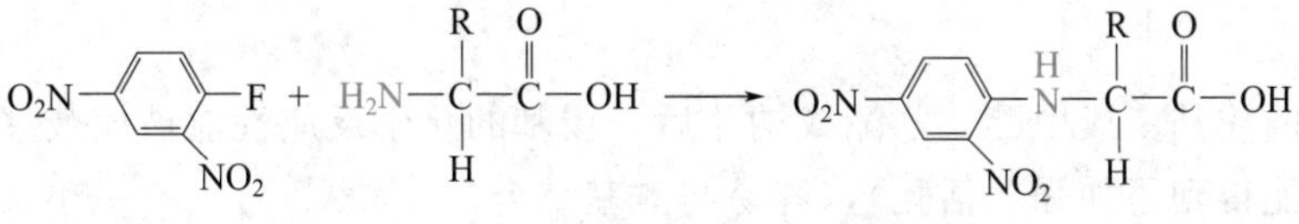

DNFB　　　　DNP-氨基酸

e. 与苯异硫氰酸酯反应　氨基酸的α-氨基与苯异硫氰酸酯（PITC）在弱碱性条件下生成反应，先成苯氨基硫甲酰衍生物（PTC-AA），后者和硝基甲烷（CH_3NO_2）在酸性条件下生成苯乙内酰硫脲衍生物（PTH-AA）。这些衍生物是无色的，可用色谱法加以分离鉴定。这个反应首先被瑞典化学家 Pehr Edman 用来鉴定 *N*-端氨基酸，所以也被称为 Edman 反应。

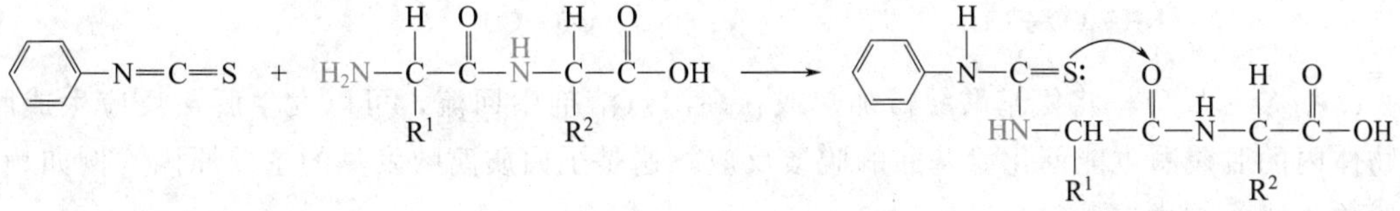

苯异硫氰酸酯　　　　苯氨基硫甲酰衍生物

$$\longrightarrow \quad \text{苯基-N=C=S, NH, O=C, CH, R}^1 \quad + \quad H_2N-CH(R^2)-COOH$$

苯乙内酰硫脲衍生物

f. 脱氨基反应　氨基酸分子的 α-氨基可以被双氧水或高锰酸钾等氧化剂氧化，生成 α-亚氨基酸，然后进一步水解，在氨基酸氧化酶的催化下脱去氨基生成 α-酮酸。

$$R-\underset{NH_2}{CH}-COOH \xrightarrow{[O]} R-\underset{NH}{C}-COOH \xrightarrow{H_2O} R-\underset{NH_2}{\overset{OH}{C}}-COOH \xrightarrow{NH_3} R-\underset{}{\overset{O}{C}}-COOH$$

α-亚氨基酸　　　　α-羟基-α-氨基酸　　　α-酮酸

g. 成盐作用　氨基酸能和盐酸反应生成氨基酸盐酸盐，氨基酸盐在水中的溶解度大于氨基酸。

$$R-\underset{NH_2}{CH}-COOH \quad + \quad HCl \longrightarrow R-\underset{NH_3^+ \cdot Cl^-}{CH}-COOH$$

氨基酸盐酸盐

② α-羧基参加的反应

a. 成盐和成酯反应　氨基酸与 NaOH 反应生成氨基酸钠盐，氨基酸的碱金属盐能溶于水，但重金属盐不溶于水。此外氨基酸在无水乙醇中通入干燥（纯净）的氯化氢，加热回流时生成氨基酸酯。

$$R-\underset{NH_2}{CH}-COOH \quad + \quad C_2H_5OH \xrightarrow{HCl} R-\underset{NH_2}{CH}-\overset{O}{C}-O-C_2H_5 \quad + \quad H_2O$$

当氨基酸的羧基变成甲酯、乙酯或钠盐后，羧基的化学反应性能被掩蔽（羧基被保护），氨基的化学性能得到了加强（活化），容易与酰基结合。

b. 成酰氯反应　羧酸羧基中的羟基被卤素取代生成的化合物称为酰卤，可以用来活化羧基。氨基酸和酰卤如氯乙酰反应将氨基保护起来，再和另一种酰化剂如 PCl$_5$ 反应，使羧基酰化，生成的产物比较活泼，这是使氨基酸羧基活化的一个重要反应，用于多肽的合成。

$$R-\underset{NH_2}{CH}-COOH \quad + \quad H_3C-CO-Cl \longrightarrow R-\underset{NH-CO-CH_3}{CH}-COOH \quad + \quad HCl$$

氯乙酰

$$R-\underset{NH-CO-CH_3}{CH}-COOH \quad + \quad PCl_5 \longrightarrow R-\underset{NH-CO-CH_3}{CH}-CO-Cl \quad + \quad POCl_3 \quad + \quad HCl$$

c. 脱羧基反应　将氨基酸缓慢加热或在高沸点溶剂中回流，可以发生脱羧反应生成胺。生物体内的脱羧酶也能催化氨基酸的脱羧反应，这是蛋白质腐败发臭的主要原因。例如赖氨酸脱羧生成 1,5-戊二胺（尸胺）。

$$H_2N-CH_2-CH_2-CH_2-CH-COOH \xrightarrow[CO_2]{\triangle} H_2N-CH_2-CH_2-CH_2-CH_2-CH_2-NH_2$$

赖氨酸   戊二胺(尸胺)

③ α-氨基和 α-羧基共同参加的反应

a. 茚三酮反应　茚三酮在水中自发形成水合茚三酮，除了脯氨酸和羟脯氨酸以外的其他氨基酸都能与水合茚三酮试剂发生显色反应，生成蓝紫色化合物。脯氨酸和羟脯氨酸与水合茚三酮反应时生成黄色化合物。该反应非常灵敏，可用于氨基酸的定性及定量测定。

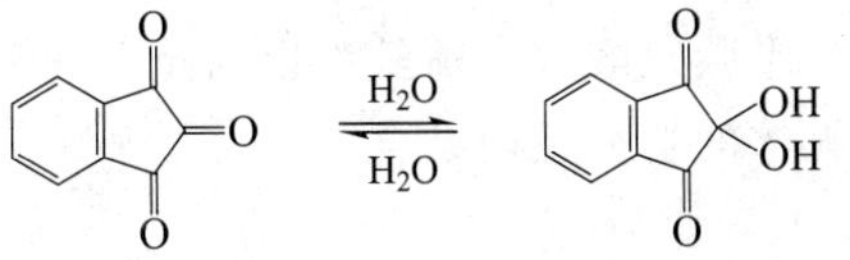

茚三酮   水合茚三酮

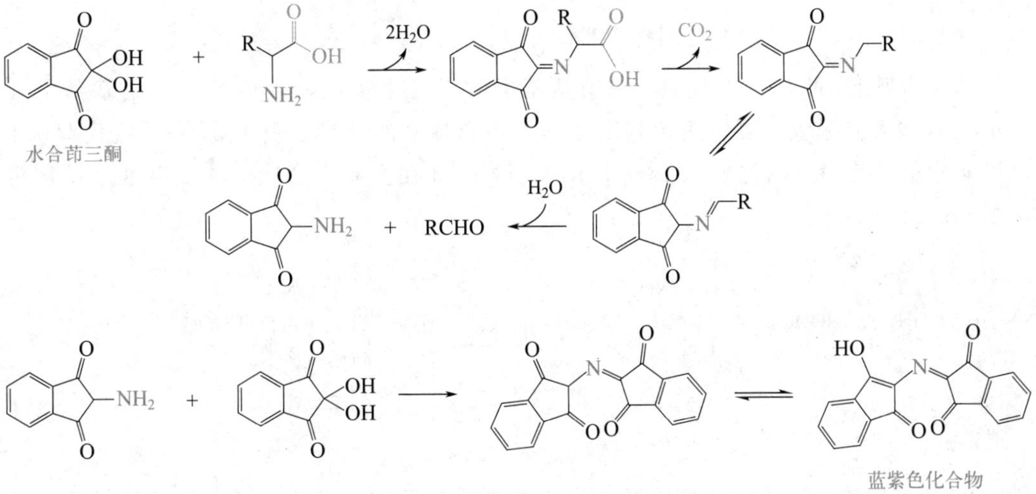

蓝紫色化合物

b. 成肽反应　成肽是指氨基酸的羧基与另一个氨基酸的氨基之间脱水缩合形成肽键的过程，成肽反应是多肽和蛋白质生物合成的基本反应。

c. 脱羧脱氨生成醇的反应　氨基酸在酶的作用下，同时脱去羧基和氨基得到醇。工业上发酵制取乙醇时，杂醇就是这样产生的。

$$(H_3C)_2C-CH_2-CH_2-COOH + H_2O \xrightarrow{\text{酶}} (H_3C)_2HC-CH_2-CH_2OH + CO_2 + NH_3$$
$$\underset{NH_2}{|}$$

④ 侧链 R 基参加的反应　氨基酸侧链 R 基参加的反应往往与蛋白质的化学修饰有关。化学修饰是指在较温和的条件下，以可控制的方式使蛋白质与某种试剂（称化学修饰剂）起

特异反应，引起蛋白质中个别氨基酸侧链或功能团发生共价化学改变。

a. 巯基参加的反应　巯基比较活泼，能与碘乙酰胺、碘乙酸等反应，从而使巯基得到保护，在后续反应时不被破坏，例如：

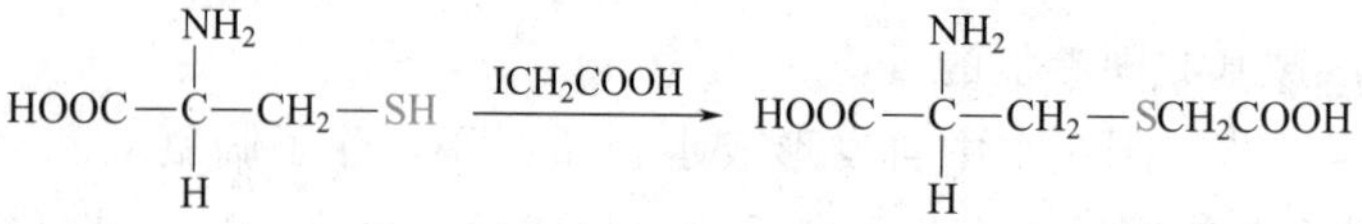

氨基酸巯基可以与重金属衍生物结合，如半胱氨酸巯基与对羟汞苯甲酸反应可以使以巯基为活性中心的酶失活，反应过程如下。如果人发生重金属中毒，可以喝牛奶解毒，这是由于牛奶蛋白中含有半胱氨酸，半胱氨酸含有巯基可以与重金属离子生成络合物，将其包裹排出体外，减少重金属离子与人体的功能蛋白结合。

半胱氨酸　　　　　　　　对羟汞苯甲酸

氨基酸巯基与 5,5'-二硫代双（2-硝基苯甲酸）发生反应，生成的硫代硝基苯甲酸在 412nm 处有最大光吸收，可应用于测定细胞中游离巯基的含量。由于 5,5'-二硫代双（2-硝基苯甲酸）最先是由美国化学家 Jonathan A. Ellman 在实验中合成的，所以这个试剂也被称为 Ellman 试剂。

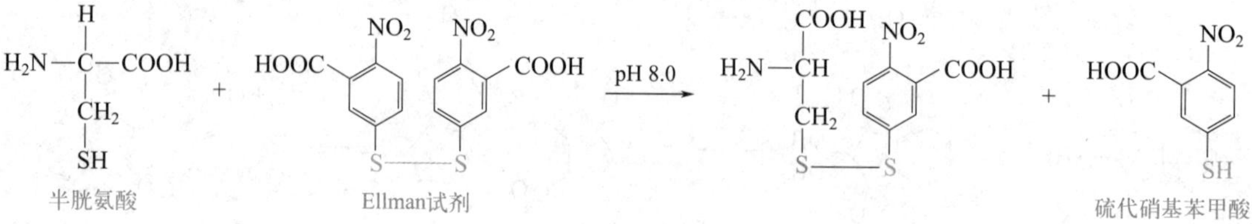

半胱氨酸　　　　　　Ellman试剂　　　　　　　　　　　　硫代硝基苯甲酸

b. 羟基参加的反应　氨基酸的羟基与乙酸或磷酸反应生成酯，可以保护丝氨酸或苏氨酸的羟基，用于蛋白质的合成。

c. 咪唑基参加的反应　组氨酸中的咪唑基既可以和 ATP 发生磷酰化反应，形成磷酰组氨酸，从而使酶活化；也能发生烷基化反应，生成烷基咪唑衍生物，引起酶活性降低或丧失。利用组氨酸咪唑基的这一性质可以判断酶的活性中心。

四、氨基酸混合物的分离分析

为了测定蛋白质中氨基酸的含量、组成以及从蛋白质水解液中提取氨基酸，都需要对氨基酸混合物进行分离和分析工作。其方法较多，目前使用较多的是色谱法。色谱法是利用混合物中各组分物理化学性质的差异（吸附力、分子形状及大小、分子亲和力、分配系数等），使各组分在两相（固定相/流动相）中的分布程度不同，从而使各组分以不同的速度移动而达到分离的目的。色谱法分辨率高、灵敏度高、选择性好、速度快，适用于杂质多且含量少的复杂样品的分析，在医药卫生、环境化学、高分子材料、石油化工等方面得到了广泛的应用，尤其适用于生物样品的分离分析。

色谱法有不同的分类方式，按照操作形式进行分类，可以分为柱色谱法、薄层色谱法、纸色谱法和薄膜色谱法（表3-5）；若按分离原理进行分类，可以分为吸附色谱法、分配色谱法、离子交换色谱法、凝胶色谱法和亲和色谱法（表3-6）。这里只介绍纸色谱法和离子交换色谱法。

表3-5　色谱法分类（按操作形式分）

名称	操作形式
柱色谱法	固定相装于柱内,使样品沿着一个方向前移而分离,是常用的色谱形式,适用于样品分析、分离
薄层色谱法	将适当黏度的固定相均匀涂铺在薄板上,点样后用流动相展开,使各组分分离
纸色谱法	用滤纸作液体的载体,点样后用流动相展开,使各组分分离
薄膜色谱法	将适当的高分子有机吸附剂制成薄膜,以类似纸色谱方法进行物质的分离

表3-6　色谱法分类（按原理分）

名称	分离原理
吸附色谱法	各组分在吸附剂表面吸附能力不同,固定相是固体吸附剂
分配色谱法	各组分在流动相和静止液相(固相)中的分配系数不同
离子交换色谱法	固定相是离子交换剂,各组分与离子交换剂亲和力不同
凝胶色谱法	固定相是多孔凝胶,各组分的分子大小不同,因而在凝胶上受阻滞的程度不同
亲和色谱法	固定相只能与一种待分离组分专一结合,实现与无亲和力的其他组分的分离

1. 纸色谱法

最简单的色谱法是纸色谱法，它属于分配色谱的一种。滤纸纤维所吸附的水作为固定相，展层用的溶剂作流动相。单向纸色谱是用一种溶剂沿着滤纸的一个方向进行展开。双向纸色谱是在单向纸色谱的基础上旋转90°后再用另一种溶剂系统进行第二向展开。双向纸色谱可以将各种氨基酸更好地分离。图3-4是氨基酸的滤纸色谱示意，其中左侧为氨基酸单向纸色谱图谱，右侧为氨基酸双向纸色谱图谱。

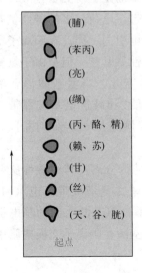
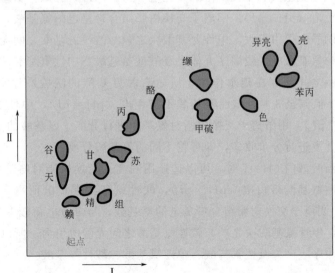

图3-4　氨基酸的双向滤纸色谱图谱（右图中的Ⅰ表示第一向展开，Ⅱ表示第二向展开）

2. 离子交换色谱法

离子交换色谱法是用离子交换树脂作为支持物的色谱法。该方法分离氨基酸的实质就是运用氨基酸等电点以及不同 pH 下所带电荷的区别进行氨基酸的分离。离子交换树脂包括阳离子交换树脂和阴离子交换树脂，其化学本质是一种人工合成的聚苯乙烯组成的具有网状结构的高分子聚合物。阳离子交换树脂含有酸性基团如—SO_3H（强酸型）和—COOH（弱酸型），能解离出 H^+，当溶液中含有其他阳离子（如氨基酸阳离子）时，可以与 H^+ 交换而结合到树脂上。同理阴离子交换树脂含有碱性基团如—$N(CH_3)_3OH$（强碱型）和—NH_3OH（弱碱型），能解离出 OH^-，OH^- 能与溶液中的阴离子（如氨基酸阴离子）发生交换，使溶液中的阴离子结合到树脂上，原理如图 3-5 所示。氨基酸与树脂的亲和力主要取决于：静电引力和氨基酸侧链与树脂基质聚苯乙烯之间的疏水相互作用。氨基酸与树脂的亲和力不同，与树脂结合的牢固程度就不同。

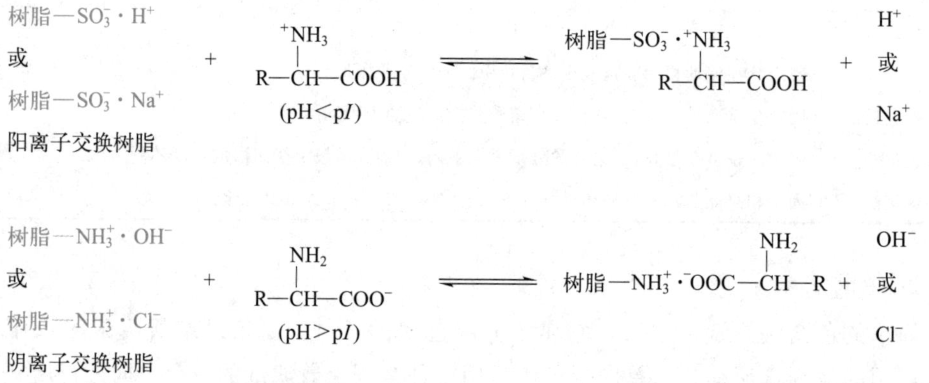

图 3-5　两种离子交换树脂

图 3-6 是利用阳离子交换树脂分离氨基酸的原理。如将氨基酸混合溶液的 pH 值调至 5，此时碱性氨基酸和中性氨基酸带正电（pH<pI），且碱性氨基酸带的正电荷更多，酸性氨基酸带负电（pH>pI）。阳离子交换树脂结合带正电的氨基酸，与带正电荷较多的碱性氨基酸之间的静电引力更大，中性氨基酸次之，与酸性氨基酸之间无静电引力。因此在阳离子交换树脂中氨基酸的洗脱顺序大体上是酸性氨基酸、中性氨基酸、碱性氨基酸。但是由于氨基酸和树脂之间还存在疏水作用，所以有时氨基酸的洗脱顺序会有变化。当氨基酸混合溶液的 pH 值调至 3 时，酸性氨基酸不带正电（pH=pI），中性氨基酸和碱性氨基酸都带正电（pH<pI），用阳离子交换树脂对氨基酸进行分离，氨基酸的洗脱顺序与 pH=5 时相同。在色谱柱下进行分步收集，即可将不同的氨基酸分离开。

当溶液的 pH=7 时，可以选择用阴离子交换树脂对氨基酸进行分离，其中酸性氨基酸和中性氨基酸带负电（pH>pI），酸性氨基酸带负电荷更多，碱性氨基酸带正电（pH<pI）。阴离子交换树脂结合带负电的氨基酸，与带负电荷较多的酸性氨基酸之间的静电引力更大，中性氨基酸次之，与碱性氨基酸之间无静电引力。所以氨基酸在阴离子交换树脂中的洗脱顺序应该为碱性氨基酸、中性氨基酸、酸性氨基酸。

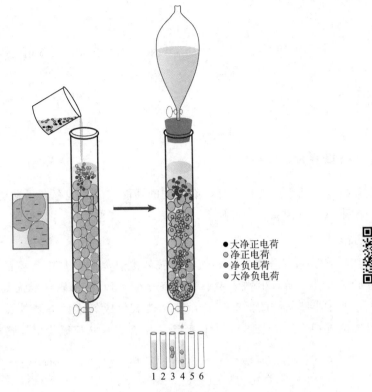

● 大净正电荷
○ 净正电荷
● 净负电荷
● 大净负电荷

1 2 3 4 5 6

图 3-6　阳离子交换树脂分离氨基酸

第三节　肽

一、肽键与肽

　　氨基酸的 α-COOH 与另一个氨基酸的 α-NH_2 脱水缩合形成的酰胺键称为肽键。肽是由两个或两个以上的氨基酸通过肽键连接而形成的化合物。氨基酸之间通过肽键连接形成肽链，肽链有链状、环状和分支状。

$$H_2N-\underset{R^1}{CH}-\underset{O}{C}-NH-\underset{R^2}{CH}-\underset{O}{C}-NH-\underset{R^3}{CH}-\underset{O}{C}\cdots\cdots NH-\underset{R^n}{CH}-COOH$$

氨基末端　　　　　　氨基酸残基　　　　　　　　羟基末端

　　两个氨基酸通过一个肽键连接而成的化合物称为二肽，三个氨基酸通过两个肽键连接而成的化合物称为三肽，一般由几个氨基酸组成就称几肽。通常情况下，10 个及以下氨基酸组成的肽，称为寡肽（oligopeptide），含 10 个以上氨基酸的肽，则称为多肽（polypeptide）。肽链命名和书写时一般从左至右，自氨基末端（N-端）开始到羧基末端（C-端）结束，按氨基酸的顺序逐一命名。如以下结构的三肽，命名为丙氨酰甘氨酰亮氨酸（Ala-Gly-

Leu 或 Ala・Gly・Leu）。

$$H_3C-\underset{\underset{NH_2}{|}}{CH}-\overset{\overset{O}{\|}}{C}+HN-CH_2-\overset{\overset{O}{\|}}{C}+HN-\underset{\underset{\underset{\underset{H_3C\quad CH_3}{\diagdown\diagup}}{CH}}{|}}{\underset{CH_2}{|}}{CH}-COOH$$

二、天然活性多肽

已发现的天然活性肽结构多样，有不同的功能，广泛地存在于动植物和微生物中，如谷胱甘肽、激素肽、抗菌肽、神经肽等。

1. 谷胱甘肽

谷胱甘肽（GSH）全称为 γ-谷氨酰半胱氨酰甘氨酸，是由谷氨酸、半胱氨酸和甘氨酸构成的三肽，存在于所有生物体中。其中谷氨酸是以 γ-羧基与半胱氨酸形成肽键。谷胱甘肽有一个来源于半胱氨酸的活泼巯基，容易被氧化成氧化型谷胱甘肽（2 分子还原型 GSH 脱氢后以二硫键相连的二聚体），所以有还原型谷胱甘肽与氧化型谷胱甘肽两种存在形式。

$$
\begin{array}{ll}
\text{OC—NH—CH—CO—NH—CH}_2\text{—COOH} & \gamma\,\text{Glu—Cys—Gly} \\
\quad\quad\quad\quad\quad & \quad\quad\quad\quad | \\
\gamma\,\text{CH}_2\quad\quad \text{CH}_2 & \quad\quad\quad\quad \text{S} \\
\quad | \quad\quad\quad\quad | & \quad\quad\quad\quad | \\
\beta\,\text{CH}_2\quad\quad \text{SH} & \quad\quad\quad\quad \text{S} \\
\quad | & \quad\quad\quad\quad | \\
\alpha\,\text{CHNH}_2 & \gamma\,\text{Glu—Cys—Gly} \\
\quad | \\
\text{COOH}
\end{array}
$$

　　　还原型谷胱甘肽(GSH)　　　　　　　氧化型谷胱甘肽(GSSG)

谷胱甘肽能与毒物或药物结合，消除其毒性作用；可以作为重要的还原剂，参与体内多种氧化还原反应；能保护巯基酶的活性，使巯基酶的活性基团（—SH）维持还原状态；还可以消除氧化剂对红细胞膜结构的破坏，维持红细胞膜结构的稳定。

2. 激素肽

动物和人体内的一些激素如催产素、加压素、舒缓素等都是多肽，具有重要的生物功能。如：催产素能刺激乳腺分泌乳汁，在分娩过程中促进子宫平滑肌的收缩；加压素能提高肾集合管上皮细胞的通透性进而增加对水的重吸收，产生抗利尿作用，也可收缩外周血管并引起肠、胆囊及膀胱的收缩；舒缓素能使血管扩张，改善血液循环，降低血压。下面是三种激素肽的结构式：

$$
\begin{array}{l}
\text{Cys—Tyr—Ile—Gln—Asn—Cys—Pro—Leu—Gly—NH}_2 \\
\quad\;\;\lfloor\!\!-\!\!\text{S}\!-\!\!\text{S}\!-\!\!\rfloor
\end{array}
$$
催产素

$$
\begin{array}{l}
\text{Cys—Tyr—Phe—Gln—Asn—Cys—Pro—Arg—Gly—NH}_2 \\
\quad\;\;\lfloor\!\!-\!\!\text{S}\!-\!\!\text{S}\!-\!\!\rfloor
\end{array}
$$
加压素

Arg—Pro—Pro—Gly—Phe—Ser—Pro—Phe—Arg
舒缓素

3. 抗菌肽

常见的抗菌肽有短杆菌肽和短杆菌酪肽，都是从短杆菌素分离出来的环状抗生素肽，它们能改变细胞质膜的通透性，破坏膜的双层结构，导致胞内物质外漏而使细菌死亡。

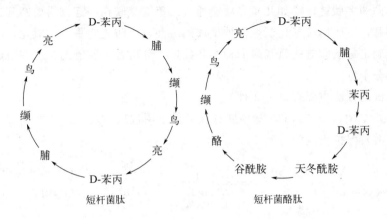

短杆菌肽　　　　　　　　短杆菌酪肽

第四节　蛋白质的分子结构

蛋白质是由多肽链以特殊的方式形成的具有一定空间结构的生物大分子。为了便于研究，将蛋白质分成不同的结构层次，即一级结构、二级结构、三级结构和四级结构。其中蛋白质的一级结构也称蛋白质的初级结构，蛋白质的二级结构、三级结构和四级结构又称蛋白质的高级结构、空间结构或空间构象。

随着蛋白质化学研究的深入发展，越来越多的人认为在二级结构和三级结构之间应加入超二级结构和结构域这两个层次，所以蛋白质的结构层次为：一级结构→二级结构→超二级结构→结构域→三级结构→四级结构。

一、蛋白质的一级结构

蛋白质的一级结构（primary structure）是指蛋白质多肽链中氨基酸的排列顺序，也称为蛋白质的序列或蛋白质的化学结构。一级结构的主要连接键是肽键，此外还有二硫键，二硫键在蛋白质中起稳定空间结构的作用。一级结构包括组成蛋白质的多肽链数目、氨基酸顺序、多肽链内或链间二硫键的数目和位置。

蛋白质中氨基酸的排列顺序对其空间结构和生物功能至关重要，对蛋白质序列进行分析，得出蛋白质多肽链完整的氨基酸序列具有十分重要的意义。明确蛋白质的一级结构，可以研究蛋白质结构和功能的关系，也可以根据蛋白质序列反推 DNA 序列，有助于确定基因相关信息并克隆基因。因此可以说蛋白质氨基酸顺序的测定是蛋白质化学研究的基础。例如，人类血红蛋白变种有 300 多种，有些变种严重影响分子的携氧能力，进行序列分析有助于阐明血红蛋白的结构与功能的关系。蛋白质氨基酸序列测定原则是将大化小，逐段分析，制成两套肽片段，找出重叠位点，排列肽的前后位置，最后确定蛋白质的完整序列。

1. 测序前的准备

测序前的准备工作主要包括以下几步：①通过测定末端氨基酸残基的物质的量与蛋白质分子量之间的关系，确定多肽链的数目；②对由多条多肽链组成的蛋白质分子进行拆分，分离纯化得到不同的多肽链；③如几条多肽链通过二硫键交联在一起，需要断开二硫桥，使二硫键还原为巯基，然后用烷基化试剂保护生成的巯基，以防止它重新被氧化；④最后在蛋白质完全水解后确定每条肽链的氨基酸的种类和数量，分析各多肽链的氨基酸组成，并计算出氨基酸成分的分子比。

断开二硫键的方法主要有以下 3 种：

① 在 8mol/L 尿素或 6mol/L 盐酸胍存在条件下用过量的巯基乙醇处理，然后加入碘乙酸（或碘代乙酸）保护生成的巯基。

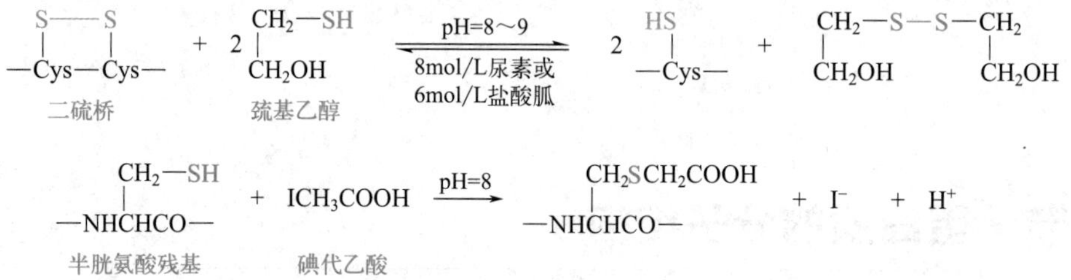

② 加入过甲酸将二硫键氧化成磺酸基，从而断开二硫键，如胱氨酸与过甲酸反应，二硫键断开生成 2 分子的磺基丙氨酸。

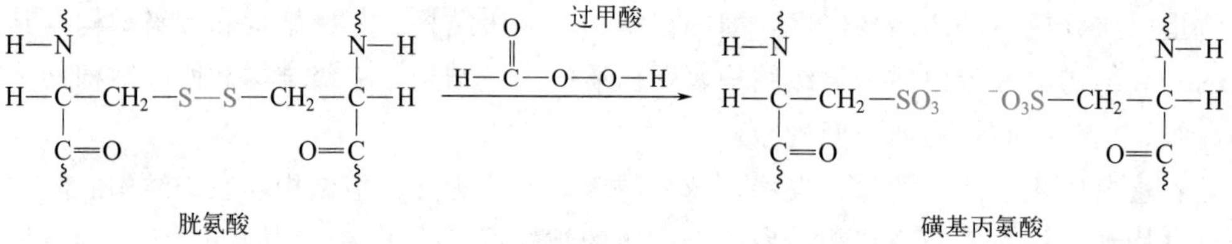

③ 加入二硫苏糖醇或者二硫赤藓糖醇，其本身生成环状氧化物而使蛋白质的二硫键被还原打开，反应过程如下：

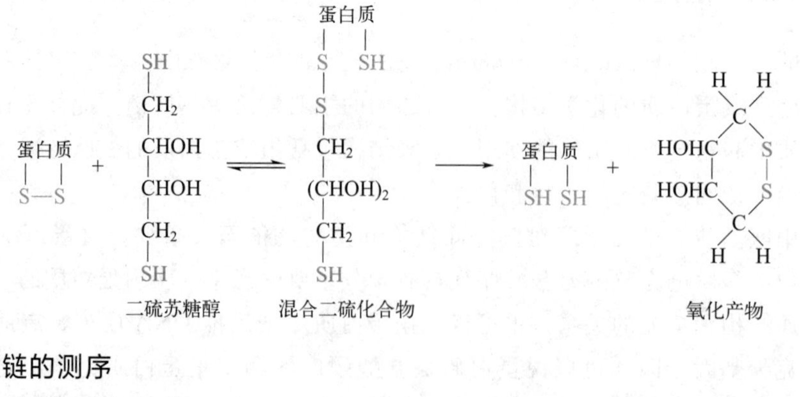

2. 多肽链的测序

多肽链末端氨基酸分为两类：*N*-端氨基酸和 *C*-端氨基酸。在肽链氨基酸顺序分析中，最重要的是 *N*-端氨基酸分析法。

（1）多肽链 N-末端测定

常用的 N-端氨基酸分析法有 2,4-二硝基氟苯法、丹磺酰氯法、苯异硫氰酸酯法和氨肽酶法。

① 2,4-二硝基氟苯法　也称 DNFB 法、DNP 法、FDNB 法。1953 年英国科学家 Frederick Sanger 利用该反应测定了胰岛素的氨基酸序列，证实胰岛素是由 2 条肽链共 51 个氨基酸组成，因此获得 1958 年的诺贝尔化学奖，所以这个 N-末端测定方法也称 Sanger 法。原理是 2,4-二硝基氟苯（DNFB）与肽链末端的氨基在弱碱性条件下反应生成 2,4-二硝基苯衍生物（DNP-肽链），酸水解后生成黄色的 DNP-氨基酸。DNP-氨基酸能够用乙醚抽提分离，然后用纸色谱法或其他色谱法进行定性和定量分析，即可知肽链的 N-末端是哪个氨基酸。肽链继续与 2,4-二硝基氟苯反应进入下一轮反应，得到次末端的 N-端氨基酸，重复这个过程，即可按 N-端到 C-端方向解读出肽链的氨基酸顺序。

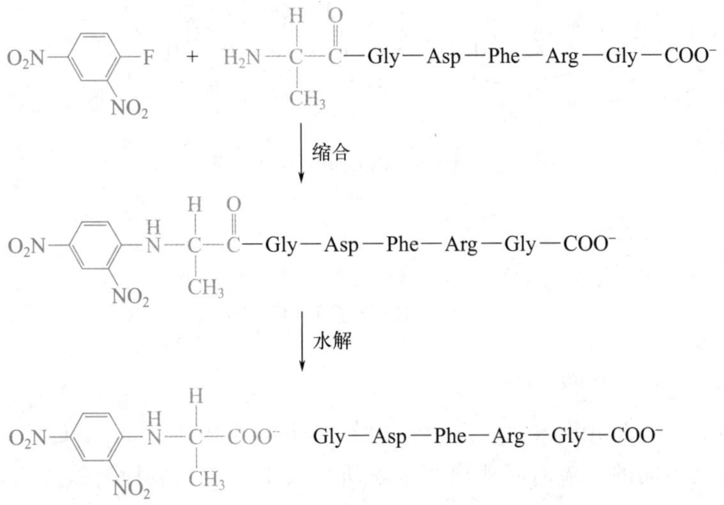

② 丹磺酰氯法　也称 DNS 法，是丹磺酰氯与多肽链的 N-端的氨基反应，生成 DNS-肽链，在酸性条件下水解生成 DNS-氨基酸，不需要提取，可直接用纸电泳或薄层色谱法鉴定 DNS-氨基酸。DNS-氨基酸有很强的荧光性质，检测灵敏度可以达到 1×10^{-9} mol/L，DNS 法灵敏度比 DNFB 法高 100 倍。肽链与丹磺酰氯再继续进行下一轮反应，得到次末端的 N-端氨基酸，重复以上过程，就能得出肽链的氨基酸顺序。

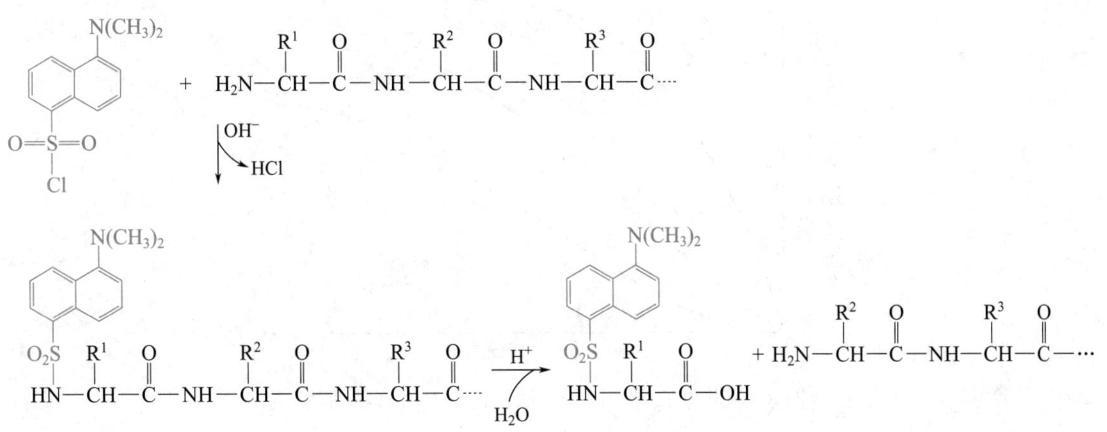

③ 异硫氰酸苯酯（PITC）法　也称苯异硫氰酸酯法、PTC 法、PTH 法。该法首先被瑞典化学家 Pehr Edman 用来鉴定 N-端氨基酸，所以也被称为 Edman 法。原理为 PITC 与肽链的 N-末端氨基在碱性条件下反应生成 PTC-肽链，在酸性条件下生成苯乙内酰硫脲衍生物（PTH-氨基酸）。PTH-氨基酸可以用乙酸乙酯进行抽提，再用纸色谱或薄层色谱法进行鉴定。肽链继续与异硫氰酸苯酯进入下一轮反应，得到次末端的氨基酸，重复上述过程，最终得到肽链的氨基酸顺序。

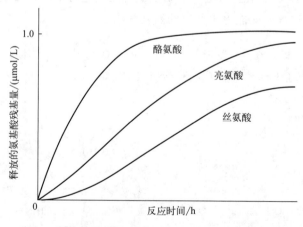

④ 氨肽酶（aminopeptidase）法　指运用外切酶从多肽链的 N-端逐个向内水解切下氨基酸的方法。根据不同的反应时间测出酶水解所释放出的氨基酸种类和数量，然后根据反应时间和氨基酸残基释放量做动力学曲线，从而知道蛋白质的 N-末端残基顺序。例如图 3-7 是某氨肽酶作用于某肽链时氨基酸的释放曲线，可以看出随着反应的进行酪氨酸最先释放出来，然后是亮氨酸和丝氨酸，则可知肽链从 N-端到 C-端的氨基酸顺序为酪氨酸、亮氨酸、丝氨酸。

图 3-7　某氨肽酶作用于某肽链的氨基酸释放曲线

（2） C-末端测定

C-末端测定常用肼解法和羧肽酶法。肼解 （hydrazinolysis） 法是多肽与肼在无水条件下加热断裂所有的肽键，C-端氨基酸从肽链上解离出来，其余的氨基酸变为肼化物（或称氨基酸酰肼衍生物）。肼化物在酸性条件下形成不溶于水的物质而与 C-端氨基酸分离。肼解下来的 C-端氨基酸用 2,4-二硝基氟苯法生成 DNP-氨基酸，然后用乙醚抽取，再用色谱法鉴定即可确定 C-端氨基酸。

$$H_2N-\underset{\underset{N\text{-端氨基酸}}{}}{CH}\overset{\overset{R^1\quad O}{|\quad\|}}{-\underset{}{C}}\cdots HN-CH\overset{\overset{R^{n-1}\quad O}{|\quad\|}}{-C}-NH-\underset{\underset{C\text{-端氨基酸}}{}}{CH}\overset{\overset{R^n\quad O}{|\quad\|}}{-C}-OH$$

$$\xrightarrow[NH_2NH_2]{H^+} \quad H_2N-\underset{\underset{\text{氨基酸酰肼衍生物}}{}}{CH}\overset{\overset{R\quad O}{|\quad\|}}{-C}-NHNH_2 \quad + \quad H_2N-\underset{\underset{C\text{-端氨基酸}}{}}{CH}\overset{\overset{R^n\quad O}{|\quad\|}}{-C}-OH$$

羧肽酶 （carboxypeptidase，Cpase） 法是利用肽链外切酶，从多肽链的 C-端逐个水解氨基酸。然后通过测定不同反应时间释放出的氨基酸种类和数量，从而推知蛋白质的 C-末端残基顺序。常用的四种羧肽酶的来源和专一性见表 3-7。

表 3-7　常用的四种羧肽酶

羧肽酶	来源	专一性
Cpase A	胰脏	能释放除 Pro、Arg 和 Lys 以外的所有 C-端氨基酸
Cpase B	胰脏	主要水解 C-端为 Arg 或 Lys 的肽键
Cpase C	植物或微生物	相当广泛，几乎能释放 C-端的所有氨基酸
Cpase Y	面包酵母	可释放 C-端所有氨基酸

羧肽酶 A 作用于促肾上腺皮质激素氨基酸的释放曲线如图 3-8 所示。可以看出随着反应的进行苯丙氨酸最先释放出来，然后是谷氨酸和亮氨酸，所以肽链从 C-端到 N-端的氨基酸顺序为苯丙氨酸、谷氨酸、亮氨酸。

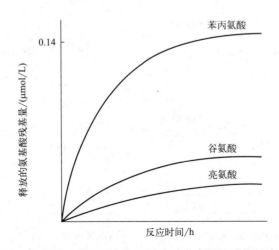

图 3-8　羧肽酶 A 作用于促肾上腺皮质激素氨基酸的释放曲线

（3）肽链部分水解

通过上述方法确定肽链末端后，接下来就是对肽链进行部分水解，这样便于对过长的肽链做氨基酸序列分析。肽链部分水解常用的方法有化学法（包括溴化氰法和羟胺法）和酶解法。

① 溴化氰法　溴化氰法主要是专一性地断开甲硫氨酸羧基参与形成的肽键。因为蛋白质中含有很少的甲硫氨酸，因此可以通过这种方法得到较大的片段。

② 羟胺法　羟胺法主要用 NH_4OH 在 pH＝9 条件下专一断裂 Asn-Gly 之间的肽键。但 NH_4OH 专一性不强，还能裂解 Asn-Leu 和 Asn-Ala 之间的一部分键。由于各种蛋白质中 Asn-Gly 键出现的概率较低，因此用这个方法得到的肽段都很大。

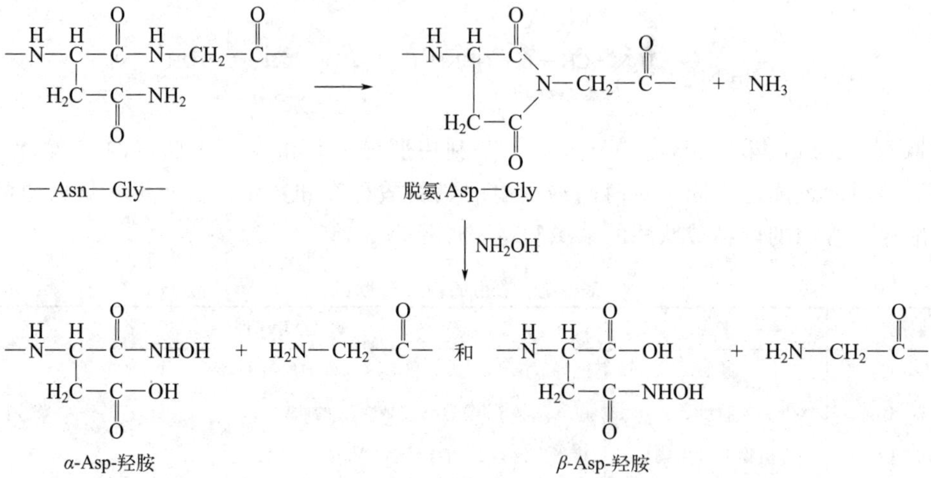

③ 酶解法　对肽链进行部分酶解，获得一套短肽混合物，利用不同的酶分别进行酶解，可以得到几套短肽混合物（图3-9）。针对每一个肽段分别进行测序，根据末端重合法，即可拼接获得肽链的完整序列。

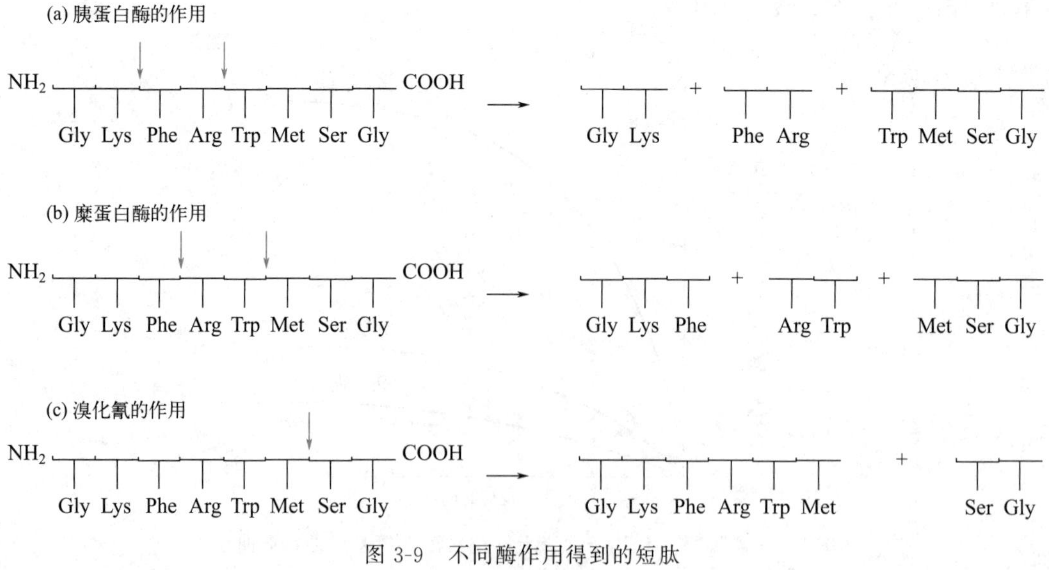

图 3-9　不同酶作用得到的短肽

（4）测定每一肽段的氨基酸顺序

利用前面的方法测得多肽链 N-末端和 C-末端氨基酸后，将余下的肽链进行部分水解，分别测序，再将获得的所有肽段的氨基酸序列进行拼接（见图 3-9），然后测定二硫键位置，最后得出全部一级结构。

另外，近年来 DNA 序列的测定技术发展迅速，可将蛋白质对应的 DNA 序列测定出来后，推导蛋白质的序列，为蛋白质一级结构的测定带来新的曙光。

二、蛋白质的高级结构

蛋白质分子的多肽链按一定方式折叠、盘绕形成的特定立体结构称为蛋白质的高级结构（也称蛋白质的构象），包括蛋白质的二级结构、超二级结构、结构域、三级结构和四级结构。

由于 C＝O 双键中的 π 电子云与 N 原子上的未共用电子对发生"电子共振"，使肽键具有部分双键的性质，不能自由旋转。参与肽键构成的六个原子被束缚在同一平面上，这一平面称为肽平面（或酰胺平面）或肽单元，结构如下：

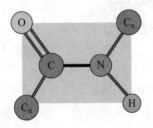

由于肽键（C—N 键）具有部分双键的性质，两个 C_α 在同侧的是顺式构型，在异侧的是反式构型。顺式结构空间位阻效应较大，反式构型空间位阻效应较小，所以反式构型比顺式更加稳定。

肽平面中各个原子所构成的键长、键角在蛋白质构象中恒定不变，具有"刚性"。C_α 原子处于相邻的两个肽平面的交接处，与其他原子之间形成单键，因此两相邻的肽键平面可以做相对旋转（图 3-10），形成不同的构象。

1. 二级结构

蛋白质的二级结构（secondary structure）是指肽链的主链在空间上折叠成有规则的结构。多肽链自身的折叠和盘绕方式只涉及肽链主链的构象，不涉及侧链构象。蛋白质的二级结构主要有四种结构形式：α-螺旋、β-折叠、β-转角和无规则卷曲。氢键是稳定二级结构主要作用力。

（1）α-螺旋

在蛋白质的螺旋结构中 α-螺旋（α-helix）是主要的结构形式（图 3-11）。肽链的主链形成紧密的螺旋，侧链伸向外侧，螺旋状结构顺时针方向盘旋上升，相邻螺圈之间形成链内氢键，氢键基本与中心轴平行。每圈螺旋包含 3.6 个氨基酸残基，每个氨基酸残基上升的距离是 0.15nm，螺距（螺旋上升一圈的距离）为 0.54nm。α-螺旋有左手螺旋和右手螺旋，但绝大多数为右手螺旋。

α-螺旋为手性结构，具有旋光能力，螺旋的旋光性是 α-碳原子的构型不对称性和 α-螺旋

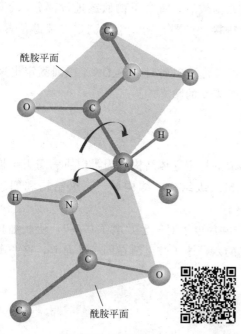

酰胺平面

酰胺平面

图 3-10　肽平面

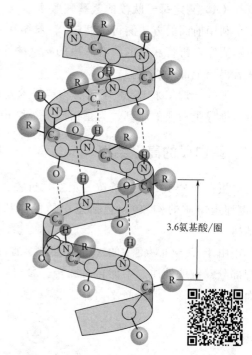

3.6氨基酸/圈

图 3-11　α-螺旋结构

构象不对称性的总反映。R 基电荷和 R 基大小会影响 α-螺旋形成。由于脯氨酸是亚氨基酸，所形成的肽键 N 原子上没有 H，不能形成氢键，因而有脯氨酸存在的地方不能形成 α-螺旋结构。

（2）β-折叠

当蛋白质中有三段或以上肽链相互并排时会形成 β-折叠（β-pleated sheet），肽链处于锯齿形的平面结构之中，一条肽链中羰基上的 O 与另一条肽链氨基上的 H 形成氢键。β-折叠是由两条或多条几乎完全伸展的肽链侧向聚集在一起，通过链间的氢键交联形成的蛋白质的二级结构。所有肽键都参与了链间氢键的形成，维持 β-折叠结构的稳定。β-折叠有平行和反平行两种类型（图 3-12），平行 β-折叠相邻肽链的走向相同，氢键倾斜；反平行 β-折叠相邻肽链的走向相反，氢键垂直，结构更加稳定。天然蛋白质产生变质时，往往有 α-螺旋向 β-折叠的转化。

（3）β-转角

β-转角（β-turn）也称 β-弯曲，由 4 个氨基酸残基组成，弯曲处的第 1 个氨基酸残基的—C＝O 与第 4 个残基的—N—H 之间形成氢键，形成了 180°的回转（图 3-13），β-转角主要存在于球状蛋白分子中。

（4）无规则卷曲

无规则卷曲是没有确定的规律性，不能被归入明确的上述二级结构的多肽区段，但其本身也有一定的稳定性，经常构成酶活性部位和其他蛋白质特异的功能部位。图 3-14 中灰色部分为无规则卷曲。

上述的二级结构是蛋白质中最常见的结构单元，仅涉及多肽链主链的弯曲折叠。若涉及侧链基团，蛋白质的空间结构会更加复杂。

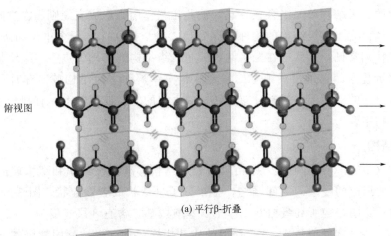

俄视图

(a) 平行β-折叠

俄视图

(b) 反平行β-折叠

图 3-12　β-折叠的两种类型

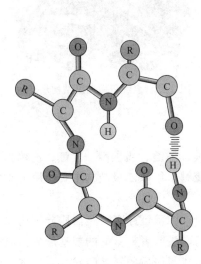

图 3-13　β-转角

图 3-14　无规则卷曲

注：图中红色结构表示 α-螺旋；黄色结构是 β-折叠；
蓝色结构是 β-转角；灰色结构是无规则卷曲。

若干相邻的二级结构单元组合在一起，彼此相互作用，形成有规则、在空间上能辨认的二级结构组合体，充当三级结构的构件，称为超二级结构（标准折叠单位和折叠花式），在球状蛋白质中特别常见。多肽链在二级结构或超二级结构的基础上进一步缠绕折叠会形成三级结构的局部折叠区，它是相对独立的紧密球状实体，称之为结构域（有时也指功能域）。多结构域的酶分子的活性部位通常分布在结构域之间的“铰链区”上，有利于结构域发生相对运动，与底物结合。

2. 三级结构

三级结构（tertiary structure）是由具有二级结构、超二级结构和结构域的多肽链进一步折叠或者卷曲形成的复杂的空间结构，整个分子呈球状或者颗粒状。图 3-15 为鲸肌红蛋白的三级结构示意图，鲸肌红蛋白共 153 个氨基酸残基，含有 8 段长度为 7～24 个氨基酸残基的 α-螺旋区，各区之间通过 1～8 个松散的残基相连，具有极性基团侧链的氨基酸残基分布在分子表面，非极性氨基酸残基分布在内部，分子内部疏水，外部亲水。维持三级结构的作用力主要为疏水作用，此外还有氢键、离子键、二硫键和范德华力等。

3. 四级结构

分子量大的蛋白质由几条多肽链组成，肽链间没有共价键连接，这种多肽链称为亚基。四级结构（quaternary structure）指亚基的相互关系、空间排布和特定构象。图 3-16 是血红蛋白的四级结构示意图，是由四个具有三级结构的亚基组成。维持四级结构的作用力主要为疏水作用，此外还有氢键、离子键、二硫键和范德华力等。

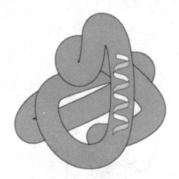

图 3-15　鲸肌红蛋白三级结构示意图

图 3-16　血红蛋白四级结构示意图

4. 维持蛋白质结构的化学键和作用力

蛋白质分子中的化学键和作用力主要有肽键、二硫键、酯键、离子键、氢键、范德华力和疏水作用。其中维系一级结构主要化学键是肽键和二硫键；维系二级结构主要作用力是氢键；维系三级结构和四级结构主要作用力是疏水作用。

二硫键存在于胱氨酸中，对稳定蛋白质构象十分重要，二硫键越多，蛋白质分子构象越稳定。蛋白质中的酯键一般是由苏氨酸或丝氨酸的羟基与磷酸或者氨基酸的羧基形成。离子键也称盐键，是带有相反电荷的基团之间的静电引力。组成蛋白质的氨基酸残基有的带正电如精氨酸，有的带负电如谷氨酸，这些带相反电荷的氨基酸可以形成离子键。高浓度的盐、过高或者过低的 pH 均可破坏离子键，使蛋白质变性。金属离子和蛋白质通常由配位键连接，螯合剂可除去金属离子，导致金属蛋白变性失活。疏水作用是非极性侧链（疏水基团）

在极性溶剂（水）中为了避开水而彼此靠近所产生的一种作用力，其本质是范德华力，主要存在于蛋白质分子内部。图 3-17 是维系蛋白质高级结构的化学键和作用力示意图。

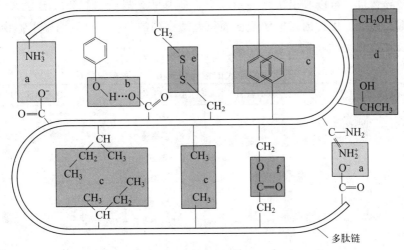

图 3-17　维系蛋白质高级结构的化学键和作用力示意图

a—离子间的盐键；b—氢键；c—疏水作用；d—范德华力；e—二硫键；f—酯键；e、f 为共价键

三、蛋白质结构与功能的关系

蛋白质复杂的组成和结构是其生物学功能的基础，蛋白质的结构与功能的关系，主要看一级结构与功能的关系，以及高级结构与功能的关系。

1. 蛋白质一级结构与功能的关系

研究蛋白质一级结构与功能的关系主要是研究多肽链中不同部位的残基与生物功能的关系。

（1）蛋白质一级结构的种属差异与同源性

同源蛋白质（homologous protein）：指在不同的生物体内行使同一功能的蛋白质。研究发现不同生物体内的同源蛋白质的氨基酸序列存在种属差异。同源蛋白质的氨基酸序列中许多位置的氨基酸在不同种属中都相同的称为不变残基（invariant residue）；其他部位的残基在不同种属中有相当大的变化，称为可变残基（invariant residue）。图 3-18 展示了大肠杆菌（*E. coli*）和枯草杆菌（*B. subtilis*）EF-Tu 蛋白（原核生物的一种延伸因子）的不变残基和可变残基。

E.coli
TGNRTIAVYDLGGGTFDLSIREIDFVDGEKTFEVLATMGDTHLGGEDFDSRLIHYL
DEDQTILLYDLGGGTFDVSILELGDGGAIRTFEVRSTAGDNRLGGDDFDQVIIDHL
B.subtilis　　　　　　　　　　　　　　　　　　　　　　EF-Tu

图 3-18　两种原核生物 EF-Tu 蛋白的不变残基（浅蓝）和可变残基（蓝）

同源蛋白的氨基酸序列中的这种相似性（sequence similarity）称为顺序同源性（homology）。一级结构的相似性对保持同源蛋白质的功能非常重要。比较同源蛋白质的氨基酸序列的差异可以研究不同物种间的亲源关系和进化，使得进化论有了分子水平上的直接证据。例如，细胞色素 c 是广泛存在于真核生物细胞线粒体中的一种含有血红素辅基的单链蛋白质，大多数生物的细胞色素 c 由 104 个氨基酸残基组成。表 3-8 是不同生物与人的细胞色素 c 氨基酸差异数目。可以看出亲缘关系越近，氨基酸差异数目越小，反之亲缘关系越远，氨基酸差异数目越大。因此通过同源蛋白质氨基酸序列的分析，可以明确生物物种间的亲缘关系远近以及在进化上的联系。

表 3-8　不同生物与人的细胞色素 c 氨基酸差异数目

生物	与人不同的氨基酸数目	生物	与人不同的氨基酸数目
黑猩猩	0	响尾蛇	14
恒河猴	1	海龟	15
兔	9	金枪鱼	21
袋鼠	10	狗鱼	23
狗	11	蛾	31
马	12	小麦	35
鸡	13	酵母	44

（2）蛋白质一级结构的变异与分子病

由于基因突变导致蛋白质一级结构发生变异，使蛋白质的生物学功能减退或丧失，甚至造成生理功能的变化而引起的疾病，称为分子病（molecular disease）。最常见的分子病是镰刀形细胞贫血病，正常人血红蛋白分子（Hb-A）和患者血红蛋白分子（Hb-S）的氨基酸序列如图 3-19 所示，患者血红蛋白分子中 β-链 N 端第 6 位的氨基酸由谷氨酸突变成了缬氨酸，由极性氨基酸突变成了非极性氨基酸，就因为这 1 个氨基酸的变化导致整个多肽链空间受力情况发生改变，体内红细胞变为镰刀状甚至破裂，运输氧气的能力下降，常使患者早年夭亡。

```
β-链N-端氨基酸序列        1  2  3  4  5  6  7  8 …
Hb-A(正常人)            Val-His-Leu-Thr-Pro-Glu-Glu-Lys…
Hb-S(贫血患者)          Val-His-Leu-Thr-Pro-Val-Glu-Lys…
```

图 3-19　正常人和镰刀形细胞贫血患者血红蛋白分子的氨基酸序列

（3）蛋白质前体的激活与一级结构的关系

有时蛋白质分子需要在一级结构上切除掉部分肽链后才具有生物活性，这个过程称作激活。例如，胰岛细胞最初合成的胰岛素是一个单链多肽，称为前胰岛素原，没有活性，是胰岛素原的前体，比胰岛素原在 N-端多了一段信号肽序列。前胰岛素原在内质网内被信号肽酶切去信号肽后生成胰岛素原，仍然没有活性。胰岛素原需要在高尔基体中经特异的酶作用切掉连接肽后生成有活性的胰岛素，调节机体糖代谢。前胰岛素原激活的过程如图 3-20所示。

同源蛋白质的例子说明，来自不同种属的同源蛋白质之所以能够发挥同样的功能，最重要的原因是其一级结构具有相似性。分子病的例子说明，蛋白质一级结构上的微小改变可能会导致空间结构发生变化，从而使蛋白质功能丧失。胰岛素原激活的例子表明，有时对一级结构的部分切除是蛋白质功能激活的必要条件。综上，可以将蛋白质的一级结构与功能的关

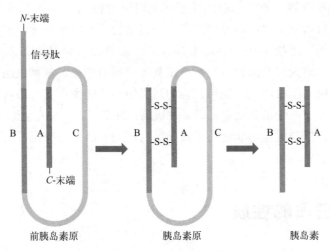

图 3-20 前胰岛素原的激活

系概括为：蛋白质的一级结构决定了高级结构，也决定了蛋白质的功能。

2. 蛋白质高级结构与功能的关系

（1）变构效应

蛋白质的功能与它的特定构象密切相关，蛋白质在表现特定的生物功能时，构象可能会发生一定变化。含亚基的蛋白质分子由于 1 个亚基构象的改变而引起其余亚基以至整个分子的构象、性质和功能发生变化，这种现象称为变构效应。血红蛋白是含有 4 个亚基的寡聚蛋白，它运输氧时会发生变构效应。当血红蛋白的 1 个亚基与氧结合后，该亚基的构象发生变化，引起其余 3 个亚基结构发生相应的改变，整个血红蛋白分子的空间结构改变后与氧的亲和力增加，有利于氧的结合和运输。变构效应说明蛋白质的高级结构对其功能有重要影响。

（2）蛋白质高级结构被破坏，功能丧失

美国科学家 Christian Boehmer Anfinsen 通过核糖核酸酶变性复性实验证明蛋白质高级结构被破坏，功能丧失；通过透析后酶自发地、正确地折叠回去，恢复了活性（图 3-21），因此获得了 1972 年的诺贝尔化学奖。牛胰核糖核酸酶 A 是由 124 个氨基酸残基组成的含有 4 个链内二硫键的单链蛋白质，只有一种正确的构象具有生物活性，能够水解 RNA 的磷酸

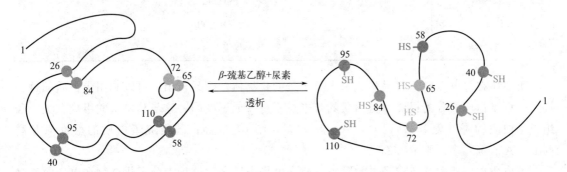

图 3-21 核糖核酸酶的变性与复性过程

二酯键。牛胰核糖核酸酶 A 在 8mol/L 尿素（蛋白质变性剂）存在下经 β-巯基乙醇（还原剂）处理后，二硫键断裂，多肽链伸展开来，一级结构没有发生变化，但高级结构发生了改变，发生变性，失去了生物活性。如果用透析法将尿素和 β-巯基乙醇除去，多肽链中的二硫键并未发生错配，绝大多数酶都自发折叠恢复为正确的构象，核糖核酸酶重新恢复了生物活性。这个实验证明：蛋白质只有保持正确的高级结构才能发挥正常的功能，而决定高级结构的所有信息都存在于一级结构之中，只要一级结构确定了，就注定会形成相应的高级结构。

综合而言，蛋白质结构与功能的关系就是蛋白质的一级结构决定了其高级结构，而高级结构又决定了它的生理功能。

第五节 蛋白质的性质

蛋白质由氨基酸构成，因此蛋白质分子保留了氨基酸的一些理化性质，也有其特有的性质。蛋白质的理化性质是对蛋白质进行分离提纯、分析鉴定与实际应用的理论基础。

一、两性解离和等电点

蛋白质除了具有 α-NH$_2$ 和 α-COOH 外，其侧链上既有酸性的基团（β-羧基、γ-羧基等），也有碱性的基团（巯基、酚羟基、咪唑基、胍基、ε-氨基等）。所以蛋白质和氨基酸一样也是两性电解质，蛋白质的可解离基团主要是指侧链的可解离基团。

当蛋白质处于某一 pH 值时，其所带正、负电荷正好相等（净电荷为零），这一 pH 值称为蛋白质的等电点。表 3-9 列举了几种蛋白质的等电点。

表 3-9　几种蛋白质的等电点

蛋白质名称	等电点	蛋白质名称	等电点
鱼精蛋白	12.4	牛胰岛素	5.3
α-胰凝乳蛋白酶	8.3	β-乳球蛋白	5.2
溶菌酶	11.0	血清清蛋白	4.7
细胞色素 C	10.7	卵清蛋白	4.6
血红蛋白	6.7	大豆球蛋白	5.0
核糖核酸酶	9.5	胃蛋白酶	1.0

蛋白质在等电点时，容易形成更大分子量的聚集体，容易析出。可以利用蛋白质的这一性质进行蛋白质的分离提纯。蛋白质的等电点不是一成不变的，这与其氨基酸组成有关，若组成蛋白质的碱性氨基酸（Lys、Arg 等）多，则 pI 较高；若组成蛋白质的酸性氨基酸（Glu、Asp 等）多，则 pI 较低。

蛋白质在溶液中解离成带电的颗粒，能在电场中移动，这种大分子化合物在电场中移动的现象称为电泳（electrophoresis）。在小于等电点的 pH 溶液中，蛋白质带正电，向阴极移动；在大于等电点的 pH 溶液中，蛋白质带负电，向阳极移动。蛋白质电泳的方向、速度主要取决于其所带电荷的正负性、所带电荷的多少以及分子的颗粒大小。

二、分子量

蛋白质是生物大分子，分子量很大。常用凝胶色谱法、十二烷基磺酸钠-聚丙烯酰胺凝胶电泳法测定蛋白质分子量。

1. 凝胶色谱测定蛋白质分子量

凝胶是一种具有立体网状结构且多孔的不溶性珠状颗粒物质，对不同大小的蛋白质分子具有不同的排阻效应。大分子不能进入凝胶颗粒内部而完全被排阻在外，只能沿着颗粒间的缝隙流出柱外，速度较快，而小分子可以进入凝胶内部的筛孔，不但要经过凝胶颗粒内部，还要经过颗粒间隙，因此流速较慢。经过凝胶色谱（也称凝胶过滤或分子筛色谱）分离后，分子按照从大到小的顺序依次流出，再根据标准曲线得出蛋白质的分子量。凝胶色谱中常用的凝胶有：葡聚糖凝胶（dextran gel，Sephadex）、聚丙烯酰胺凝胶（polyacrylamide gel）、琼脂糖凝胶（agarose gel，Sepharose）、琼脂糖及葡聚糖组成的复合凝胶（Superdex）等。

2. 十二烷基磺酸钠-聚丙烯酰胺凝胶电泳法测定蛋白质分子量

十二烷基磺酸钠-聚丙烯酰胺凝胶电泳（SDS-PAGE）是常用的测定蛋白质分子量的方法。十二烷基磺酸钠（SDS）能与蛋白质分子结合成带负电荷的复合物，其负电荷远远超过了蛋白质的原有电荷，消除了不同蛋白质之间原有的电荷差别。在电泳中的泳动速度则只与蛋白质的大小一个因素有关，根据标准蛋白质分子量对数和相对迁移率作标准曲线（图 3-22），即可求得未知物的分子量。

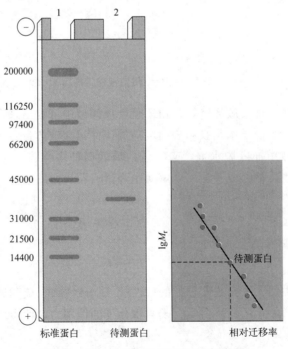

图 3-22 SDS-PAGE 法测定蛋白质分子量

三、胶体性质

蛋白质是生物大分子，在水中可形成一种比较稳定的亲水胶体。蛋白质溶液是胶体溶液，所以具有胶体的一些性质如布朗运动、丁达尔现象、电泳现象、不能透过半透膜等。其中蛋白质的电泳现象和不能透过半透膜对蛋白质的分离提纯具有重要意义。蛋白质溶液保持稳定的亲水胶体状态主要有两个原因：一是因为氨基酸残基有亲水性，使得蛋白质周围被水化膜包围，这层水化膜可以防止蛋白质分子因相互碰撞而聚集，保证蛋白质溶液的稳定性；二是蛋白质表面带有同种电荷，同种电荷会相互排斥，保持蛋白质溶液的稳定，见图 3-23。

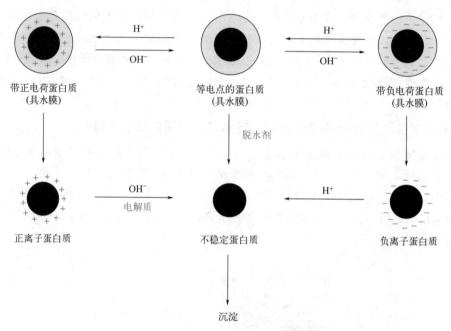

图 3-23　维持蛋白质溶液稳定的因素

当使蛋白质稳定的条件被破坏时，蛋白质就会从溶液中沉淀出来，这种现象称为蛋白质的沉淀作用。任何破坏蛋白质水化膜和表面电荷的条件都会破坏蛋白质的稳定性，使其发生沉淀。如在蛋白质溶液中加入脱水剂，破坏蛋白质表面的水化膜，这样蛋白质分子相互碰撞，聚集成大颗粒发生沉淀；或者加入电解质中和蛋白质表面的电荷，使蛋白质聚集而产生沉淀。

四、盐溶和盐析

（1）盐溶

当在蛋白质溶液中加入少量浓度较低的中性盐（如硫酸铵、硫酸钠、氯化钠等）时，会使蛋白质表面的电荷增加，增强蛋白质分子与水分子的作用力，使蛋白质溶解度增加，这种现象称为盐溶（salting-in）。

（2）盐析

在蛋白质溶液中加入大量中性盐，使蛋白质溶解度降低而沉淀析出的现象称为盐析

（salting-out）。大量的盐会以阳离子或阴离子的形式存在，中和蛋白质分子表面的电荷，破坏蛋白质溶液的稳定性；此外，由于盐离子与水的亲和性大，会与蛋白质竞争水分子，破坏蛋白质表面的水化膜，使蛋白质聚集形成沉淀。盐析法常用于分离制备有活性的蛋白质，不同蛋白质盐析时需要的盐浓度不同，所以可以通过调节盐浓度，使不同的蛋白质分段析出，这种方法称为蛋白质的分段盐析。

五、蛋白质的变性和复性

（1）蛋白质的变性

天然的蛋白质受不同变性因子影响导致其高级构象被破坏，蛋白质理化性质和生物活性发生改变甚至丧失，这种现象称为蛋白质变性（protein denaturation）。使蛋白质变性的变性因子有物理变性因子和化学变性因子。物理变性因子主要包括热、紫外线、X射线、超声波、剧烈振荡（搅拌、研磨）等；化学变性因子主要包括强酸、强碱、尿素、有机溶剂、重金属盐、去污剂、胍试剂等。蛋白质高温变性在烹调中最常见，高温使分子热运动加快，次级键和空间结构很容易被破坏，引起变性。紫外线、X射线等可以破坏氢键，引起蛋白质变性。剧烈搅拌可以加快破坏次级键，引起蛋白质空间构象的改变，导致变性。酸和碱能够与游离的氨基或羧基形成盐，发生化学变化，使蛋白质变性。乙醇、丙酮、甲醇等有机溶剂可以提供羟基或羰基上的氢或氧以形成氢键，从而破坏蛋白质中原有的氢键，使其变性；这些有机溶剂也是强亲水试剂，可以争夺蛋白质分子表面的水，破坏蛋白质胶体分子表面的水化膜而使分子聚集沉淀。重金属阳离子可以与蛋白质中游离的羧基形成不溶性的盐，发生沉淀。尿素和盐酸胍在高浓度时能断裂氢键，同时还可通过增大疏水氨基酸残基在水相中的溶解度，降低疏水相互作用，破坏空间结构的稳定，从而使蛋白质发生不同程度的变性。

变性后蛋白质由紧密、有序的结构变成松散、无序的结构，分子形态变化，溶解度降低，旋光性变化，扩散系数变小。蛋白质变性后，不会造成一级结构的改变，但由于高级结构被破坏，导致生物活性丧失，酶不起催化作用、抗体不与抗原结合、激素不起调节作用。因此在制备活性蛋白质时要防止其变性，要去除某蛋白质时，可以利用变性条件。

（2）蛋白质的复性

在适当条件下变性蛋白质可以恢复其天然构象和生物活性，这种现象即蛋白质复性（protein renaturation）。如果变性条件剧烈持久，变性的蛋白质是不能复性的，如煮熟的鸡蛋，永远无法变回液态的生鸡蛋。但如果变性条件不剧烈，变性作用是可逆的，这时除去变性因素，蛋白质可以复性。

六、颜色反应

组成蛋白质的某些氨基酸或特殊结构可以与特定试剂发生颜色反应，通过颜色反应可以定性定量分析蛋白质。

1. 双缩脲反应

双缩脲在碱性条件下与硫酸铜反应生成紫红色络合物，颜色深浅与蛋白质浓度成正比。蛋白质中的肽键与双缩脲的部分结构相似，凡含2个或2个以上肽键结构的蛋白质都能发生双缩脲反应，生成紫红色络合物。通过测定溶液在540nm下的光吸收值，对蛋白质进行定量，检测范围为 1～10mg 蛋白质/mL。

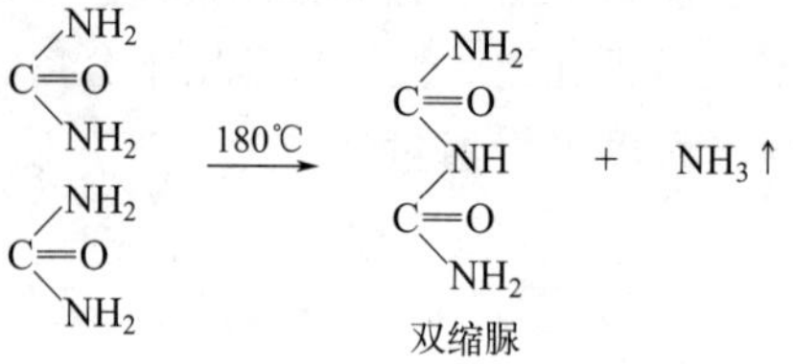

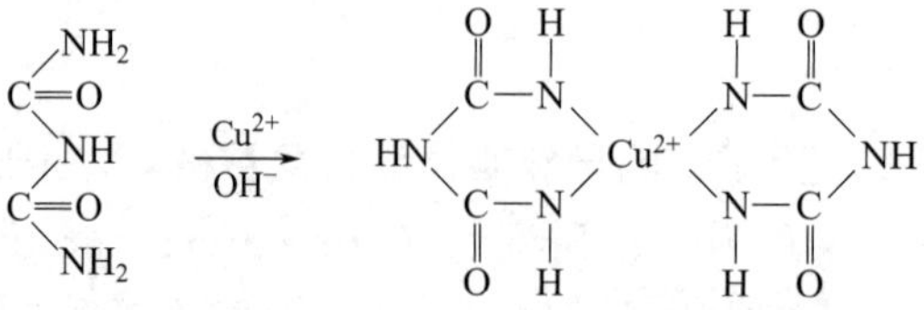

双缩脲

紫红色化合物

2. Folin-酚试剂反应（Lowry 法）

蛋白质在碱性条件下与铜离子作用生成蛋白质-铜复合物，复合物与 Folin-酚试剂中的磷钼酸-磷钨酸反应生成蓝色复合物，蓝色程度与蛋白质的含量成正比。该反应还常用于定性检测蛋白质中酪氨酸的酚羟基。

3. 考马斯亮蓝比色（Branford 法）

在酸性溶液中考马斯亮蓝 G-250 染料和蛋白质中的碱性氨基酸（特别是精氨酸）和芳香族氨基酸残基相结合，使染料的最大吸收峰的位置由 465nm 变为 595nm，溶液的颜色也由棕黑色变为蓝色。在 595nm 下测定的吸光度值 A_{595}，与蛋白质浓度成正比。该方法可以对蛋白质进行定性、定量分析，是一种常用的微量蛋白质快速测定方法，最低蛋白质检测量可达 1μg/mL，但不适用于小分子碱性多肽的定量测定。

4. 茚三酮反应

所有的氨基酸和蛋白质都能发生茚三酮反应，蛋白质与茚三酮反应生成蓝紫色化合物。

5. Millon 反应

蛋白质与 Millon 试剂，如 $HgNO_3$、$Hg(NO_3)_2$、HNO_3、HNO_2 混合物，反应生成白色物质，加热后生成红色物质，这个反应称为 Millon 反应。该反应是由酚羟基引起的，酪氨酸中含有酚羟基，所以含有酪氨酸的蛋白质都能发生 Millon 反应。

6. 黄色反应

蛋白质与浓 HNO_3 反应，先产生白色沉淀，加热反应物呈黄色再加碱变为橙黄色，该反应是由苯基引起的，酪氨酸、苯丙氨酸中含有苯基，所以含有酪氨酸、苯丙氨酸的蛋白质都能发生该反应。

7. 乙醛酸反应

蛋白质与乙醛酸和浓 H_2SO_4 反应生成紫红色化合物，该反应用于含色氨酸（主要是吲哚基）的蛋白质的检测。

8. 坂口反应（Sakaguchi 反应）

蛋白质与次氯酸钠（或次溴酸钠）及 α-萘酚反应生成红色化合物，该反应用于含精氨酸（含胍基）的蛋白质检测。

表 3-10 总结了蛋白质的颜色反应及用途。

表 3-10　蛋白质的颜色反应

颜色反应	试剂	反应基团	有此反应的蛋白质或氨基酸
双缩脲反应(紫红色)	碱性硫酸铜	两个以上的肽键	所有蛋白质
Folin-酚试剂反应(蓝色)	碱性硫酸铜＋Folin-酚试剂	酚羟基、吲哚基	酪氨酸、色氨酸
考马斯亮蓝比色(蓝色)	考马斯亮蓝 G-250 染料	—	精氨酸、芳香族氨基酸
茚三酮反应(蓝紫色)	茚三酮	氨基和羧基	所有蛋白质
Millon 反应(红色)	Millon 试剂	酚羟基	酪氨酸
黄色反应(黄色)	浓 HNO_3,碱	苯基	酪氨酸、苯丙氨酸
乙醛酸反应(紫红色)	乙醛酸试剂＋浓 H_2SO_4	吲哚基	色氨酸
坂口反应(红色)	次氯酸钠,α-萘酚	胍基	精氨酸

✎ 课后练习

一、填空题

1. 构成蛋白质的氨基酸中含有亚氨基的是＿＿＿＿＿＿，而＿＿＿＿＿＿没有旋光性。

2. 溴化氰能使 Gly-Arg-Met-Ala-Pro 裂解为＿＿＿＿＿＿和＿＿＿＿＿＿两个肽段。

3. 1953 年英国科学家＿＿＿＿＿＿首次完成牛胰岛素一级结构的测定，证实牛胰岛素由两条肽链共＿＿＿＿＿＿个氨基酸组成。

4. 在 pH＝6 时，将 Gly、Ala、Glu、Lys、Arg 和 Ser 混合物进行纸电泳，向阳极移动最快的是＿＿＿＿＿＿，向阴极移动最快的是＿＿＿＿＿＿和＿＿＿＿＿＿。

5. 常用的拆开蛋白质中二硫键的试剂为＿＿＿＿＿＿、＿＿＿＿＿＿和＿＿＿＿＿＿。

6. 维持蛋白质构象的作用力有＿＿＿＿＿＿、＿＿＿＿＿＿、＿＿＿＿＿＿、＿＿＿＿＿＿和＿＿＿＿＿＿。

7. 常用的肽链 N-端分析的方法有＿＿＿＿＿＿法、＿＿＿＿＿＿法、＿＿＿＿＿＿法和＿＿＿＿＿＿法；C-端分析的方法有＿＿＿＿＿＿法和＿＿＿＿＿＿法。

8. 采用紫外分光光度法测定蛋白质含量，是由于蛋白质分子中存在＿＿＿＿＿＿、＿＿＿＿＿＿和＿＿＿＿＿＿三种具有共轭双键的氨基酸。

9. 维系 α-螺旋的主要作用力是＿＿＿＿＿＿，该键的取向与螺旋中心轴＿＿＿＿＿＿。

10. 当溶液中盐离子强度较低时，可使蛋白质的溶解度增大，这种现象称为＿＿＿＿＿＿；当溶液中盐离子强度高时，可使蛋白质产生沉淀，这种现象称为＿＿＿＿＿＿。

二、判断题

1. 蛋白质构象的改变是由于分子内共价键的断裂所致。（　　　）

2. 蛋白质分子的亚基就是蛋白质的结构域。（　　　）

3. 只有在 pH 很高或者很低的溶液中，氨基酸才主要以非离子形式存在。（　　　）

4. 分配色谱法分离氨基酸是根据不同氨基酸的不同带电性质而进行分离的一种实验方法。（　　　）

5. 大多数蛋白质的主要带电基团是由它的 C 末端羧基和 N 末端的氨基决定的。（　　）

6. 变性蛋白质通常由于溶解度降低而产生沉淀，因此凡是使蛋白质产生沉淀的因素都可使蛋白质发生变性作用。（　　）

7. 采用凝胶过滤法分离生物大分子时，主要是根据分子的大小和形状，一般来说分子大的不易通过凝胶柱。（　　）

8. 蛋白质的亚基是与肽链同义的。（　　）

三、选择题

1. 下列关于蛋白质分子中肽键的叙述，不正确的是（　　）。

A. 能自由旋转 　　　　　　　　　　B. 比通常的 C—N 单键短

C. 通常有一个反式结构 　　　　　　D. 具有部分双键性质

2. 下列氨基酸经常处于球蛋白分子内部的是（　　）。

A. Tyr 　　　　　　B. Glu 　　　　　　C. Asn 　　　　　　D. Val

3. 下列试剂能使二硫键断裂的是（　　）。

A. 溴化氢 　　　　B. 巯基乙醇 　　　　C. 碘乙酸 　　　　D. 尿素

4. 变性蛋白质的特点是（　　）。

A. 双缩脲反应减弱 　　　　　　　　B. 溶液黏度下降

C. 溶解度增加 　　　　　　　　　　D. 丧失原有的生物学活性

5. 关于大多数蛋白质结构叙述错误的是（　　）。

A. 分子中二硫键的生成并不是蛋白质分子构象的决定因素

B. 大多数带电荷的氨基酸侧链伸向蛋白质分子表面

C. 一级结构是决定高级结构的重要因素

D. 只有少数疏水氨基酸侧链处于分子内部

四、简答题

1. 取 0.1g 卵清蛋白进行凯氏定氮实验，测得其中蛋白氮含量为 10%，则样品中蛋白质的质量为多少？

2. 已知 100g 蛋白质样品完全水解后得到 8.6g 苯丙氨酸，求蛋白质样品中的苯丙氨酸残基百分含量。已知苯丙氨酸的分子量为 165。

3. 细胞膜内在蛋白质其外表面的氨基酸残基多数是哪一类氨基酸？

4. 某多肽链分子量为 6000，完全水解 10g 样品得到 0.46g 丙氨酸，求该多肽链中丙氨酸残基的个数。

5. 某多肽由十个氨基酸残基组成，N-末端氨基酸为 Ala；用 A 酶水解得到四个短肽：A_1(Gly-Lys-Asn-Tyr)、A_2(Ala-Phe)、A_3(His-Val) 和 A_4(Arg-Tyr)；用 B 酶水解得到三个短肽：B_1(Ala-Phe-Gly-Lys)、B_2(Tyr-His-Val) 和 B_3(Asn-Tyr-Arg)；求：该多肽的一级结构。

6. 现有一个六肽，根据下列实验结果写出氨基酸顺序。

与 DNFB 反应得到 DNP-Val；肼解后与 DNFB 反应得到 DNP-Phe；胰蛋白酶水解得到分别含有 1、2、3 个氨基酸的片段，后两个片段坂口反应为阳性；与溴化氰反应得到两个三肽，随后与 DNFB 反应得到 DNP-Val 和 DNP-Ala。

7. 氨基酸残基的平均分子量为 120，某一多肽链完全以 α-螺旋形式存在，分子量为

15120，求该多肽链的长度。

8. 简要说明为什么大多数球状蛋白质在溶液中具有以下性质：①在低 pH 时沉淀；②加热时沉淀；③在离子强度从零增加到高值时，先是溶解度增大，然后溶解度降低，最后沉淀；④当介质的介电常数因加入与水混溶的非极性溶剂而下降时，溶解度降低；⑤如果介电常数大幅度下降至以非极性溶剂为主时产生变性。

第四章
核 酸 >>>

核酸（nucleic acid）是由许多核苷酸单体聚合成的生物大分子化合物，是生命遗传信息的携带者，是生物体最重要的物质基础之一。核酸在生物遗传、细胞分化、生长发育等生命活动中发挥了重要作用，是基因工程技术的基础，也是育种的关键"核心"。

第一节 概述

一、核酸的种类

核酸以核苷酸（nucleotide）为基本单位，由碱基（base）、戊糖（pentose）和磷酸（phosphoric acid）组成，按其所含戊糖的种类，可以将其分为脱氧核糖核酸（deoxyribonucleic acid，DNA）和核糖核酸（ribonucleic acid，RNA）。

1. 脱氧核糖核酸

脱氧核糖核酸广泛分布在各种生物细胞内，真核细胞中95%～98%的DNA存在于细胞核染色质中，与组蛋白、非组蛋白结合后以染色体的形式存在；线粒体和叶绿体中也有少量DNA，但不与蛋白质结合。原核细胞中裸露的DNA分子集中于核区。DNA作为遗传信息的载体，负责遗传信息的储存并通过复制由亲代传给子代。

2. 核糖核酸

RNA约90%存在于细胞质中，10%存在于细胞核中。参与蛋白质合成的RNA按功能主要分为三类：核糖体RNA（ribosomal RNA，rRNA）、信使RNA（messenger RNA，mRNA）和转运RNA（transfer RNA，tRNA），这三类RNA共同参与遗传信息的表达。rRNA约占RNA总量的75%～80%，分子量大，是合成蛋白质的场所，与蛋白质结合构成核糖体的骨架。mRNA约占RNA总量的5%～10%，以DNA链为模板合成，是蛋白质合成的模板。tRNA约占RNA总量的10%～15%，分子量最小，在蛋白质合成中起携带、运输氨基酸的作用。

在细胞质中还有一些具有特殊功能的微型RNA，如小分子细胞核RNA（small nuclear RNA，snRNA）、细胞质小RNA（small cytoplasmic RNA，scRNA）、反义RNA（antisense RNA)、核酶（ribozyme，即具有催化活性的 RNA）等。

二、核酸的化学组成

1. 核酸的元素组成

组成核酸的元素有 C、H、O、N、P 等，其中 P 元素的含量较多并且相对恒定，约占 9%～10%。因此，实验室中常用定磷法进行核酸的定量分析。定磷法首先将核酸样品用硫酸水解，将有机磷转变为无机磷，然后加入定磷试剂（如钼酸铵）与无机磷反应生成磷钼酸。在有还原剂存在时磷钼酸变为钼蓝，钼蓝在 660nm 处有最大光吸收。根据标准曲线，即可确定总磷含量。用总磷量减去样品中原有的无机磷含量就是有机磷的含量，用这个值乘以 10.5（纯的核酸磷元素含量约为 9.5%）得到核酸的含量。该方法简单、快速、灵敏度高，检测最适范围为 10～100μg/mL。

2. 核酸的结构单元

核酸是由核苷酸聚合而成的，核苷酸是核酸的基本结构单元，核苷酸水解产生磷酸和核苷，核苷进一步水解产生戊糖和碱基。DNA 和 RNA 在组成上主要是碱基和戊糖有区别。

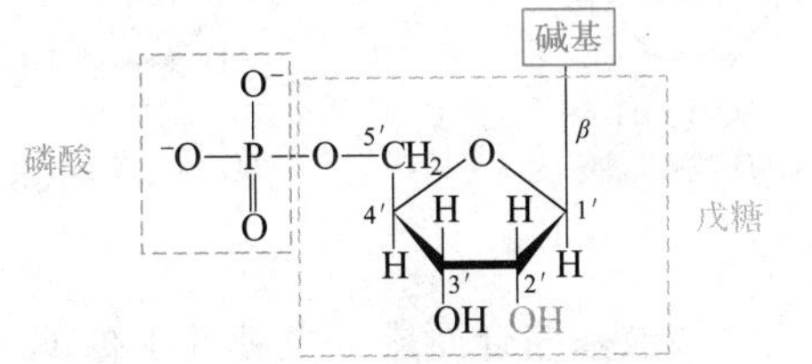

（1）碱基

核苷酸中的碱基是含氮的杂环化合物，碱基有嘌呤碱和嘧啶碱两大类，分别属于嘌呤衍生物和嘧啶衍生物。嘌呤碱主要有腺嘌呤（adenine，A）和鸟嘌呤（guanine，G）；嘧啶碱主要是胞嘧啶（cytosine，C）、胸腺嘧啶（thymine，T）以及尿嘧啶（uracil，U）。DNA 中含有的碱基是 A、G、C、T；RNA 中含有的碱基是 A、G、C、U。图 4-1 是 5 种主要碱基的结构式。

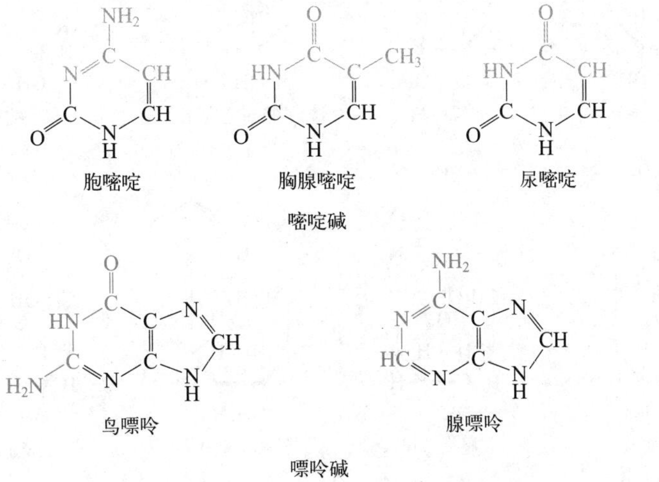

胞嘧啶　　　　胸腺嘧啶　　　　尿嘧啶

嘧啶碱

鸟嘌呤　　　　　　腺嘌呤

嘌呤碱

图 4-1　5 种碱基的结构式

除了以上 5 种主要的碱基外，还有些含量甚少的碱基，称为稀有碱基（图 4-2），如 5-甲基胞嘧啶、5-羟甲基胞嘧啶、二氢尿嘧啶、4-硫尿嘧啶等。这些碱基大多是在主要碱基基础上修饰而来，因此也称修饰碱基，其在各种类型的核酸中分布不均一。

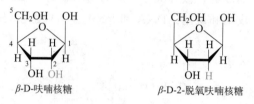

| 5-甲基胞嘧啶 | 5-羟甲基胞嘧啶 | 二氢尿嘧啶 | 4-硫尿嘧啶 |

图 4-2 几种稀有碱基的结构式

（2）戊糖

组成核酸的戊糖主要有 2 种，分别是核糖（β-D-呋喃核糖，ribofuranose）和脱氧核糖（β-D-2-脱氧呋喃核糖，deoxyribofuranose），区别在于核糖 2 号位上的羟基是否脱氧，两种戊糖都是 β-构型。DNA 中的是脱氧核糖，RNA 中的是核糖。

β-D-呋喃核糖　　　　β-D-2-脱氧呋喃核糖

（3）核苷（核糖苷）

核苷（nucleoside）由戊糖和碱基缩合而成，戊糖环上的 C-1 和嘧啶的 N-1 或嘌呤碱的 N-9 相连，此 N—C 键属于 N-糖苷键（图 4-3）。核酸分子中的糖苷键均为 β-糖苷键。

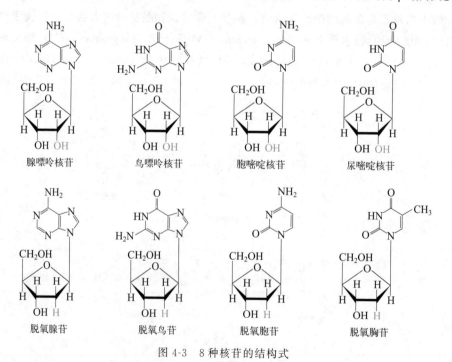

图 4-3 8 种核苷的结构式

在 X 射线衍射实验中，发现碱基平面与糖环平面互相垂直，得出碱基有顺、反两种排布方式（如图 4-4 所示），天然核酸中主要是反式结构。

（4）磷酸

核酸是含磷酸的生物大分子，因此一般呈酸性。碱基和戊糖以糖苷键相连形成核苷，核苷再与磷酸以磷酸酯键形成核苷酸，即核酸的基本组成单元。

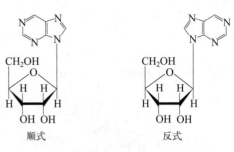

图 4-4　嘌呤核苷的 2 种排布方式

（5）核苷酸

核糖 $2'$、$3'$、$5'$ 三个位置上的羟基都可以被磷酸酯化，脱氧核糖只有 $3'$、$5'$ 位上的羟基可以被磷酸酯化。作为 DNA 或 RNA 结构单元的核苷酸分别是 $5'$-磷酸脱氧核糖核苷酸和 $5'$-磷酸核糖核苷酸。

此外，细胞中还有游离的核苷酸及其衍生物，它们常以核苷多磷酸、环式单核苷酸和核苷酸衍生物等形式存在，具有重要的生理功能。如核苷 $5'$-多磷酸化合物（如 ATP、ADP、GTP、GDP 等），在能量代谢和物质代谢及调控中起重要作用，其中 ATP（图 4-5）是一种重要的核苷多磷酸，作为能量的携带者和传递者，在细胞能量代谢中起非常重要的作用。环核苷酸 $3',5'$-cAMP，$3',5'$-cGMP 能作为信号分子，调节细胞代谢。核苷酸衍生物还包括 $CoASH$、NAD^+、$NADP^+$、FAD 等辅助因子。

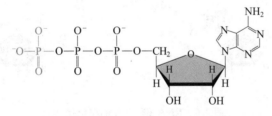

图 4-5　ATP 结构式

第二节　核酸的分子结构

一、核苷酸的连接方式

核酸是由许多核苷酸按一定顺序连接而成的多核苷酸（图 4-6）。每个核苷酸中 $5'$ 的磷酸与另一核苷酸中 $3'$ 的羟基连接形成 $3',5'$-磷酸二酯键，最后形成直线或环形多核苷酸链。核酸链无分支链，具有两个末端，分别为 $3'$-羟基末端和 $5'$-磷酸末端，戊糖和磷酸在主链上不断重复，碱基则形成侧链。

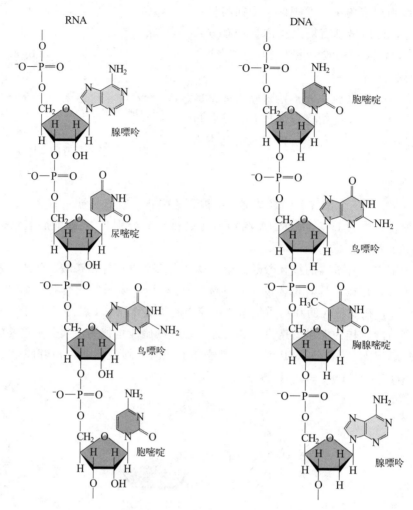

图 4-6　RNA 和 DNA 的单链结构

二、 DNA 的分子结构

1. 碱基组成的 Chargaff 规则

1950 年，生物化学家 Erich Chargaff 利用紫外分光光度法和纸色谱法对多种生物的 DNA 作碱基的定量分析得出以下结论：

① DNA 中有 4 种碱基：A、T、C、G。DNA 碱基数满足 A＝T、G＝C，且嘌呤碱总数和嘧啶碱总数相等，即 A＋G＝T＋C，说明 DNA 中碱基互补配对。

② 碱基组成具有种的特异性，没有组织和器官的特异性，同种生物体中不同器官的 DNA 组成和碱基组成相同，同种生物体中碱基组成不受年龄、营养状况、环境因素的影响，具有遗传稳定性。

③ 异种生物之间的 DNA 碱基组成差异较大，一般可用不对称比率 $\left(\dfrac{A+T}{G+C}\right)$ 来表示亲缘关系远近。

2. DNA的一级结构

DNA的一级结构是指组成DNA的4种脱氧核苷酸［腺嘌呤脱氧核苷酸（dAMP）、鸟嘌呤脱氧核苷酸（dGMP）、胞嘧啶脱氧核苷酸（dCMP）、胸腺嘧啶脱氧核苷酸（dTMP）］在链中的排列顺序。自然界物种的多样性即寓于DNA分子中4种脱氧核苷酸千变万化的不同排列组合之中。核苷酸之间的差异仅仅在于碱基不同，因此DNA的一级结构又指碱基的排列顺序，DNA的碱基序列本身就是遗传信息存储的分子形式。

DNA的一级结构可以用线条式（图4-7）表示，从左向右表示核酸链的方向从5′-磷酸端到3′-羟基端；竖线表示戊糖，从上到下是戊糖的1号位到5号位，每个脱氧核苷酸都是1号位连接碱基，3号位连接羟基，5号位连接磷酸；前1个脱氧核苷酸的3′-羟基端与另1个脱氧核苷酸的5′-磷酸端相连，它们之间形成3′,5′-磷酸二酯键，串联成核酸链。如图4-7，在线条式基础上，核酸链可以简写成5′pApCpGpTpA$_{OH}$3′，由于不同核苷酸

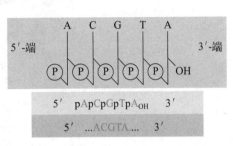

图4-7　DNA一级结构的不同表示方法

之间的区别仅仅是碱基的不同，所以最终可以简写成5′ACGTA3′。

3. DNA的二级结构

1953年，美国生物学家、遗传学家James Dewey Watson和英国生物学家、物理学家Francis Harry Compton Crick根据Chargaff规则和DNA钠盐纤维的X射线衍射分析提出了DNA的双螺旋结构模型，因此获得1962年的诺贝尔生理学或医学奖。DNA双螺旋结构的发现与相对论、量子力学一起被誉为20世纪最重要的三大科学发现，它标志着生物学研究进入了分子水平。

DNA的二级结构即DNA的双螺旋结构（double helix）（图4-8），是指DNA链经过初步盘绕折叠形成的空间结构。主要结构特点如下：①DNA分子由两条DNA单链组成，两条链沿同一条轴平行盘绕，形成右手双螺旋；螺旋中的两条链方向相反，一条为5′→3′，另一条为3′→5′。②磷酸和脱氧核糖位于螺旋外侧，以3′,5′-磷酸二酯键连接形成DNA分子骨架；碱基位于螺旋内侧的疏水环境中，能免受水溶性活性小分子的攻击；碱基环平面与螺旋轴垂直，糖基环平面与螺旋轴平行。③双螺旋结构表面有两种凹槽，一种位于互补链之间凹槽较浅，称为小沟，另一种位于相毗邻的双股之间凹槽较深，称为大沟。④螺旋横截面直径约为2nm，每条链相邻两个碱基平面之间的距离为0.34nm，每10个核苷酸形成一个螺旋，螺距（即螺旋旋转一圈的高度）为3.4nm。⑤两条链的碱基之间通过氢键互补配对，A与T配对，之间形成2个氢键，G与C配对，之间形成3个氢键，使双链稳固并联；碱基在一条链上的排列顺序不受任何限制。

DNA双螺旋结构十分稳定，维持双螺旋结构的作用力主要有：DNA单链上下相邻的碱基环上π电子之间相互作用产生碱基堆积力，碱基呈疏水性，分布在双螺旋结构内侧，碱基层层堆积使得双螺旋结构内部形成疏水环境，与介质中的水分隔开来，这是维持DNA双链稳定的主要因素；两条核苷酸互补碱基对之间形成氢键，且G、C含量越多，形成的氢键越多，双螺旋结构越稳定；此外磷酸基团中的氧带负电荷，与介质中的阳离子如碱性组蛋白、

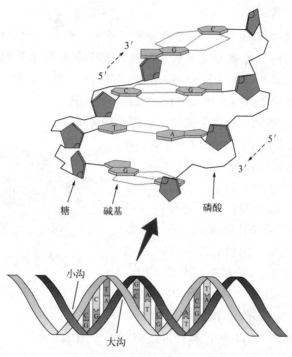

糖　碱基　　　磷酸

小沟

大沟

图 4-8　DNA 双螺旋结构

Mg^{2+} 等形成离子键，能中和 DNA 链上的负电荷，减少双链内的排斥作用，有利于维持双螺旋结构的稳定。

DNA 链中有可以自由旋转的单键，使得 DNA 分子在一定条件下会呈现不同的二级结构。DNA 在不同湿度、不同盐浓度的溶液中结晶，得到不同的 DNA 二级结构构象，如 B-DNA、A-DNA、Z-DNA 等。其中 B-DNA 是在相对湿度为 92％时结晶的 DNA 钠盐纤维，接近 DNA 在细胞中的天然构象；在相对湿度为 75％以下时 B-DNA 会转变为 A-DNA；Z-DNA 是 Alexander Rich 等通过 X 射线衍射分析人工合成的特殊脱氧核苷酸序列时发现的左手螺旋 DNA，其碱基位于螺旋结构外侧。这 3 种 DNA 二级结构构象对比见表 4-1 所示。

表 4-1　DNA 二级结构的 3 种构象特征

类型	碱基间距/nm	每圈碱基数	螺距/nm	螺旋直径/nm
B-DNA	0.34	10	3.32～3.40	2.00～2.37
A-DNA	0.23	11	2.46～2.53	2.55
Z-DNA	0.38	12	4.56	1.80～1.84

4. DNA 的三级结构

DNA 的三级结构是指双螺旋 DNA 分子继续通过扭曲折叠形成的特定构象。超螺旋结构是 DNA 三级结构的主要形式，有两种类型：扭曲方向与 DNA 双螺旋的旋转方向相同的称为正超螺旋（positive supercoil）；反之扭曲方向与 DNA 双螺旋的旋转方向相反的称为负超螺旋（negative supercoil）。天然的 DNA 都是负超螺旋。研究发现，所有的 DNA 超螺旋结构都可由 DNA 拓扑异构酶消除。DNA 长度很长，超螺旋结构能够使 DNA 分子以更紧密的形状压缩存在于细胞中，超螺旋结构还与复制和转录的控制有关。

5. 特殊的 DNA 结构

在真核细胞中，核小体（nucleosome）是由 DNA 和组蛋白形成的染色质基本结构单位。4 种组蛋白 H2A、H2B、H3 和 H4 聚合形成 8 聚体（每种各 2 个分子），再由含 145～147 个碱基对的 DNA 盘绕组蛋白 1.75 圈形成核小体核心，组蛋白 H1 结合在核小体核心上 DNA 双链的开口处（图 4-9）。许多核小体通过 DNA 链连接在一起形成念珠结构，念珠结构进一步螺旋化形成染色质。染色质是细胞分裂间期遗传物质存在的形式，而染色体是细胞分裂期中由染色质聚缩而成的棒状结构。染色质和染色体是同一遗传物质在细胞分裂不同时期的不同表现形式。DNA 分子巨大，将它组装在有限的空间内，需要高度组织，用压缩比来表示。压缩比（packing ratio）是指 DNA 分子长度与组装后特定结构长度的比值。从 DNA 到核小体，DNA 的长度压缩了 6～7 倍，从 DNA 到染色质，DNA 的长度压缩了千倍，到最后凝缩成染色体（图 4-10），DNA 压缩了近万倍。

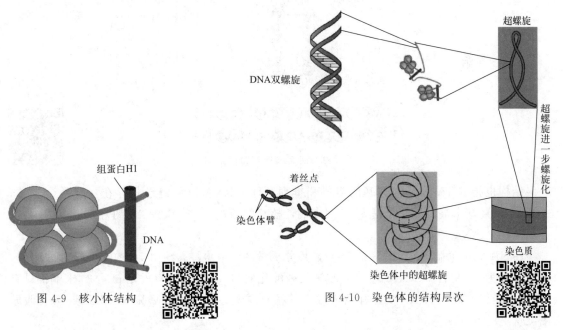

图 4-9　核小体结构　　　　　　　　图 4-10　染色体的结构层次

此外，DNA 还会形成回文结构与镜像结构（图 4-11），回文结构（palindrome structure）是 DNA 双链中碱基排列相同，但方向相反的序列，即一条单链从正向阅读时与另一条链从反向阅读时碱基序列一致。具有回文结构的 DNA 单链可形成发夹结构，双链可形成十字结构。DNA 的镜像结构（mirror structure）是一种特殊的结构，是 DNA 单链部分区域从正向阅读和从反向阅读时的碱基序列完全一致。

三、 RNA 的分子结构

1. RNA 的一级结构

RNA 的一级结构是指 RNA 分子中核苷酸的组成和排列顺序。RNA 主要由 4 种核糖核苷酸组成，即腺嘌呤核糖核苷酸（AMP）、鸟嘌呤核糖核苷酸（GMP）、胞嘧啶核糖核苷酸（CMP）和尿嘧啶核糖核苷酸（UMP）。这四种核苷酸的差别在于碱基不同，因此 RNA 的

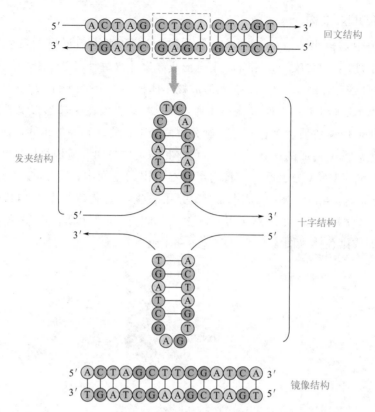

图 4-11 回文结构与镜像结构

一级结构也指 RNA 分子中碱基的组成和排列顺序。RNA 以单链形式存在，有两个末端，一个是 3′-羟基末端，另一个是 5′-磷酸末端，核苷酸通过 3′,5′-磷酸二酯键相连。

（1） tRNA

tRNA 约占细胞 RNA 总量的 15％，其分子量约 25000，大约由 70～90 个核苷酸组成，沉降系数为 4S 左右。tRNA 的 5′-末端多是磷酸化的 G（pG），也有的是 pC，3′-末端都具有 CCA_{OH} 结构。此外 tRNA 分子中含有较多的稀有碱基，如二氢尿嘧啶（DHU 或 D）、假尿嘧啶（Ψ）等。

二氢尿嘧啶　　　　　　假尿嘧啶

（2） rRNA

rRNA 约占 RNA 总量的 80％，主要存在于核糖体中，原核生物体内的 rRNA 有 3 种，分别为 5S rRNA、16S rRNA 和 23S rRNA；真核生物体内的 rRNA 有 4 种，分别为 5S rRNA、5.8S rRNA、18S rRNA、28S rRNA。其中研究最多的是 5S rRNA 和 16S rRNA。大肠杆菌的 5S rRNA 5′-末端一般是 pppU，3′-末端为 U_{OH}。原核细胞 16S rRNA 的 3′-末端序列为 ACCUCCU，与蛋白质合成时小亚基与 mRNA 的结合有关。与 tRNA 不同，rRNA 的甲基化大多发生在核糖上，真核生物的 rRNA 中修饰核苷比原核生物多。

（3） mRNA

真核生物和原核生物的 mRNA 有所不同，真核细胞的 mRNA 是单顺反子，原核细胞的 mRNA 是多顺反子。顺反子（cistron）是 mRNA 上具有翻译功能的核苷酸顺序，单顺反子是一个 mRNA 分子只含有一条多肽链的信息即只有一个翻译起始点和一个终止点，翻译出一条多肽链；多顺反子是一个 mRNA 含有多个与蛋白质相关的编码序列，可以翻译出多条多肽链。

真核生物 mRNA 的 3′-末端有 polyA 片段，含有 20～250 个多聚腺苷酸，称为多聚腺苷酸尾巴；5′-末端有"帽子"结构，是鸟苷酸被甲基化，通过焦磷酸与另 1 个发生了核糖甲基化的核苷酸以 5′,5′-磷酸二酯键相连。5′-末端的"帽子"结构与抗核酸酶的水解以及蛋白质合成起始有关，此外还能作为 mRNA 与核糖体 40S 亚基结合的信号。

2. 高级结构

RNA 分子中，部分区域（碱基互补配对的区域）能形成双螺旋结构（类似 A-DNA 双螺旋结构），不能形成双螺旋的部分则形成突环，可形象地称为"发夹型"结构或茎环结构（图 4-12）。这些结构属于 RNA 的二级结构，二级结构进一步折叠形成立体的三级结构。目前对 rRNA 的三级结构了解不多，而 tRNA 有明确的三级结构，功能也已经比较清楚，以下主要介绍 tRNA 的高级结构。

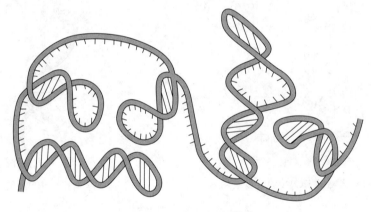

图 4-12　RNA 的二级结构

（1） tRNA 的二级结构

tRNA 的二级结构大都呈"三叶草"形状，碱基互补配对区域形成的结构称为臂，突环区形似三叶草叶片，称为环。tRNA 一般由"四臂四环"组成，"四臂"分别为氨基酸接受臂、反密码子臂、二氢尿嘧啶臂、TΨC（胸苷酸、假尿苷酸和胞苷酸）臂；"四环"分别是反密码子环、二氢尿嘧啶环、TΨC 环和额外环。图 4-13 是酵母丙氨酸 tRNA 的"四臂四环"结构。

氨基酸接受臂形似"叶柄"，由 5～7 个碱基对组成，且含 G 较多，用于携带氨基酸，氨基酸接受臂包括 3′-和 5′-末端，3′-末端的最后 3 个碱基是 CCA。与氨基酸接受臂相对的是反密码子臂，臂中含有 5 个碱基对，一般有 7 个碱基未配对，形成突环，即反密码子环，环上正中间的 3 个碱基称为反密码子（anticodon），能与 mRNA 上的密码子配对。

二氢尿嘧啶臂位于氨基酸接受臂左侧，包含 3～4 个碱基对和 8～12 个核苷酸形成的突环，突环中含有二氢尿嘧啶，此环也称二氢尿嘧啶环，具有识别核糖体的作用。与二氢尿嘧啶臂相对的是 TΨC 臂，臂中含有 5 个碱基对以及 7 个核苷酸组成的突环，因环中含 TΨC，因此称为 TΨC 环。此外还有位于反密码子臂和与 TΨC 臂之间的额外环，一般由 3～18 个核苷酸组成，不同的 tRNA 该区变化较大，所以也称可变环。

（2）tRNA 的三级结构

在三叶草形二级结构的基础上，突环上未配对的碱基会由于整个分子空间位置的改变与另一个突环上的碱基形成氢键。目前已知的 tRNA 的三级结构为倒"L"形（图 4-14），这种构型有利于携带氨基酸的不同 tRNA 进入核糖体的特定部位。

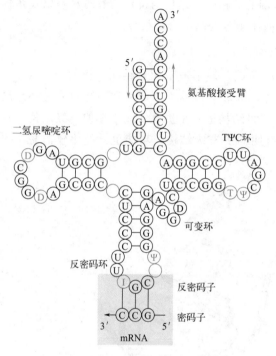

图 4-13 酵母丙氨酸 tRNA 的二级结构

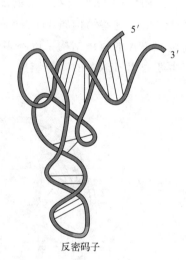

图 4-14 tRNA 的倒"L"形结构

DNA 和 RNA 在组成、结构、分布和生物功能上有所区别，表 4-2 进行了比较。

表 4-2 DNA 与 RNA 的比较

项目		DNA	RNA
组成	戊糖	脱氧核糖	核糖
	碱基	A、G、C、T	A、G、C、U
	磷酸	Pi(磷酸二酯键)	Pi(磷酸二酯键)
结构		双链，碱基互补，双螺旋结构	单链，部分碱基互补，三叶草形等
分布		细胞核(染色质)，细胞质(线粒体)等	细胞核(核仁)，细胞质(线粒体、核蛋白体、胞质)
生物功能		遗传的物质基础，负责遗传信息储存、发布、转录	遗传信息表达，反转录，直接参与蛋白质的生物合成

从表 4-2 中可以看出 DNA 和 RNA 组成上的区别在于戊糖和碱基，高级结构上 DNA 是双螺旋结构，双链的碱基互补配对；RNA 一般是单链，形成高级结构时部分碱基互补配对。

虽然 DNA 和 RNA 在细胞核和细胞质中都有分布，但分布的具体位置有差别。二者都是遗传的物质基础，DNA 负责遗传信息的储存、发布和转录，而 RNA 负责遗传信息的表达，可以反转录，直接参与蛋白质的生物合成。

第三节　核酸的性质

一、物理性质

1. 一般性状

DNA 纯品为白色纤维状固体，RNA 纯品为白色粉末状固体，都微溶于水，不溶于乙醇等一般有机溶剂，因此可以用乙醇从溶液中沉淀核酸。DNA 和 RNA 在细胞中常以核蛋白形式存在，两种核蛋白在盐溶液中的溶解度不同。表 4-3 是两种核蛋白在不同浓度 NaCl 中的溶解度。

表 4-3　DNA 和 RNA 核蛋白的溶解度比较

NaCl 浓度/(mol/L)	DNA 核蛋白	RNA 核蛋白
0.14	几乎不溶解	溶解
1～2	是水中溶解度的 2 倍	溶解

从表 4-3 中可以看出 DNA 核蛋白的溶解度在溶液中随盐浓度的增加而增加，而 RNA 核蛋白的溶解度受盐浓度的影响较小。在核酸提取时通常用这种方法提取两种核蛋白，然后用蛋白质变性剂去除蛋白质。

2. 光学性质

核酸中嘌呤碱和嘧啶碱都含共轭双键，能吸收紫外线，因而核酸具有紫外吸收性质，最大吸收波长为 260nm。可以利用这一性质对核酸、核苷酸定量并检验其纯度。用 1cm 光径的比色杯测定核酸的 A_{260} 时，对于纯样品，$1\mu g/mL$ DNA 溶液的吸光度为 0.020，$1\mu g/mL$ RNA 溶液的吸光度为 0.024，则样品中 DNA 和 RNA 含量分别为：

$$DNA 浓度(\mu g/mL) = \frac{A_{260}}{0.020}$$

$$RNA 浓度(\mu g/mL) = \frac{A_{260}}{0.024}$$

若样品是稀释后测定的，则计算核酸浓度时还应乘以稀释倍数。利用紫外分光光度计读出核酸样品在 260nm 和 280nm 波长处的吸光度（OD），纯 DNA 的 A_{260}/A_{280} 值为 1.8，纯 RNA 的 A_{260}/A_{280} 值为 2.0。因为碱基有规律地紧密堆积会降低核酸对紫外线的吸收，而变性 DNA 中碱基不再是有规律的堆积，所以增加了对紫外线的吸收，若核酸水解为核苷酸，核苷酸对紫外线的吸收值增加更多（30%～40%），这种现象称为增色效应（图 4-15）。

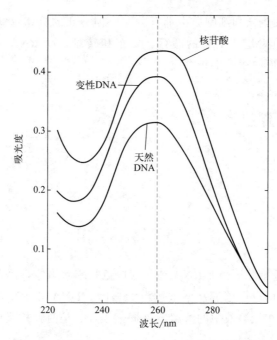

图 4-15 天然 DNA 和变性 DNA 的紫外吸收曲线

二、核酸的水解

1. 酸水解

核酸分子内的糖苷键和磷酸二酯键对酸的敏感性不同：糖苷键＞磷酸酯键，嘌呤糖苷键＞嘧啶糖苷键。例如，将核酸在 pH 为 1.6，温度 37℃ 条件下对水透析，或者在 pH 2.8 下 100℃ 加热 1h，多数嘌呤碱基即可脱落，而核酸中嘧啶脱落需要在更加剧烈的条件下进行，如使用 98％～100％ 甲酸，在 175℃ 下作用 2h，或用三氟乙酸在 155℃ 下（DNA 作用 60min，RNA 作用 80min）多数嘧啶碱基才会脱落，利用酸水解可以研究核酸的碱基组成。

2. 碱水解

RNA 的磷酸酯键对碱敏感，37℃ 下用浓度为 0.3～1mol/L 氢氧化钾溶液处理 24h，RNA 完全水解。RNA 的碱水解过程如图 4-16 所示，碱水解时，RNA 的 3′,5′-磷酸二酯键断裂，磷酸环化生成 2′,3′-内酯单核苷酸，2′,3′-内酯单核苷酸不稳定，2′位和 3′位上的磷氧键都可能水解断裂，所以 RNA 碱水解会得到 2′-或 3′-核苷酸的混合物。DNA 对碱的作用并不敏感，其抗碱水解的生理意义在于作为遗传物质的 DNA 应更稳定，不易水解。而 RNA 是 DNA 的信使，完成任务后应该迅速降解。

3. 酶水解

核酸可受到不同酶的作用而发生水解，但不同的酶对底物的专一性、水解的方式和磷酸二酯键的断裂方式是不同的。根据作用底物的专一性将其分为核糖核酸酶（RNase）、脱氧核糖核酸酶（DNase）。根据作用方式分为核酸外切酶（exonuclease）、核酸内切酶（endonuclease）、单链核酸酶、双链核酸酶、杂链核酸酶。根据磷酸二酯键的断裂方式分为非特异的磷酸二酯酶（如用蛇毒磷酸二酯酶水解得到 5′-核苷酸，用牛脾磷酸二酯酶水解得到 3′-

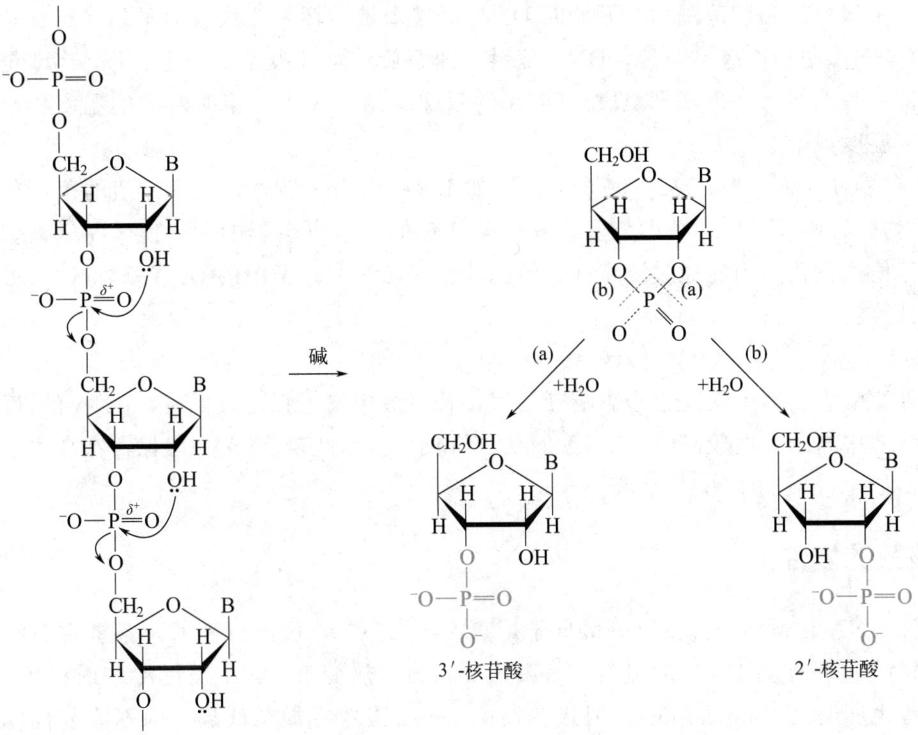

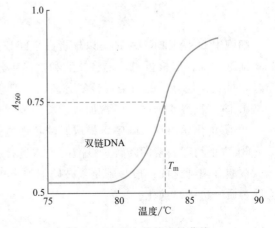

图 4-16　RNA 的碱水解过程

核苷酸）和特异的磷酸二酯酶。在分子生物学研究中最有应用价值的是 DNA 限制性内切酶（restriction endonuclease）。它可以特异性地识别、切割 DNA 中某些特定碱基序列部位。这种酶往往与一种甲基化酶成对存在，构成一个限制修饰系统，限制性内切酶专门用于降解入侵的外源 DNA，甲基化酶使细菌自身的 DNA 带上标志，以保证自身 DNA 不会被切割。

三、核酸变性

　　在物理或化学因素的影响下，DNA 双链间的氢键断裂，双链变成单链，这一过程称为核酸的变性（denaturation），变性过程不涉及共价键断裂。引起变性的因素有热变性（变性温度一般在 70~85℃）、酸碱变性（pH 小于 4 或大于 11）和变性剂（如尿素、盐酸胍、甲醛等）。核酸变性后理化性质发生变化：在 260nm 处的光吸收值升高，即发生增色效应，这是核酸变性最明显的现象，另外还有黏度降低、浮力密度升高、生物活性丧失等。RNA 本身只有局部的双螺旋区，所以变性行为所引起的性质变化没有 DNA 那样明显。核酸增色效应与加热温度关系密切，以温度对 DNA 溶液的紫外吸光度作图，得到 DNA 的热变性曲线（图 4-17）。可以看出 DNA 的热变性是个突变过程，变性作用

图 4-17　DNA 的热变性曲线

发生在一个很窄的温度范围内。开始时 DNA 氢键未被破坏，曲线较为平坦，待加热到某一温度时，DNA 中的次级键断裂，DNA 双链迅速解旋，紫外吸光度迅速上升，当双链完全解旋成单链后，曲线再次出现平坦段。DNA 的双螺旋结构失去一半时对应的温度称为熔解温度、熔融温度或熔点（T_m）。

DNA 的 T_m 值一般在 82～95℃ 之间。如 DNA 的均一性好，则 T_m 值的范围较窄，如 DNA 不均一，则 T_m 值的范围较宽。G-C 碱基对的含量也会影响 T_m 值，G-C 碱基对的含量与 T_m 值成正比，因此通过测定 T_m 值就能推测 DNA 分子中的 G、C 总量，可按下列经验公式计算：

$$\%(G+C)=(T_m-69.3)\times2.44$$

此外溶液中的离子强度也会影响 T_m 值，若溶液中离子强度较低时，DNA 的 T_m 值低，反之若溶液中离子强度较高时，DNA 的 T_m 值较高。因此，DNA 一般保存在高离子强度的溶液中，如 1mol/L 的 NaCl 溶液。

四、核酸的复性

变性 DNA 在适当条件下（一般低于熔点 20～25℃），彼此分离的两条链重新缔合成双螺旋结构的过程称为 DNA 的复性（renaturation）。热变性 DNA 缓慢冷却时，可以复性，这一过程也叫退火（annealing）。但热变性的 DNA 骤然冷却至低温，则不能复性。复性后 DNA 的紫外吸收随之减少，产生减色效应。DNA 的复性与它本身的组成和结构有关，分子量越大复性越难；浓度越大，复性越容易。DNA 热变性与 DNA 均一性、G-C 含量和溶液离子强度有关，DNA 复性受片段大小、DNA 浓度、离子强度的影响。

DNA 的复性可以应用于分子杂交，分子杂交是指不同来源但序列互补的两条 DNA 或 DNA 与 RNA 或两条 RNA 通过碱基配对原则结合在一起的过程，可以应用于基因标记、定位。例如用带有标记的单链 DNA 或 RNA 做"探针"，通过分子杂交可以从生物样品中查找到目标 DNA 或 RNA。通常"探针"都是小片段核酸（寡核苷酸），可以人工合成。

第四节　核酸的分离纯化

细胞中 DNA 和 RNA 都是以核蛋白（DNP/RNP）的形式存在的，核酸的分离纯化就是先将细胞破碎提取核蛋白，再将核酸和蛋白质分离，最后进行核酸的纯化。为保持核酸的完整性，排除其他分子的污染，核酸分离的一般原则如下：

① 防止核酸酶降解，通常加入核酸酶抑制剂，或去激活剂，如 EDTA、柠檬酸钠等；

② 防止化学因素的降解，提取时注意强酸强碱的使用；

③ 防止物理因素的降解，核酸的提取过程应该在低温以及避免剧烈搅拌的条件下进行。

核酸分离纯化的一般步骤是：破碎细胞→提取核蛋白→分离核酸和蛋白质→沉淀核酸→去除杂质→进一步纯化。

一、 DNA 的分离纯化

DNA 的分离纯化首先用碱和十二烷基磺酸钠（SDS）去污剂共同作用，破碎细胞，使核酸暴露出来，然后将样品溶解在 0.14mol/L 的 NaCl 溶液中（DNA 核蛋白几乎不溶解，RNA 核蛋白能溶解），使 RNA 核蛋白和 DNA 核蛋白分离，再用浓度为 1~2mol/L 的 NaCl 溶液溶解 DNA 核蛋白，得到 DNA 核蛋白溶解液，需要除去核蛋白中的蛋白质后才能得到游离的 DNA。变性法是除去核蛋白中蛋白质的常用方法，常用氯仿-异戊醇、十二烷基磺酸钠、苯酚等作为蛋白质的变性剂，使蛋白质变性，再通过离心与 DNA 分离。选用苯酚作为变性剂的后续操作如下：加入苯酚溶液后，溶液分层，下层是含蛋白质的酚相，上层是含有 DNA 的水相。接着用 70%乙醇溶液沉淀 DNA，除去分离过程中残留的有机溶剂和盐离子，得到 DNA 的粗提取物，还需进一步纯化得到纯的 DNA。DNA 种类较多，纯化时需要选择不同的方法，常用的纯化方法有密度梯度离心法、凝胶电泳法、色谱法等。DNA 分离纯化流程如图 4-18。

二、 RNA 的分离纯化

RNA 的分离纯化过程比 DNA 复杂，主要因为 RNA 本身不如 DNA 稳定，且核糖核酸酶较难抑制。提取过程中常加入核糖核酸酶抑制剂如焦磷酸二乙酯、异硫氰酸胍等，同时为了防止外源 RNA 酶的作用，对实验器材和试剂需要进行高温高压灭菌或用二乙基焦碳酸酯（DEPC）处理。RNA 的提取多用异硫氰酸胍-苯酚-氯仿法，例如可以先加入苯酚溶液破碎细胞，使蛋白质和核酸释放出来，然后加入蛋白质变性剂异硫氰酸胍使蛋白质变性，静置后配合采用氯化铯密度梯度离心法使溶液分层，下层含有变性蛋白质，上层是含 RNA 的溶液，接着用乙醇溶液沉淀 RNA 得到不同的 RNA 混合物。再进一步分离得到某一种的 RNA，比如用亲和色谱法分离 mRNA。RNA 的分离纯化过程如图 4-19 所示。

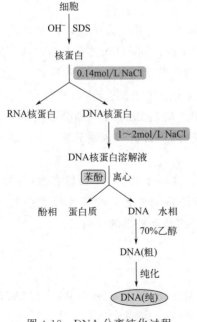

图 4-18　DNA 分离纯化过程

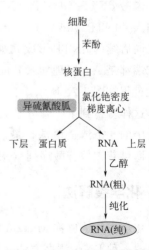

图 4-19　RNA 分离纯化过程

经分离纯化后得到的 DNA 或 RNA 可以通过比较 A_{260}/A_{280} 鉴定其纯度。纯 DNA 的 A_{260}/A_{280} 应为 1.8，纯 RNA 的 A_{260}/A_{280} 应为 2.0。若溶液中含有杂蛋白或苯酚，则 A_{260}/A_{280} 比值明显降低。

第五节　核酸的测序

DNA 是遗传信息的储存者和发布者，遗传信息是由碱基序列体现的，碱基序列发生变化，即可引起遗传信息的显著改变。DNA 测序实际是 DNA 碱基顺序的测定，是研究 DNA 功能的基础。RNA 链碱基序列的测定比较复杂，本节主要介绍两种测定 DNA 链中碱基序列的方法，末端中止法和化学降解法。

一、末端中止法

末端中止法也称双脱氧终止法，是英国科学家 Frederick Sanger 设计的 DNA 测序方法，也称 Sanger 法。因为在核酸测序工作上的贡献，Sanger 于 1980 年再次获诺贝尔化学奖，是第 4 位两度获得诺贝尔奖的科学家。此方法用到的一个关键化合物是 $2',3'$-双脱氧核苷三磷酸（ddNTP），其结构式如下，$2'$ 和 $3'$ 位都脱掉了氧。

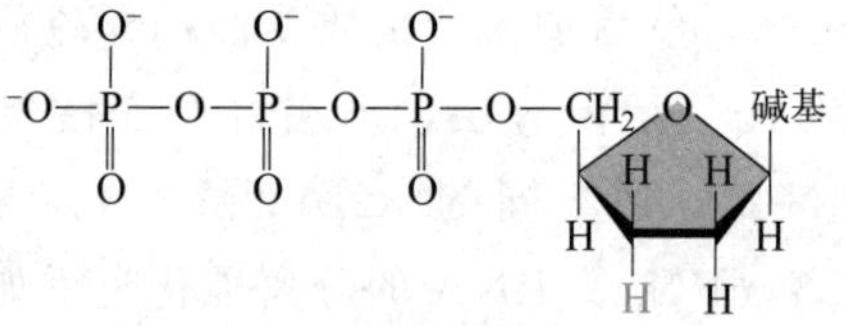

ddNTP

利用末端中止法进行 DNA 测序，将待测 DNA 加热变性使其成为单链，作为合成的模板；加入与模板 $3'$-端互补的短链作为引物；将样品分为 4 份，加入 DNA 聚合酶以及 4 种核苷三磷酸 dNTP（dATP、dCTP、dGTP、dTTP）的混合物作为 DNA 合成的原料，之后分别加入 ddNTP（ddATP、ddCTP、ddGTP、ddTTP）做反应中止剂。ddNTP 没有 $3'$-OH，不能同后续的 dNTP 形成磷酸二酯键，使合成终止。加入的是 ddATP，则合成的 DNA 片段末端都是 A；同理加入 ddCTP、dGTP、dTTP，合成的 DNA 片段末端分别为 C、G、T。实验过程如图 4-20 所示。

这样就得到了 4 套分子大小不等的 DNA 片段，随后将这 4 套 DNA 片段在聚丙烯酰胺凝胶中的 4 个泳道电泳，最后通过显影得到 DNA 片段的条带位置，按照片段大小顺序读取，即可获知核苷酸序列（图 4-21）。这种方法直接获得的是互补链的序列。

二、化学裂解法

化学裂解法也称 Maxam-Gilbert 测序法，是 Allan Maxam 和 Walter Gilbert 在 1977 年提出的一种 DNA 测序方法。操作过程如下：

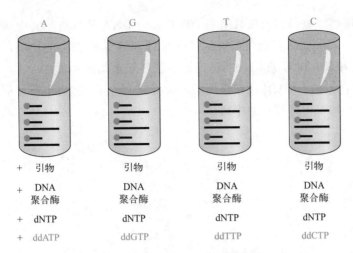

图 4-20　末端中止法的实验过程

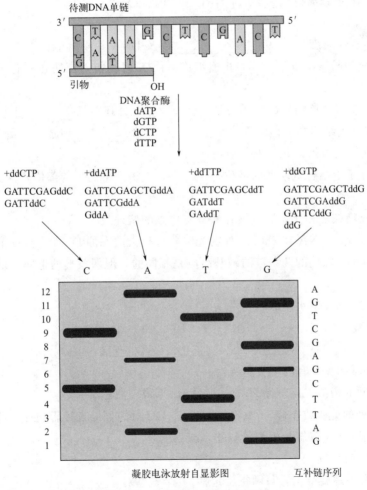

图 4-21　末端中止法测序原理图

① 首先对单链 DNA 末端用放射性同位素^{32}P 进行标记。

② 然后将样品分成 4 份，分别加入硫酸二甲酯、甲酸、肼、肼＋NaCl，断开特定核苷

酸形成的磷酸二酯键，制备出长度只差一个核苷酸的 DNA 片段群。其中加入硫酸二甲酯得到一系列 G 末端片段；加入甲酸可以得到一系列 G 和 A 末端混合的片段；加入肼得到一系列 T 和 C 末端的片段；加入肼+NaCl 可得到一系列 C 末端的片段。

③ 反应后将产生的 DNA 片段在聚丙烯酰胺凝胶上电泳，接着进行放射自显影，按照片段大小顺序读取，即可得到核苷酸序列。

课后练习

一、填空题

1. B 型 DNA 双螺旋结构的两条链是_____平行，其螺距为_____，每个螺旋含有的碱基对数为_____。

2. 从 *E. coli* 中分离得到的 DNA 含有 20％的腺嘌呤，那么 T＝_____％，G＋C＝_____％。

3. DNA 的复性速度与_____、_____以及 DNA 片段大小有关。

4. 核苷由核糖与碱基以_____相连组成，由 X 射线衍射证明在核苷中碱基平面与糖基环平面相_____。

5. 稳定 DNA 双螺旋结构的主要力是_____，此外还包括_____和_____。

6. DNA 双螺旋结构中，链的骨架是由_____和_____组成，并处于螺旋的外侧，而碱基则处于螺旋的内侧，并与中心轴相_____。

7. tRNA 分子中结合氨基酸的部位是_____，识别密码子的部位是_____。

二、判断题

1. 同脱氧核糖核酸相比，脱氧核苷酸具有更强的紫外吸收。（　　　）

2. 热变性的双链 DNA 在 260nm 处的光吸收值比天然态的 DNA 有较高的增加。（　　　）

3. 组成 DNA 双螺旋的两条链的碱基组成是相同的，但两条链的走向相反。（　　　）

三、选择题

1. 核糖核酸 RNA 碱水解的产物是（　　　）。

A. $5'$-核苷酸　　　　　　　　　　B. $2'$ 和 $3'$-核苷酸

C. 核苷　　　　　　　　　　　　　D. 寡聚核苷酸

2. 热变性的 DNA 具有的特征是（　　　）。

A. 核苷酸间的磷酸二酯键断裂　　　B. 形成三股螺旋

C. 260nm 处的光吸收下降　　　　　D. GC 对的含量直接影响 T_m 值

3. 关于 B 型 DNA 双螺旋模型的叙述，错误的是（　　　）。

A. 两条链方向相反

B. 是一种右手螺旋结构，每圈螺旋包括 10 个碱基对

C. 两条链间通过碱基间氢键保持稳定

D. 碱基平面位于螺旋外侧

4. DNA 变性的特征是（　　　）。

A. 在 260nm 处光吸收显著下降

B. 热变性的温度随分子中鸟嘌呤和胞嘧啶含量而定

C. 变性必然伴随着 DNA 分子共价键的断裂

D. 变性是一种渐进的过程，没有明显分界线

5. 下列关于 RNA 的说明，错误的是（　　）。

A. rRNA 是核糖体的重要组分，后者是蛋白质合成的场所

B. mRNA 是蛋白质合成的模板，是遗传信息的载体

C. tRNA 是所有 RNA 分子中最小的一类

D. 只有 mRNA 存在于细胞质中

6. 在下列情况下，互补的两条 DNA 单链将结合成双链 DNA 的是（　　）。

A. 变性　　　　　　　B. 加聚合酶　　　　　C. 退火　　　　　　　D. 加连接酶

四、简答题

1. 如果 *E. coli* 染色体 DNA 的 75％用于编码 2000 种蛋白质，假定蛋白质平均分子量为 60000，求该染色体 DNA 的长度是多少？分子量大约是多少？已知三个碱基编码一个氨基酸，氨基酸残基平均分子量为 120，一对核苷酸残基的平均分子量为 640。

2. λ 噬菌体的 DNA 长 17μm，其变种的 DNA 长 15μm，求变种 DNA 失去了多少对碱基？

第五章
酶 >>>

生物体内的物质不断变化更新，需要依靠化学反应实现。这些反应高效、快速，且不同的反应紧密相接，完成物质的分解和合成代谢，进而满足生物体的生命活动需要。生物体内的化学反应几乎都是在酶（enzyme）的催化下进行的。酶是生物体内的一类生物催化剂，在温和的条件下催化生物体内的化学反应，使机体生理活动能够正常进行。

第一节 概述

一、酶的概念

酶是一类具有高效率、高度专一性、活性可调节的生物催化剂（biocatalyst）。在生物化学中，常把酶催化的生物化学反应称为酶促反应（enzymatic reaction），在酶的催化下发生化学变化的物质称为底物（substrate），反应后生成的物质称为产物（product）。

二、酶的化学本质

绝大多数酶是蛋白质，少数是 RNA（也称为核酶）。酶是蛋白质的主要依据是：酶被酸、碱和蛋白酶水解后的最终产物是氨基酸；酶是两性电解质，在水溶液中，可以进行两性解离，有各自特定的等电点；酶的分子量很大，其水溶液具有亲水胶体的性质；酶分子具有特定的空间结构，凡能使蛋白质变性的因素都可使酶变性；酶能发生蛋白质的颜色反应。

三、酶的催化特性

1. 酶与一般催化剂的相同点

① 都能够改变化学反应速率，但不改变化学反应平衡，只能加速达到平衡点，不能改变平衡点，且催化剂本身在反应前后无变化。

② 都能稳定底物形成的过渡状态，降低反应的活化能（活化能是指在一定的温度下，1mol 分子全部进入活化态所需要的自由能），从而加速反应的进行，图 5-1 是非酶促反应和酶促反应活化能的对比。图 5-1 中 E_1 表示非酶促反应的活化能，E_2 表示酶促反应的活化能，可以看出酶可以显著降低反应的活化能。

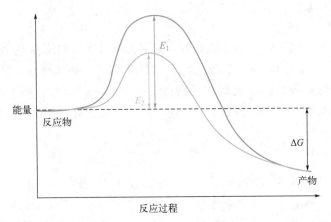

图 5-1 酶对反应活化能的影响

③ 只能催化能发生的反应，改变化学反应的途径，使反应通过一条活化能较低的途径进行。

2. 酶作为生物催化剂的特性

① 酶具有高效性　酶催化下可使反应速率提高 $10^6 \sim 10^{13}$ 倍。如磷酸丙糖异构酶能催化 3-磷酸甘油醛和磷酸二羟丙酮之间的异构反应，酶催化反应速率是非催化反应速率的 10^9 倍。生物体内的大多数反应在没有酶的情况下几乎不能进行，而酶的存在可以使这些反应在很短的时间内发生。

② 酶具有高度专一性　又称为特异性（specificity），是指酶在催化生化反应时对底物的选择性，一种酶大多只能作用于一种或一类物质。酶催化专一性是酶与一般的化学催化剂的主要区别之一。根据酶对底物选择的严格程度不同，酶的专一性可以分为：绝对专一性（只能催化一种底物如淀粉酶、脲酶等）和相对专一性（催化具有类似化学键或基团的物质如酯酶催化酯的水解，对于酯两端的基团没有严格的要求）。立体异构专一性指底物有立体异构，一种酶只对一种立体异构体起催化作用，包含：旋光异构专一性（L-氨基酸氧化酶只能催化 L-氨基酸氧化）和几何异构专一性（延胡索酸水合酶只能催化延胡索酸即反-丁烯二酸水合生成苹果酸）。

③ 酶易失活　凡能使蛋白质变性的因素如强酸、强碱、高温等条件都能使酶结构破坏而完全失去活性，因此酶需要在温和的条件下发挥作用。

④ 酶的活性受到调节和控制　细胞内酶活性的调节和控制有多种方法，如：酶浓度的调节，通过诱导或抑制酶的合成（或降解），控制反应是否发生；酶活性的调节，通过抑制剂和激活剂对酶活性进行调节，控制酶催化反应效率；还可以通过激素调节酶的活性，机体通过激素与细胞膜或受体结合，对酶的活性进行调节；此外还有其他调节方式，如变构调节、酶原激活、酶的可逆共价修饰以及同工酶的调节等。

四、酶的命名

迄今发现的酶多达数千种，为了使用和研究方便，需要对酶进行统一的命名和分类。酶的命名方法有两种，一种是习惯命名法，另一种是系统命名法。

1. 习惯命名法

习惯命名法主要根据酶作用的底物命名，如催化淀粉水解的酶称为淀粉酶，催化蛋白质水解的酶称为蛋白酶；有的根据酶所催化反应的性质命名，如水解酶、转氨酶、脱氢酶等；有的将上述两个方法结合起来命名如琥珀酸脱氢酶等；有时命名会加上酶的来源如胃蛋白酶、牛胰凝乳蛋白酶等。习惯命名法不够系统，不够准确，有时会出现一酶数名或一名数酶的情况。

2. 系统命名法

1961年国际酶学委员会（Enzyme Commission，EC）推荐了一套新的系统命名方案及分类方法，建议每一种酶应有一个系统名称和一个习惯名称。系统命名法根据酶催化的反应的整体性命名，明确标明酶作用的底物名称、构型及催化反应的性质。反应如有两个底物，则两个底物都写上，并在两个底物之间用"："分开，若底物之一为水，则水可以略去。如丙氨酸：α-酮戊二酸氨基转移酶，催化丙氨酸和α-酮戊二酸发生氨基转移反应生成丙酮酸和谷氨酸。可以看出遵照国际系统命名法的规定对酶命名后，读者可以快速了解该酶所催化的反应。尽管系统命名法科学严谨，但一般情况下只是在鉴别一种酶或者撰写论文时才予以应用，而在绝大多数情况下仍采用习惯命名法。

五、酶的分类

1. 按酶催化的反应类型分类

国际通用的系统分类法是国际生物化学与分子生物学联合会（IUBMB）按酶催化的反应类型将酶分为六大类，即氧化还原酶类、转移酶类、水解酶类、裂解酶类、异构酶类以及合成酶类。这六大类酶的特点和分类原则如下：

（1）氧化还原酶类

氧化还原酶（oxido-reductase）催化底物发生氧化还原反应，主要包括氧化酶（oxidase）和脱氢酶（dehydrogenase）。有机反应中，通常将脱氢加氧视为氧化，加氢脱氧视为还原。式（1）、式（2）表示氧化酶催化的反应通式，式（3）表示脱氢酶催化的反应通式。

$$AH_2 + O_2 = A + H_2O_2 \tag{1}$$
$$2AH_2 + O_2 = 2A + 2H_2O \tag{2}$$
$$AH_2 + B = A + BH_2 \tag{3}$$

式中，AH_2表示底物，O_2、B为受氢体，氧化酶催化反应时，反应物脱下的氢不经载体传递，直接与氧结合生成过氧化氢或水；脱氢酶催化反应时，底物脱下的氢需要经过一系列载体的传递才能与受氢体结合。

（2）转移酶类

转移酶（transferase）能催化一个底物上的原子或基团转移到另一个底物上，由转移酶催化的反应通式可以表示为：

$$A\text{-}X + B = A + B\text{-}X$$

（3）水解酶类

水解酶（hydrolase）是催化底物发生水解的酶，多为胞外酶，在生物体内分布最广，数量最多，常见的有淀粉酶、磷酸酯酶、脂肪酶、蛋白酶等。这类酶催化的反应通式可以表示为：

$$A\text{-}B + HOH \Longrightarrow AOH + BH$$

（4）裂合酶类

裂合酶（lyase）又称裂解酶，能催化底物裂解为几种化合物，这类酶催化的反应多数是可逆的，常见的裂解酶有脱水酶、脱氨酶、脱羧酶、醛缩酶等。此类酶催化的反应通式为：

$$A\text{-}B \Longrightarrow A + B$$

（5）异构酶类

异构酶（isomerase）能催化同分异构体相互转化，即使分子内部基团重新排列，形成新的几何异构体或旋光异构体，常见的异构酶有消旋酶、差向异构酶、顺反异构酶等。此类酶催化的反应通式为：

$$A \Longrightarrow B$$

（6）合成酶类

合成酶（synthetase or ligase）又称连接酶，能催化两种物质合成一种新物质，这类反应在热力学上不能够自发进行，一般伴随着 ATP 的分解供能，常见的合成酶有丙酮酸羧化酶、谷氨酰胺合成酶等。此类酶催化的反应通式为：

$$A + B + ATP \Longrightarrow A\text{-}B + ADP + Pi \quad 或 \quad A + B + ATP \Longrightarrow A\text{-}B + AMP + PPi$$

反应式中的 Pi、PPi 分别表示无机磷酸与焦磷酸。

系统编号是根据上述分类，对每一种酶进行了编号，每种酶由 4 组数字组成，数字之间用 "." 隔开，编号前冠以 EC。第一个数为酶的大类，分别用阿拉伯数字 1、2、3、4、5、6 表示；再根据底物中被作用的基团或键的特点分亚类（用第二个数表示），每个亚类又可分为若干个亚亚类（用第三个数表示），每一个亚类和亚亚类仍采用 1、2、3、4…编号；最后一个数表示酶在亚亚类中的排号。如乙醇脱氢酶的编号为 EC 1.1.1.1，乳酸脱氢酶编号为 EC 1.1.1.27。这两个酶中第一个数字 "1" 表示它们属于氧化还原酶类，第二个数字 "1" 表示酶作用于底物的羟基，第三个数字 "1" 表示酶脱下的氢以 NAD^+ 或 $NADP^+$ 作为受体，第四个数字表示乙醇脱氢酶在亚亚类中是第 1 个，乳酸脱氢酶在亚亚类中是第 27 个。

这种分类法能较为清楚地展示酶催化底物的反应类型，但忽略了酶的物种差异和组织差异。如超氧化物歧化酶（SOD）有三类，但只有一个酶编号 EC 1.15.1.1（第二个数字 "15" 表示 SOD 作用于底物中的超氧离子或基团）。SOD 能催化以下反应：

$$2O_2^- + 2H^+ \longrightarrow H_2O_2 + O_2$$

其中 Cu/Zn-SOD 主要存在于真核生物细胞质中，但牛红细胞与猪红细胞的 Cu/Zn-SOD 一级结构也有很大不同；Mn-SOD 主要存在于真核生物和原核生物线粒体中；Fe-SOD 主要存在于原核细胞中。所以在讨论一个具体的酶时，应对它的来源、名称和编号一并加以说明。

2. 根据酶蛋白的化学组成分类

按酶蛋白的化学组成可以将酶分为单纯酶类（simple enzyme）和缀合酶类（conjugated enzyme）。单纯酶类仅由蛋白质组成，如脲酶、溶菌酶、淀粉酶、脂肪酶、核糖核酸酶等。缀合酶类又称全酶或结合酶，由脱辅基酶（酶蛋白）和辅因子组成，前者是全酶中的蛋白质部分，决定酶的专一性；后者是全酶中的非蛋白质部分，如金属离子和有机化合物等，决定酶促反应的类型和反应的性质。二者只有结合成全酶才具有催化活性。辅因子可以分为辅酶（coenzyme）和辅基（prosthetic group），其中辅酶与酶蛋白结合较松，能用透析法除去辅酶；辅基与酶蛋白结合较紧，不能用透析法除去。

3. 根据酶蛋白分子的特点分类

根据酶蛋白分子的特点可以分为单体酶、寡聚酶和多酶复合体。单体酶是由一条或多条肽链组成的酶分子，如牛胰核糖核酸酶是由 124 个氨基酸构成的单链，鸡卵清溶菌酶是由 129 个氨基酸构成的单链，胰凝乳蛋白酶是由三条肽链构成的酶分子，肽链间通过二硫键连接。寡聚酶是由两个或两个以上亚基组成的酶，寡聚酶中的亚基可以是相同的，如苹果酸脱氢酶，也可以是不同的，如琥珀酸脱氢酶。大多数寡聚酶含偶数个亚基，个别为奇数，其间以非共价键结合。相当数量的寡聚酶是调节酶，大多数寡聚酶是胞内酶，而胞外酶一般是单体酶。多酶复合体是由两个或两个以上的酶，靠非共价键结合而成，每个酶催化一个反应，构成一个代谢途径或代谢途径的一部分。如丙酮酸脱氢酶复合体（也称丙酮酸脱氢酶系）是由丙酮酸脱氢酶（E_1）、二氢硫辛酸转乙酰基酶（E_2）、二氢硫辛酸脱氢酶（E_3）三种酶组成，复合体内含有 12 个 E_1、24 个 E_2 和 6 个 E_3，总分子量为 4.6×10^6。

第二节　酶催化的作用机理

酶催化效率高，对底物有选择性，能在温和条件下有效地降低反应活化能，催化反应进行。为什么酶具有这样的催化特点，需要进一步了解酶催化的作用机理。

一、酶的活性中心

1. 酶活性中心的概念

酶的活性中心是指结合底物并将底物转化为产物的区域，通常是一级结构上相隔很远的氨基酸残基形成的三维实体，与酶的催化功能直接相关。活性中心包括结合部位（binding site）和催化部位（catalytic site）两部分。结合部位是酶与底物结合的部位或区域，决定酶的专一性；催化部位是酶分子中促使底物发生化学变化的部位，决定酶所催化反应的性质。

2. 酶活性中心的组成和特点

酶蛋白的组成（图 5-2）包括非必需残基和必需残基，前者也称为非贡献残基，它们不影响酶活性的发挥，可能在免疫、体内的运输转移、防止蛋白酶降解方面发挥作用；后者是与酶催化活性直接相关的氨基酸残基，包括活性中心外的结构残基和活性中心内的接触残基、辅助残基。其中结构残基能维持酶分子三维构象，与酶活性相关，但不在酶活性中心范围内，属于酶活性中心以外的必需残基；辅助残基既不直接与底物接触，也不催化化学反应，但能促进酶与底物结合；接触残基是直接与底物接触的氨基酸残基，是活性中心的主要必需残基，包括能与底物结合的结合基团以及直接作用于底物化学键、催化底物反应的催化基团。

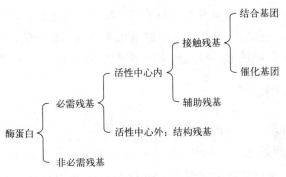

图 5-2　酶蛋白组成

酶活性中心的特点有：①酶的活性中心只占酶分子总体积的很小一部分，往往只占整个酶分子体积的 1%～2%；②酶的活性中心具有三维空间结构，活性中心的氨基酸残基在一级结构上可能相隔较远，通过肽链的盘绕、折叠后在空间上相互靠近，形成三维空间结构，若空间结构被破坏，酶会失活；③酶的活性中心位于酶分子表面的一个裂隙内，底物分子结合到裂隙处发生催化作用，这是因为裂隙处是疏水环境，能提高酶与底物结合的能力；④相较于整个酶分子，酶的活性中心具有柔性和可运动性，活性中心并非与底物的形状正好互补，酶在与底物结合过程中酶分子和底物分子的结构都发生一定变化，形成互补结构。

二、酶作用专一性的机制

一种酶只能催化一种底物发生反应，酶对底物的选择具有专一性，为了解释这种专一性机制，人们提出了很多假说。

1. 锁钥学说

锁钥学说（lock-and-key theory，lock-key hypothesis）认为酶分子的天然构象是完整无缺的，酶表面具有特定形状，只有特定的化合物才能契合上，即酶与底物表面结构的特定部位是形状互补的，且一种酶只能结合一种底物。底物分子或其一部分像钥匙一样，专一地插入酶活性中心，通过多个结合位点的结合，形成酶-底物复合物（图 5-3）。酶活性中心的催化基团正好对准底物的有关敏感键，进行催化反应。锁钥模型较好地解释了立体异构专一性，但不能解释可逆反应。

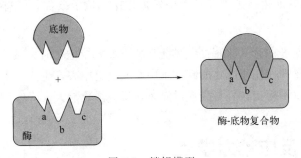

图 5-3　锁钥模型

2. 诱导契合学说

诱导契合学说（induced fit theory，induced-fit hypothesis）认为酶分子与底物分子接近

时，酶蛋白受底物分子诱导，构象发生有利于与底物结合的变化，酶与底物在此基础上互补契合。当酶的形状发生变化后，就使得其中的催化基团形成正确的排列。诱导契合学说认为酶活性中心的构象变化是可逆的，酶与底物作用完成后，酶会复原，产物从酶表面脱落。

三、决定酶高效率的机制

酶比一般催化剂有更高的催化效率，机制与以下因素有关。

1. 邻近效应和定向效应

邻近效应是指酶与底物形成中间复合物（ES）后使底物之间、酶的催化基团与底物之间相互靠近，提高了反应基团的有效浓度。定向效应是指由于酶的构象改变作用，底物的反应基团之间、酶与底物的反应基团之间正确取向的效应。邻近效应与定向效应对反应速率的影响主要体现在：酶将底物分子从溶液中富集出来，使它们固定在活性中心附近，反应基团相互邻近，同时使反应基团的分子轨道以正确的方位相互交叠，使分子间反应变为分子内反应，反应更容易发生。

2. "张力"和"变形"

酶活性中心的结构有一种可适应性，当底物与酶活性中心结合时，能诱导酶蛋白的形状发生一定变化，使得其中催化基团与结合基团形成正确的排列，与此同时，变化的酶分子又使底物分子的敏感键产生"张力"，甚至产生"形变"，从而促进酶-底物络合物进入过渡态，降低了反应活化能，加速了酶促反应。本质上就是酶与底物诱导契合的动态过程。

3. 酸碱催化

酸碱催化是通过瞬时的向反应物提供质子或从反应物接受质子，从而稳定过渡态，加速反应的一种催化机制。酸碱催化剂是催化有机反应的最普遍、最有效的催化剂。狭义的酸碱催化是在水溶液中通过 H^+ 或 OH^- 对化学反应表现出的催化作用。但由于细胞内的环境接近中性，H^+ 和 OH^- 的浓度都很低，因此，在生物体内进行的酶促反应，H^+ 和 OH^- 的催化直接作用比较有限。广义的酸碱催化是质子受体与质子供体的催化，酸定义为质子的供体，碱定义为质子的受体，发生在细胞内的许多反应都是受广义酸碱催化的。酶中组氨酸的咪唑基是催化中最活泼的一个功能基团，其 pK 值为 6，在生理条件下咪唑基在酶促反应中既可以作为质子受体，也能作为质子供体参加催化反应。组氨酸是很多酶活性中心的组成部分，这就为广义的酸碱催化在近中性环境中发挥作用创造了条件，具有重要意义。

4. 共价催化

一些酶通过共价催化的形式来提高其催化反应的速率，催化时，亲核催化剂或亲电子催化剂分别放出或吸收电子并作用于底物的缺电子中心或负电中心，生成一个活性很高的共价型的中间产物，此中间产物不稳定，容易变成过渡态，反应活化能大大降低，反应速率明显加快。

第三节　酶促反应动力学

酶促反应动力学是研究酶促反应速率及其影响因素的科学。研究酶促反应速率不仅可以阐明酶本身的性质，而且对了解生物体内的新陈代谢，对酶种类的识别和鉴定，研究酶在体外的最佳反应条件，最大限度地发挥酶反应的高效性都具有重要意义。

一、化学动力学基础

化学动力学主要研究反应进行的速率和反应机理，探究某一化学变化所需的时间和具体过程的规律。通过化学动力学的研究，阐明化学反应的机制，使我们能了解反应的具体过程和途径。

1. 反应速率及其测定

化学反应速率的测定有两种方法：可以测定单位时间内底物的减少量，也可以测定单位时间内产物的增加量。但在实际测定中，产物从无到有，变化更为明显，所以多用产物浓度的增加量作为反应速率的量度。酶促反应速率与反应进行的时间有关。

2. 反应速率与反应浓度的关系

化学反应动力学中研究化学反应速率与反应物浓度的关系时，有两种分类方法。

（1）按反应分子数分

与化学反应一样，生物化学反应中真正发生反应的底物数目称为反应分子数，只有一个反应物参加的反应称为单分子反应，有两个反应物参加的反应称为双分子反应，以此类推。式（1）、式（2）分别为单分子反应和双分子反应的速率方程：

$$v = kc \tag{1}$$

$$v = kc_1c_2 \tag{2}$$

式中，v 表示反应速率；k 表示反应速率常数；c 表示反应物浓度；c_1、c_2 分别表示两种反应物浓度。

（2）按反应级数分

对于特定的化学反应，反应级数是速率方程中各浓度项的幂次之和（指数的代数和），由化学反应机理决定，有零级反应、一级反应、二级反应和三级反应等。零级反应的反应速率与反应物浓度无关，已知的零级反应中最多的是表面催化反应；一级反应的反应速率与反应物浓度的一次方成正比，能以单分子反应的速率方程式表示；二级反应的反应速率与反应物浓度的二次方或两种物质浓度的乘积成正比，能以双分子反应的速率方程式表示；三级反应的反应速率与物质浓度的三次方成正比。

在用蔗糖酶水解蔗糖的实验中，固定蔗糖酶浓度，不断增加蔗糖浓度，发现开始时反应速率与底物浓度成正比，表现为一级反应特征，随着反应的进行，表现为混合级反应特征。当底物浓度达到一定值时，反应速率达到最大值（v_{max}），此时再增加底物浓度，反应速率不再增加，此时出现了酶的底物饱和现象，表现为零级反应特征。蔗糖水解过程中反应速率变化曲线如图 5-4 所示。

二、底物浓度对酶促反应速率的影响

确定底物浓度与酶促反应速率之间的关系（图 5-4），是酶促反应动力学的重要内容。大多时候底物浓度对酶促反应速率的影响是非线性的，根据这一现象 Victor Henri 提出了酶底物中间络合物学说。该学说认为酶（E）与底物（S）先络合形成一个中间产物（ES），然后

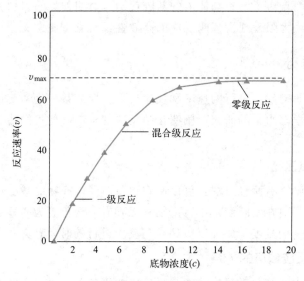

图 5-4　蔗糖水解过程中反应速率变化曲线

中间产物进一步分解成产物（P）和游离的酶。反应式如下：

$$E+S\Longrightarrow ES\longrightarrow P+E$$

1913 年 Leonor Michaelis 和 Maud Menten 提出了 Michaelis-Menten 方程，也称米氏方程（见下式），反映了底物浓度与酶促反应速率之间的定量关系。

$$v=\frac{v_{\max}[S]}{K_m+[S]}$$

式中，$v_{\max}$ 为最大反应速率；$[S]$ 为底物浓度；K_m 为米氏常数（Michaelis constant）；v 为不同底物浓度下的反应速率。

1. 米氏方程的推导

米氏方程的推导基于快速平衡假说，典型的单底物酶促反应式如下：

$$E+S\underset{k_2}{\overset{k_1}{\Longrightarrow}}ES\overset{k_3}{\longrightarrow}P+E$$

式中，k_1、k_2、k_3 分别为相关反应的速率常数。

① 反应初始阶段 $[S]\gg[E]$，因此 $[S]$ 可以认为是不变的，$E+S\longrightarrow ES$ 不会明显降低 $[S]$，可以认为 $[S]$ 不变。

② 测定的速率是反应的初速率，初始时 $[P]$ 很小，所以可以不考虑 $E+P$ 逆向生成 ES，即 $ES\longrightarrow P+E$ 的反应是不可逆的。

③ 游离的酶与底物形成 ES 的速率极快（快速平衡），而 ES 形成产物的速率极慢，故 $[ES]$ 的动态平衡与 $ES\longrightarrow P+E$ 没有关系（即 k_1、$k_2\gg k_3$）。

ES 的生成速率：　　　$v_1=k_1[E][S]=k_1([E_0]-[ES])[S]$

ES 的分解速率：　　　　　　$v_2=k_2[ES]$

动态平衡时 ES 的生成速率和分解速率相等，联立上两式得：

$$[ES]=\frac{k_1[E_0][S]}{k_2+k_1[S]}$$

酶促反应初速率与［ES］成正比，所以：$v = k_3[ES] = \dfrac{k_3[E_0][S]}{\dfrac{k_2}{k_1} + [S]}$

令 $K_S = \dfrac{k_2}{k_1}$，则米氏方程可得：$\qquad v = \dfrac{v_{\max}[S]}{K_S + [S]}$

式中，K_S 是快速平衡条件下的解离常数，也称底物常数，只反映 ES 的解离趋势。

1925 年，Briggs 和 Haldane 又提出了稳态理论。所谓"稳态"是指 ES 的生成速率与分解速率相等、ES 的浓度保持不变的反应状态，此时［ES］的动态平衡不仅与 $E+S \longrightarrow ES$ 有关，还与 $ES \longrightarrow P+E$ 有关。在稳态理论基础上推导米氏方程的过程如下：

$$E+S \underset{k_2}{\overset{k_1}{\rightleftharpoons}} ES \underset{k_4}{\overset{k_3}{\rightleftharpoons}} P+E$$

式中，k_1、k_2、k_3、k_4 分别为相关反应的速率常数。由于反应初始阶段产物 P 的量很少，所以 k_4 也很小，可忽略不计。

ES 的生成速率：$\qquad v_1 = k_1([E_0] - [ES])[S]$

ES 的分解速率：$\qquad v_2 = k_2[ES] + k_3[ES]$

ES 的生成速率和分解速率相等时联立上式得：

$$k_1([E_0] - [ES])[S] = k_2[ES] + k_3[ES]$$

移项：$\qquad [ES] = \dfrac{[E_0][S]}{\dfrac{k_2 + k_3}{k_1} + [S]}$

令 $K_m = \dfrac{k_2 + k_3}{k_1}$，则：

$$[ES] = \dfrac{[E_0][S]}{K_m + [S]}$$

酶促反应初速率与［ES］成正比，所以 $v = k_3[ES] = \dfrac{k_3[E][S]}{K_m + [S]}$。

当反应体系中所有酶都和底物结合形成 ES 时，反应速率达到最大即 $v_{\max}$，这时 $[E_0] = [ES]$，即：

$$v_{\max} = k_3[E_0]$$

代入，最终得到米氏方程：$\qquad v = \dfrac{v_{\max}[S]}{K_m + [S]}$

其中：$\qquad K_m = \dfrac{k_2 + k_3}{k_1} = \dfrac{k_2}{k_1} + \dfrac{k_3}{k_1} = K_S + \dfrac{k_3}{k_1}$

当 K_m（米氏常数）及 $v_{\max}$ 已知时，根据米氏方程可确定发生酶促反应时，反应速率与底物浓度的关系。如果已知某个酶的 K_m，即可算出某一［S］时，其反应速率相当于 $v_{\max}$ 的百分率，因此可以利用米氏方程寻求酶反应中［S］的合理性。例如，当 $[S] = K_m$ 时，$v = 50\% v_{\max}$；$[S] = 9K_m$ 时，$v = 90\% v_{\max}$；$[S] = 99K_m$ 时，$v = 99\% v_{\max}$；$[S] = 1000K_m$ 时，$v \approx 100\% v_{\max}$。可以看出［S］从 $9K_m$ 提升至 $1000K_m$，反应速率只提升了约 10%，因此不需要投加过多底物，从而指导减少底物的浪费。

酶活性部位被底物饱和的百分数可以用 f_{ES} 表示，可通过米氏方程变形来计算：

$$f_{ES} = \frac{v}{v_{max}} = \frac{[S]}{K_m + [S]}$$

2. K_m 的意义

① 当 $v = 1/2 v_{max}$ 时，代入方程，化简得 $K_m = [S]$。即 K_m 表示酶促反应速率达到最大反应速率一半时的底物浓度。因此 K_m 的单位是浓度单位（mol/L 或 mmol/L）。

② K_m 为酶的特征常数，与酶浓度无关，一般只与酶的性质、底物种类及反应条件有关。不同的酶 K_m 值不同，酶有几种底物就有几个 K_m 值。K_m 最小的底物为该酶的最适底物或天然底物。因为 K_m 愈小，达到 v_{max} 一半所需的底物浓度愈低，表示 v 对底物浓度的变化越灵敏。

③ 根据 K_m 可以推测代谢的方向及程度：如根据正、逆反应 K_m 的差别及细胞内正、逆两相底物的浓度推测酶促反应的正、逆反应的效率，这对了解酶在细胞内的催化方向和生理功能具有重要意义。

④ 一种物质在体内的代谢途径不唯一时，可以通过代谢分支处酶的 K_m 推测该物质的代谢走向。

3. K_m 的测定

常用 Lineweaver-Burk 双倒数作图法求 K_m 和 v_{max}，将米氏方程变换为双倒数方程：

$$\frac{1}{v} = \frac{K_m + [S]}{v_{max}[S]} = \frac{K_m}{v_{max}[S]} + \frac{1}{v_{max}}$$

以 $\frac{1}{v}$ 对 $\frac{1}{[S]}$ 作图得到一条直线，如图 5-5 所示。直线的斜率为 $\frac{K_m}{v_{max}}$，纵轴的截距为 $\frac{1}{v_{max}}$，横轴的截距是 $-\frac{1}{K_m}$，即可求得 v_{max} 和 K_m。

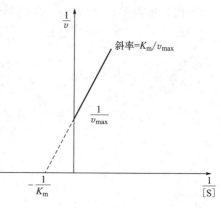

图 5-5　双倒数作图法求 K_m 和 v_{max}

三、酶的浓度对酶促反应速率的影响

当酶促反应体系的温度、pH 等条件不变时，若 $[S] \gg [E]$ 时，v 与 $[E]$ 成正比（图 5-6）。底物过量时，酶的数量越多，生成的中间产物 $[ES]$ 越多，反应速率越快。酶促反应的这种性质是酶活力测定的基础之一。

四、温度对酶促反应速率的影响

同其他大多数化学反应一样，酶促反应受温度影响较大。若在不同温度条件下进行某种酶促反应，然后将测得的反应速率对温度作图，可以得到如图 5-7 的曲线。温度升高，活化分子数增多，反应速率加快，温度继续升高，酶失活，反应速率降低。

在较低的温度范围内，酶促反应速率随温度升高而增大，但超过一定温度后，反应速率反而下降，这个温度通常称为酶促反应的最适温度（optimum temperature）。动物体内酶的最适温度一般为 35～40℃，植物体内酶的最适温度一般为 40～50℃。最适温度不是酶的特征常数，它与底物种类、作用时间、pH、离子强度等因素有关。

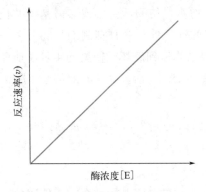

图 5-6　反应速率与酶浓度的关系

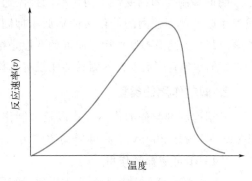

图 5-7　反应速率与温度的关系

五、 pH 对酶促反应速率的影响

　　大多数酶的活性受 pH 影响较大，pH 对酶活性的影响如图 5-8 所示。酶能表现最大活力时的 pH，称为酶的最适 pH。高于或低于酶的最适 pH，酶活力下降，反应速率降低。

　　pH 对酶反应速率的影响主要原因有两个：一是 pH 过高或过低影响酶活性中心的构象，甚至会改变整个酶蛋白的空间结构，使酶失活；二是 pH 会影响酶和底物解离的状态，关系到 ES 中间产物的生成，进而影响酶促反应的反应速率，pH 对不同的酶和底物的影响不同。

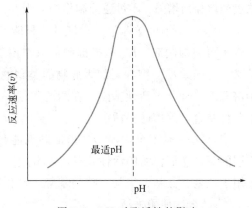

图 5-8　pH 对酶活性的影响

六、激活剂对酶促反应速率的影响

　　凡是能提高酶活性，加速酶促反应的进行，提高酶促反应速率的物质均称为激活剂或活化剂（activator）。激活剂按分子大小分，主要有三类：无机离子如 K^+、Na^+、Mg^{2+}、Zn^{2+}、Fe^{2+}、Ca^{2+}、Cl^-、Br^-、PO_4^{3-}、H^+ 等；中小分子有机物如巯基乙醇、半胱氨酸、还原型谷胱甘肽等；以及具有蛋白质性质的大分子物质。

　　不同的离子可以激活不同的酶，如 Mg^{2+} 是多种激酶和合成酶的激活剂，Zn^{2+} 可以作为羧肽酶的激活剂，Cl^- 可以作为唾液淀粉酶的激活剂。金属离子可以作为酶的辅因子或作为辅酶和酶蛋白之间关系的桥梁，从而发挥激活剂的作用。半胱氨酸对含有巯基的酶有激活作用。蛋白质类的激活剂可对无活性的酶原起激活作用，使其变为有活性的酶。激活剂的浓度要适中，浓度过高往往对酶活性有抑制作用。

七、抑制剂对酶促反应速率的影响

1. 抑制作用的概念

　　能使酶活性降低甚至失活的作用称为抑制作用（inhibition）。能与酶可逆或不可逆结合，而使酶的催化活性下降而不引起酶蛋白变性的物质称为抑制剂（inhibitor）。

酶的抑制与酶的变性不同，酶的抑制通常指一些化学物质，使酶活中心或必需基团的性质发生改变，而使酶的催化活性降低；抑制剂对酶有一定的选择性，一种抑制剂只能对某一类酶或某几类酶有抑制作用。而酶的变性是指因酶蛋白高级结构遭到破坏，使酶的生理功能完全丧失的现象；引起变性的因素对酶没有选择性，如高温使酶变性失活，对所有酶都起作用。

2. 抑制作用的类型

根据抑制剂与酶的作用方式以及抑制作用是否可逆，可将抑制作用分为不可逆抑制作用（irreversible inhibition）和可逆抑制作用（reversible inhibition）。

（1）不可逆抑制作用

不可逆抑制作用是指抑制剂常以比较牢固的共价键与酶蛋白的必需基团结合，而使酶分子失活的现象。不能通过透析、超滤等物理方法除去抑制剂使酶恢复活性，抑制作用随着抑制剂浓度的增加而增强。不可逆抑制作用分为专一性不可逆抑制作用和非专一性不可逆抑制作用。

① 专一性不可逆抑制　指抑制剂只能专一地与特定基团结合，包括 K_s 型和 K_{cat} 型专一性不可逆抑制剂。K_s 型指抑制剂只作用于酶分子中一种氨基酸残基，该氨基酸残基是酶的必需基团；K_{cat} 型抑制剂为底物的类似物，能与酶结合发生类似底物的变化，但其结构中潜藏着一种化学活性基团，在酶的作用下，潜在的化学活性基团被激活，与酶活性中心发生共价结合，酶因此失活。

② 非专一性不可逆抑制　指抑制剂能与酶分子上一类或几类基团结合，或作用于几类不同的酶，从而使酶的活性丧失。如烷化试剂（如碘乙酸、碘乙酰胺、2,4-二硝基氟苯等）作用于巯基、氨基、羧基、咪唑基等，氰化物、硫化物和一氧化碳可以与细胞色素氧化酶中的 Fe^{3+} 结合，使酶失活。

（2）可逆的抑制作用

这类抑制剂与酶蛋白的结合是可逆的，可用透析、超滤等物理方法除去抑制剂而恢复酶活性。可逆抑制作用又分为竞争性抑制作用（competitive inhibition）、非竞争性抑制作用（noncompetitive inhibition）和反竞争性抑制作用（uncompetitive inhibition）。

① 竞争性抑制作用　抑制剂与底物竞争性地与酶结合，从而阻止酶与底物的结合，降低酶的活性。大多数竞争性抑制剂与底物结构类似，抑制程度取决于底物及抑制剂的相对浓度，增加底物浓度可解除此种抑制。竞争性抑制过程如图 5-9 所示。

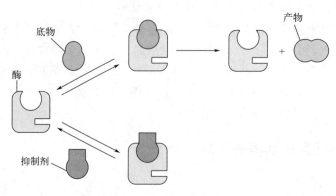

图 5-9　竞争性抑制过程

例如丙二酸或戊二酸是琥珀酸的结构类似物（见下图），能与琥珀酸竞争结合琥珀酸脱氢酶，但琥珀酸脱氢酶不能催化丙二酸或戊二酸的脱氢反应，酶促反应速率降低，发生竞争性抑制，丙二酸或戊二酸就称为琥珀酸脱氢酶的竞争性抑制剂。

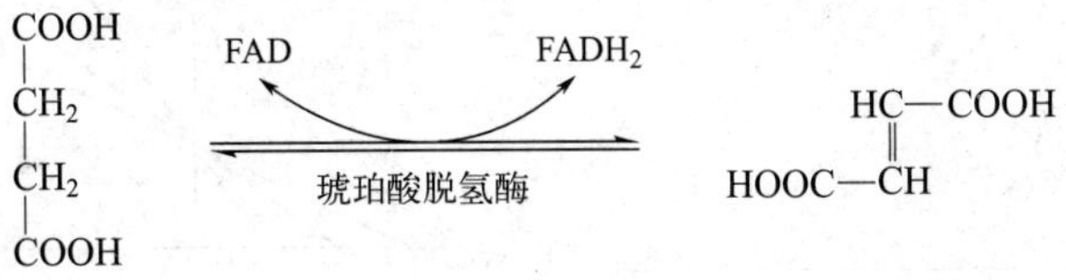

琥珀酸　　　　延胡索酸

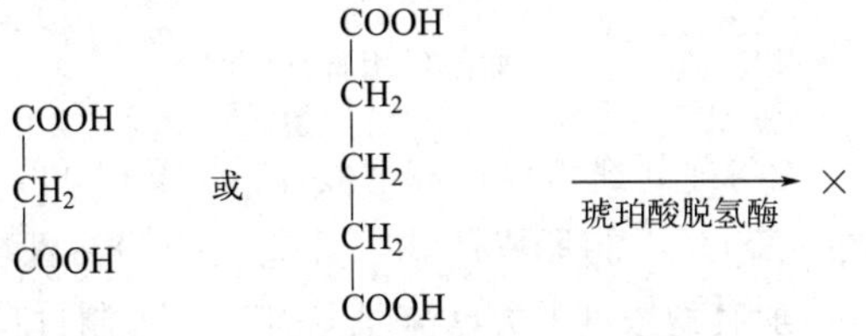

丙二酸　　戊二酸

在竞争性抑制过程中，底物、抑制剂和酶的结合过程都是可逆的，反应过程如下：

$$\begin{array}{l} E + S \longleftrightarrow ES \longrightarrow E + P \\ + \\ I \\ \Updownarrow \\ EI \end{array}$$

竞争结果取决于 S 和 I 的相对浓度，当［S］≫［I］时，E 与 S 结合；当［I］≫［S］时，E 与 I 结合，所以通过增加底物浓度可消除竞争性抑制作用。按照推导米氏方程的方法可推导出竞争性抑制作用的速率方程如下：

$$v = \frac{v_{max}[S]}{K_m\left(1 + \frac{[I]}{K_i}\right) + [S]}$$

式中，K_i 为抑制常数。

双倒数方程为：

$$\frac{1}{v} = \frac{K_m\left(1 + \frac{[I]}{K_i}\right)}{v_{max}} \frac{1}{[S]} + \frac{1}{v_{max}}$$

竞争性抑制作用的米氏方程和双倒数方程特征曲线（用 $\frac{1}{v}$ 对 $\frac{1}{[S]}$ 作图）如图 5-10 所示。

从图 5-10(a) 中可以看出加入竞争抑制剂后最大反应速率 v_{max} 没有发生变化，但是达到 $\frac{1}{2}v_{max}$ 时所需的底物浓度变大，即 K_m 增大为 K'_m，$K'_m = K_m(1+[I]/K_i)$，K'_m 随着［I］的增大而增大。由图 5-10(b) 可知，加入抑制剂后纵轴截距不变，横轴截距变小，变为 $-\frac{1}{(1+[I]/K_i)K_m}$。双倒数作图直线交于纵轴，斜率随［I］增大而变大。

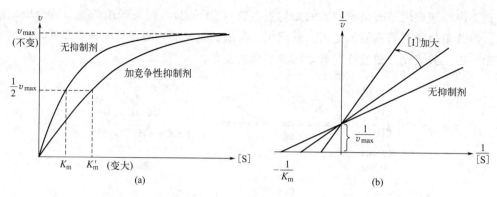

图 5-10 竞争性抑制作用特征曲线

② 非竞争性抑制　酶可以先与抑制剂结合再和底物结合，酶也可以先与底物结合，再与抑制剂结合，但三者的复合物（ESI）不能形成产物。抑制剂与酶活性中心以外的部位结合，其结构与底物无关，不能通过增加底物浓度的办法来消除抑制，抑制过程如图 5-11 所示。

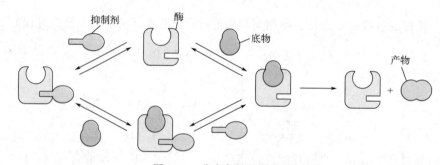

图 5-11　非竞争性抑制过程

在非竞争性抑制中存在下列过程：

$$
\begin{array}{ccc}
E+S & \rightleftharpoons & ES \longrightarrow E+P \\
+ & & + \\
I & & I \\
\Updownarrow & & \Updownarrow \\
EI+S & \rightleftharpoons & ESI
\end{array}
$$

推导后，得到非竞争性抑制作用的速率方程如下：

$$
v = \frac{v_{\max}[\mathrm{S}]}{\left(1+\dfrac{[\mathrm{I}]}{K_{\mathrm{i}}}\right)(K_{\mathrm{m}}+[\mathrm{S}])}
$$

双倒数方程为：

$$
\frac{1}{v} = \frac{K_{\mathrm{m}}}{v_{\max}}\left(1+\frac{[\mathrm{I}]}{K_{\mathrm{i}}}\right)\frac{1}{[\mathrm{S}]} + \frac{1}{v_{\max}}\left(1+\frac{[\mathrm{I}]}{K_{\mathrm{i}}}\right)
$$

非竞争性抑制作用的米氏方程以及双倒数方程特征曲线如图 5-12 所示。从图 5-12（a）中可以看出，在有非竞争性抑制剂存在的情况下，K_{m} 不变，但 $v_{\max}$ 减小为 $v'_{\max}$，$v'_{\max}=v_{\max}/(1+[\mathrm{I}]/K_{\mathrm{i}})$。由图 5-12（b）可知，加入抑制剂后，横轴截距为 $-\dfrac{1}{K_{\mathrm{m}}}$，纵轴截距变

大，变为 $\dfrac{1}{v_{\max}}\left(1+\dfrac{[\mathrm{I}]}{K_{\mathrm{i}}}\right)$。双倒数作图直线相交于横轴，斜率随 [I] 增大而变大。

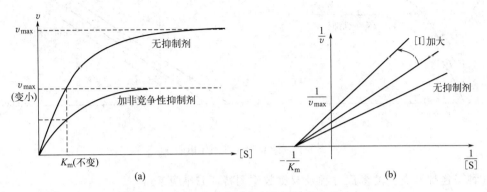

图 5-12 非竞争性抑制作用特征曲线

③ 反竞争性抑制 抑制剂不与游离的酶结合，而只与酶-底物复合物（ES）结合，这可能是由于酶与底物结合后引起构象变化，使抑制剂易于与 ES 复合物结合，E 只有与 S 结合形成 ES 后，才能与 I 结合产生抑制作用。反竞争性抑制过程常见于多底物的酶促反应中，过程如图 5-13 所示。

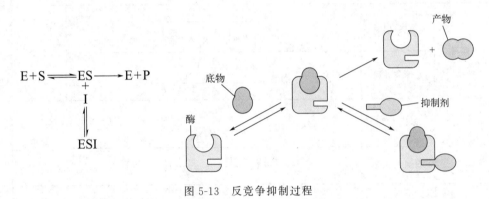

图 5-13 反竞争抑制过程

反竞争性抑制作用的速率方程如下：

$$v=\dfrac{v_{\max}[\mathrm{S}]}{K_{\mathrm{m}}+\left(1+\dfrac{[\mathrm{I}]}{K_{\mathrm{i}}}\right)[\mathrm{S}]}$$

双倒数方程为：

$$\dfrac{1}{v}=\dfrac{K_{\mathrm{m}}}{v_{\max}}\dfrac{1}{[\mathrm{S}]}+\dfrac{1}{v_{\max}}\left(1+\dfrac{[\mathrm{I}]}{K_{\mathrm{i}}}\right)$$

反竞争性抑制作用的米氏方程以及双倒数方程特征曲线如图 5-14 所示。从图 5-14（a）中可以看出加入反竞争性抑制剂后 K_{m} 和 $v_{\max}$ 都减小，$K'_{\mathrm{m}}=K_{\mathrm{m}}/(1+[\mathrm{I}]/K_{\mathrm{i}})$，$v'_{\max}=v_{\max}/(1+[\mathrm{I}]/K_{\mathrm{i}})$。由图 5-14（b）可知，加入反竞争性抑制剂后纵轴的截距变大，变为 $\dfrac{1}{v_{\max}}\left(1+\dfrac{[\mathrm{I}]}{K_{\mathrm{i}}}\right)$，横轴截距也变大，变为 $-\dfrac{1}{K_{\mathrm{m}}}\left(1+\dfrac{[\mathrm{I}]}{K_{\mathrm{i}}}\right)$。反竞争性抑制程度和 [I] 成正比，双倒数作图直线不相交，斜率不变。

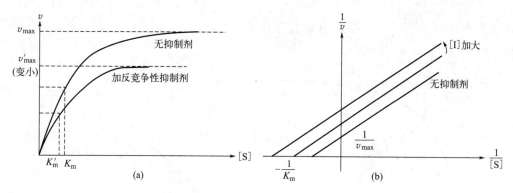

图 5-14　反竞争性抑制作用曲线

3 种可逆抑制类型的米氏方程及双倒数作图特征归纳见表 5-1。

表 5-1　可逆抑制类型比较

抑制类型		速率方程	v_{max}	K_m
无抑制剂	米氏方程	$v = \dfrac{v_{max}[S]}{K_m + [S]}$	v_{max}	K_m
	双倒数方程	$\dfrac{1}{v} = \dfrac{K_m}{v_{max}[S]} + \dfrac{1}{v_{max}}$		
竞争性抑制	米氏方程	$v = \dfrac{v_{max}[S]}{K_m\left(1 + \dfrac{[I]}{K_i}\right) + [S]}$	不变	增大
	双倒数方程	$\dfrac{1}{v} = \dfrac{K_m\left(1 + \dfrac{[I]}{K_i}\right)}{v_{max}}\dfrac{1}{[S]} + \dfrac{1}{v_{max}}$		
非竞争抑制	米氏方程	$v = \dfrac{v_{max}[S]}{\left(1 + \dfrac{[I]}{K_i}\right)(K_m + [S])}$	减小	不变
	双倒数方程	$\dfrac{1}{v} = \dfrac{K_m}{v_{max}}\left(1 + \dfrac{[I]}{K_i}\right)\dfrac{1}{[S]} + \dfrac{1}{v_{max}}\left(1 + \dfrac{[I]}{K_i}\right)$		
反竞争抑制	米氏方程	$v = \dfrac{v_{max}[S]}{K_m + \left(1 + \dfrac{[I]}{K_i}\right)[S]}$	减小	减小
	双倒数方程	$\dfrac{1}{v} = \dfrac{K_m}{v_{max}}\dfrac{1}{[S]} + \dfrac{1}{v_{max}}\left(1 + \dfrac{[I]}{K_i}\right)$		

第四节　变构酶、同工酶和诱导酶

一、变构酶

1. 变构酶的特点

变构酶又称别构酶（allosteric enzyme），是通过改变酶分子构象使酶活性发生相应变化的一种酶。一般由两个或以上的亚基组成，包括活性部位和调节部位。其中活性部位与底物结合，调节部位与调节物（效应物）结合。变构酶一般是酶促系列反应的第一个酶，或处于代谢途径分支上的酶，一般分子量较大，结构更复杂，往往表现出与一般酶不同的性质，如反应动力学不遵循米氏方程。

2. 变构效应

当底物或效应物与酶分子上的相应部位结合后，会引起酶分子构象的改变，从而影响酶的催化活性，这种现象称为酶的变构效应（allosteric effect）。能使酶活性增强的效应物为变构激活剂，使酶活性降低的效应物为变构抑制剂。

变构酶的反应初速率对底物的浓度作图，不符合米氏曲线，图像呈"S"形。例如：氨甲酰磷酸和天冬氨酸（Asp）在天冬氨酸转氨甲酰酶（ATCase）作用下生成氨甲酰天冬氨酸。研究表明底物浓度对 ATCase 具有变构调节作用。若固定一种底物浓度（如氨甲酰磷酸），以反应速率对另一种底物（Asp）浓度作图，得到 S 形曲线。ATP 和 CTP 对 ATCase 的变构调节作用见酶促反应动力学曲线（图 5-15）。ATP 使酶和底物亲和力增强，反应速率加快，起正协同效应；ATP 存在使酶对［Asp］变化敏感区域向低浓度移动，曲线向上凸出。CTP 与

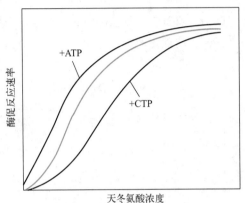

图 5-15　ATP 和 CTP 对 ATCase 变构
调节的反应动力学曲线

ATCase 的调节亚基结合，使酶变成对底物结合力低的构象，亲和力下降，反应速率下降，起负协同效应，使曲线向下弯曲。可以看出只有提高底物浓度，才能使酶发挥有效作用，使［Asp］变化敏感区域向高浓度移动。

二、同工酶

同工酶（isozyme）是指来源相同或不同，分子形式不同，但催化相同反应的酶。同工酶都是由两个或两个以上的肽链聚合而成，它们的分子结构及理化性质存在差异。如乳酸脱氢酶（LDH）是最早发现的一种同工酶，存在于哺乳动物中，有五种 LDH 同工酶有催化反应，但 K_m 不同。LDH 催化的反应通式如下：

$$CH_3CHCOOH + NAD^+ \Longleftrightarrow CH_3CCOOH + NADH + H^+$$
$$\quad\quad | \quad\quad\quad\quad\quad\quad\quad\quad\quad\quad | $$
$$\quad\quad OH \quad\quad\quad\quad\quad\quad\quad\quad\quad O$$

三、诱导酶

诱导酶（inducible enzyme）是细胞中加入特定诱导物后诱导产生的酶，其含量在诱导物存在下显著提高。能诱导诱导酶合成的化合物称为诱导物，诱导物往往为底物本身或类似物。催化淀粉分解为糊精、麦芽糖等的 α-淀粉酶是一种诱导酶，多种微生物都能产生这种酶。细菌中的 β-半乳糖苷酶是个诱导酶，在遇到乳糖（β-半乳糖苷）时即可大量合成，乳糖就是诱导物。

第五节　酶活力的测定及酶的分离纯化

一、酶活力的测定

1. 酶活力

酶活力又称酶活性（enzyme activity），指酶催化一定化学反应的能力。其大小可用在一定条件下，它所催化的某一化学反应的反应速率来表示。酶催化的反应速率越大，酶活力越高。

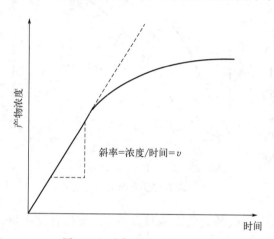

图 5-16　酶促反应速率的变化

斜率=浓度/时间=v

影响酶反应速率的因素都会影响酶活力，用产物浓度对时间作图（图 5-16），可以看出，随着反应的进行，酶活力是降低的。原因是反应过程中底物浓度不断降低，酶的部分失活，产物对酶的反馈抑制以及增加产物浓度引起逆反应速率增加等都会使酶活力降低。所以研究酶促反应速率时，一般以酶促反应的初速率为准，即底物消耗量≤5％时测定的速率。

2. 酶的活力单位

酶活力的大小一般用酶的活力单位表示。一个酶活力单位（U）是指在一定条件下，在一定时间内将一定量的底物转化为产物所需要的酶量。酶活力可以用国际单位（IU）和 Katal（Kat）单位表示。前者是指在最适反应条件下，每分钟催化 $1\mu mol$ 底物转化为产物所需的酶量，$1IU=1\mu mol/min$。后者是在最适反应条件下，每秒钟催化 1mol 底物转化为产物所需的酶量，$1Kat=60\times10^6IU=1mol/s=60mol/min=60\times10^6\mu mol/min=60\times10^7IU$。酶的活力单位是表示酶量的指标，而不是酶反应速率的单位，不能用质量和体积表示酶量。虽然上述两种单位是标准的酶活力单位，但使用起来并不方便，人们经常习惯性采用 g、h 等单位，因此在描述酶的活力单位（U）时需要给出明确的定义。

3. 酶活力的测定

在进行酶活力测定时，应尽量降低不利因素对酶促反应的影响，总的原则是：①反应条件为最适条件，包括最适温度、最适 pH 和最适离子强度；②在反应初速率时进行测定；③底物浓度过量。

酶活力的测定方法有：①分光光度法，利用底物和产物在紫外或可见光部分光吸收的不同，选择适当波长，测定反应过程的进行情况。这种方法较为简便，能节约时间和样品，但灵敏度相对较低。②荧光法，利用底物和产物荧光性质的差别测定酶活力，灵敏度高，但容易受到干扰。③同位素法，利用同位素对底物进行标记，经酶催化后，分离带放射性同位素标记的产物，然后测定产物的脉冲数即可换算出酶活力单位数，这种方法灵敏度最高。此外还有电化学法、氧电极法等。

4. 酶的比活力

酶的比活力（specific activity）是指每毫克蛋白质中含酶的活力单位数，可用 U/mg 表示，有时也用 U/g 或 U/mL 表示。在酶的提取纯化中，酶的总活力降低，比活力升高，比活力越高，酶纯度越高。表 5-2 是某纯化方案中酶的总活力与比活力的变化，可以看出分离纯化的步骤越多，总蛋白质量、酶的总活力越低，损失越多，但酶的比活力越来越高，说明酶的纯度在提高。

表 5-2 某纯化方案中酶的总活力与比活力的变化

步骤	总蛋白质量/mg	总活力/U	比活力/(U/mg)
1	20	6	6/20
2	10	4	4/10
3	5	3	3/5
4	2	2	2/2

二、酶的分离纯化

酶的分离纯化的一般步骤是选材→破碎细胞→酶的抽提→纯化。选酶含量丰富的材料，通过研磨、捣碎、超声波、溶菌酶、化学试剂、冻融等方法破碎细胞，随后用适当的溶剂浸提含有酶的原料，使酶溶解到溶剂中，然后进行离心分离，收集目标酶的组分。酶的初步分离一般采用沉淀法如盐析、调 pH 等方法，除去大量杂质，对酶溶液进行浓缩。然后采用柱色谱和电泳等方法进一步纯化得到酶制剂。提纯后，总蛋白质量减少，总活力减少，比活力增高。分离纯化后的酶需要浓缩、结晶后在 −20℃ 以下进行保存。

判断酶分离纯化方法的优劣有两个指标：一是总活力的回收率；二是比活力提高的倍数（纯化倍数）。由于酶来源的多样性及其结构的复杂性，目前还很难找到一种通用的方法适用于一切酶的纯化。为了使一种酶达到高度纯化，往往需要多种方法协同作用，通过对酶活性的跟踪检测确定最佳流程。

✎ 课后练习

一、填空题

1. 根据国际系统分类法，所有的酶按所催化的化学反应的性质可以分为六大类，即_____、_____、_____、_____、_____和_____。

2. 按国际酶学委员会的规定，每一种酶都有一个唯一的编号。醇脱氢酶的编号是 EC1.1.1.1，EC 代表_____，4 个数字分别代表_____、_____、_____和_____。

3. 全酶由_____和_____组成，在催化反应时，二者所起的作用不同，其中_____决定酶的专一性，_____起传递电子、原子或化学基团的作用。

4. 辅助因子包括_____和_____，其中_____与酶蛋白结合疏松，可用_____除去。

二、判断题

1. 对于可逆反应而言，酶既可以改变正反应速率，也可以改变逆反应速率。（　　）
2. 酶活性中心一般由在一级结构中相邻的若干氨基酸残基组成。（　　）
3. 如果加入足够的底物，即使存在非竞争性抑制剂，酶催化反应也能达到正常的最大反应速率。（　　）
4. 酶分子中形成活性中心的氨基酸残基，往往在一级结构中处于相近的位置。（　　）

三、选择题

1. 丙二酸对琥珀酸脱氢酶的抑制是由于（　　）。
A. 丙二酸在性质上与酶作用的底物相似　B. 丙二酸在结构上与酶作用的底物相似
C. 丙二酸在性质上与酶相似　　　　　　D. 丙二酸在结构上与酶相似
2. 米氏常数（　　）。
A. 随酶浓度的增加而增大　　　　　　　B. 随酶浓度的增加而减小
C. 随底物浓度的增加而增大　　　　　　D. 是酶的特征常数
3. 下列关于酶活性中心的叙述，其中正确的是（　　）。
A. 所有的酶都有活性中心
B. 所有活性中心都含有辅酶
C. 酶分子中的必需残基都位于活性中心内
D. 所有酶的活性中心都含有金属离子
4. 酶的比活力是指（　　）。
A. 以酶的活力作为 1 来表示其他酶的相对活力
B. 每毫升反应物中所含的活力单位
C. 任何两种酶的活力比值
D. 每毫克酶蛋白所含的活力单位数
5. 有关酶催化反应的叙述中，错误的是（　　）。
A. 底物浓度过量和不受限制时，酶催化反应速率与酶的浓度成正比
B. 底物浓度过量时，反应呈零级反应
C. 当底物浓度过低时，反应速率与底物浓度成正比
D. 当底物浓度与酶浓度相等时可达最大反应速率

四、简答题

1. 已知条件：过氧化氢酶的 K_m 为 25mmol/L，底物浓度为 100mmol/L，求与底物结合的过氧化氢酶的百分率。
2. 称取 25mg 酶粉配制成 25mL 溶液，从中取出 0.1mL 酶液，以酪蛋白为底物，用 Folin-酚比色法测定酶活力，得知 1h 产生 1500mmol 酪氨酸。另取 2mL 酶液，用凯氏定氮法测得蛋白氮为 0.2mg。若 1mmol/min 酪氨酸的酶量计为 1 个活力单位，根据以上数据求：
（1）1mL 酶液中所含蛋白的质量及酶的活力单位。
（2）酶粉的比活力为多少？
（3）1g 酶制剂的总蛋白含量及总活力。

第六章
维生素与辅酶 >>>

第一节　概述

维生素（vitamin）是维持生物体正常生理功能的一类不可缺少的物质，它们在机体生长、发育和代谢过程中都发挥着重要作用，如果机体缺少维生素，物质代谢过程会发生障碍。机体必须获得适量的维生素，保证机体的正常代谢，增强抵抗力，防止疾病的发生，缺乏不同的维生素会造成不同的疾病。

一、维生素的概念

维生素是活细胞内维持正常生理功能所必需的，在体内不能合成或合成量很少，必须由食物供给的一组低分子量有机物质。维生素不是能源物质，通常作为酶的辅助因子，在物质代谢中起重要作用，少数维生素还有特殊的生理功能。

二、维生素的分类

维生素的种类繁多，化学结构差异很大，通常按溶解性质将其分为脂溶性维生素（lipid-soluble vitamin）和水溶性维生素（water-soluble vitamin）两大类。根据分布情况，水溶性维生素又可分为 B 族维生素与维生素 C 两类。维生素没有统一的命名法，通常沿用习惯名称，维生素的分类与别名如表 6-1 所示。

表 6-1　维生素的分类与别名

类别	名称	别名
脂溶性 维生素	维生素 A	抗干眼病维生素、视黄醇
	维生素 D	抗佝偻病维生素、钙化醇
	维生素 E	抗不育维生素、生育酚
	维生素 K	凝血维生素
水溶性 维生素	维生素 B_1	抗脚气病维生素、抗神经炎维生素、硫胺素
	维生素 B_2	核黄素
	维生素 B_3	泛酸、遍多酸

类别	名称	别名
水溶性维生素	维生素 B_5	抗癞皮病维生素、维生素 PP(包括烟酸和烟酰胺)
	维生素 B_6	抗皮炎维生素、吡哆素
	维生素 B_7	生物素、维生素 H
	维生素 B_{11}	叶酸
	维生素 B_{12}	抗恶性贫血维生素、钴胺素
	维生素 C	抗坏血酸

第二节 脂溶性维生素

脂溶性维生素是一类不溶于水而溶于脂质非极性有机溶剂的一类维生素，这类维生素一般只含有 C、H、O 三种元素，且大多稳定性较强。

一、维生素 A

维生素 A，是具有脂环的不饱和一元醇。天然的维生素 A 有两种形式：维生素 A_1（视黄醇）和维生素 A_2（脱氢视黄醇）。它们功能相似，但活性不同，维生素 A_1 的活性大于维生素 A_2。

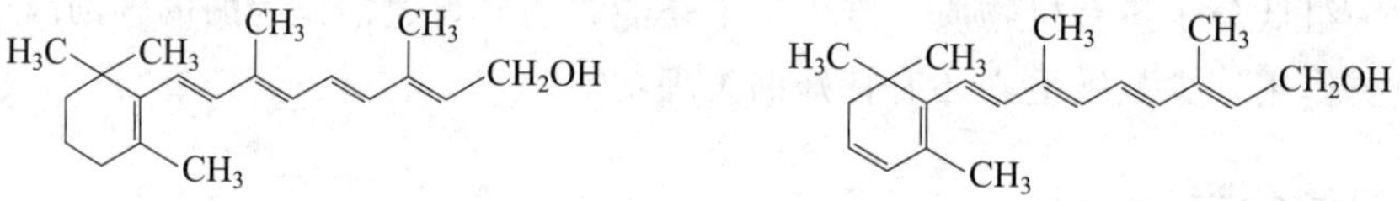

维生素A_1 维生素A_2

维生素 A 主要存在于哺乳动物和鱼类的肝脏中，植物中不存在维生素 A，但植物中的胡萝卜素（包括 α-胡萝卜素、β-胡萝卜素和 γ-胡萝卜素）、玉米黄素可以在体内加氧酶的作用下转变成维生素 A，所以这些色素也被称为维生素 A 原。胡萝卜素中以 β-胡萝卜素转化为维生素 A 的效率最高，它在小肠黏膜处经 β-胡萝卜素加氧酶作用生成 2 分子视黄醇（维生素 A_1）。β-胡萝卜素的结构和作用路径如图 6-1 所示。

维生素 A 最主要的作用是构成视觉细胞的感光物质，能维持正常视觉。视网膜上有两类感觉细胞：圆锥细胞和圆柱细胞，前者含视紫蓝质可以感受强光和色觉，后者含视紫红质（需要维生素 A 为原料合成）可以感受弱光。视紫红质是由视蛋白和 11-顺-视黄醛组成的色素蛋白，能在光中分解，随后在暗处重新合成。维生素 A_1 氧化为 11-顺-视黄醛，11-顺-视黄醛既可以在可见光的作用下生成 11-反-视黄醛，将信号传递给大脑，产生视觉；11-顺-视黄醛还会被氧化成视黄酸，传到上皮细胞，维持上皮组织的正常结构和功能。若机体缺乏维生素 A，不仅会使泪腺上皮角质化、眼角膜干燥产生眼干燥症，还会使眼睛对弱光的敏感性大大降低，严重时会产生夜盲症。

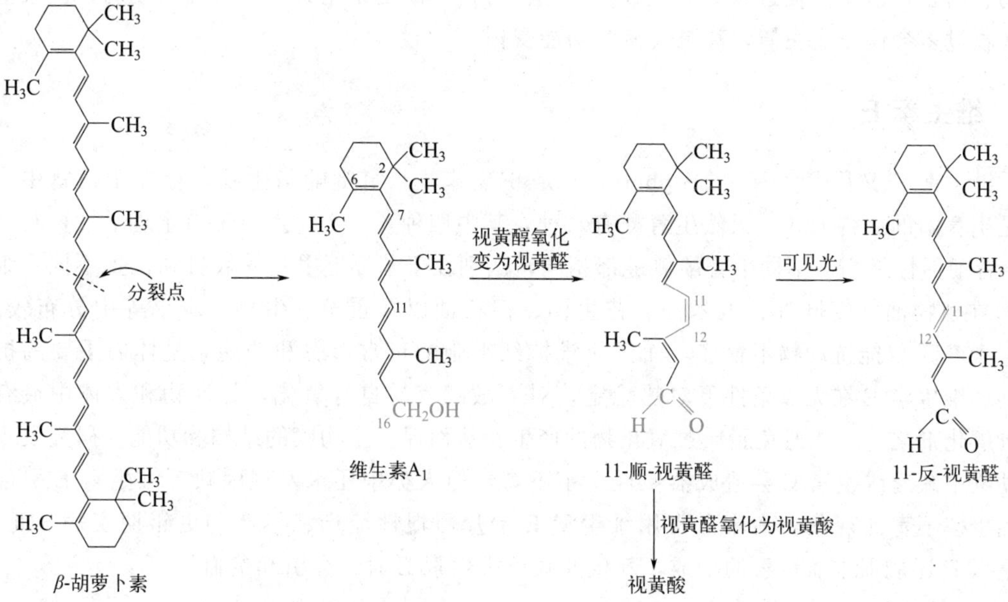

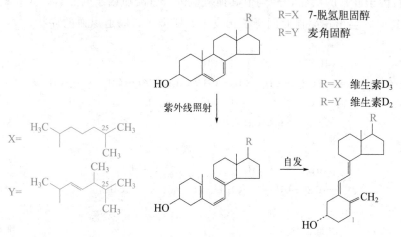

图 6-1　β-胡萝卜素在体内的作用路径

二、维生素 D

维生素 D 是固醇类衍生物，在鱼肝油、牛奶、蛋黄、肝、肾等中分布较多。已知的维生素 D 主要有维生素 D_2、维生素 D_3、维生素 D_4 和维生素 D_5，它们结构相似，其区别仅在侧链上，其中活性较高的是维生素 D_2 和维生素 D_3。几种维生素 D 都是由相应的前体经紫外线照射转变而来。图 6-2 是维生素 D_2 和维生素 D_3 的转化过程。在紫外线照射下酵母、真菌、植物中的麦角固醇转变为维生素 D_2，所以麦角固醇也称为维生素 D_2 原；在动物体内 7-脱氢胆固醇经紫外线照射变为维生素 D_3，7-脱氢胆固醇也称为维生素 D_3 原。维生素 D_2 和维生素 D_3 在体内没有生物活性，必须转化为活性维生素 D 才能发挥作用，即以 1,25-二羟胆钙化醇的形式发挥作用。维生素 D 与降钙素、甲状旁腺素一起调节钙、磷代谢，维持血

图 6-2　维生素 D_2 和维生素 D_3 的生成过程

中钙、磷正常水平，促进新骨的生成与钙化。若机体缺乏维生素 D，会患佝偻病，但维生素 D 吸收过多会使表皮脱屑，甚至会使肾功能受损。

三、维生素 E

维生素 E 又称生育酚（tocopherol），是 6-羟苯并二氢吡喃衍生物，存在于植物中。下图是生育酚的结构通式。天然生育酚有八种，其中四种 α-、β-、γ- 和 δ- 有生理活性，其中以 α- 生育酚活性最高。不同生育酚侧链都相同，区别在于苯环上甲基的数目和位置不同。维生素 E 在植物油如麦胚油、玉米油、花生油、棉籽油以及蛋黄、牛奶、水果等中分布较多。维生素 E 不仅能抗动物不育症，而且能维持红细胞的正常形态和功能，是体内重要的抗氧化剂。维生素 E 在无氧条件下对热稳定，对氧敏感容易自身氧化，是动物和人体中最有效的抗氧化剂之一，能避免脂质过氧化物的产生，从而保护生物膜的结构和功能。研究发现实验动物中缺乏维生素 E 会造成器质性生殖不育，但人类中还未发现因缺乏维生素 E 引起器质性生殖不育的现象。临床上常用维生素 E 治疗习惯性流产、早产和更年期疾病，此外，维生素 E 还能促进血红素的生成，新生儿缺乏维生素 E 时，会引起贫血。

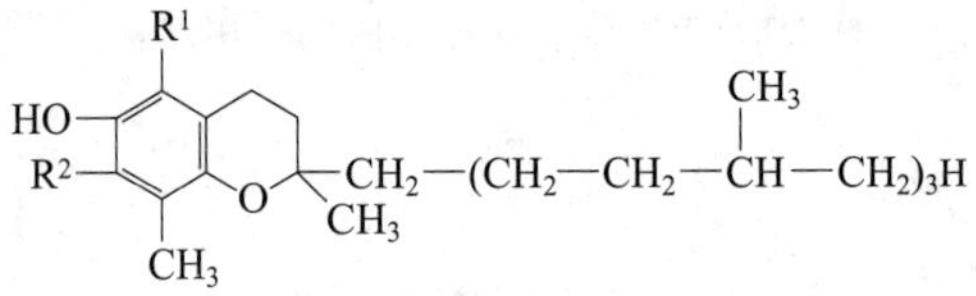

四、维生素 K

维生素 K 又称凝血维生素，有维生素 K_1、维生素 K_2、维生素 K_3 和维生素 K_4 4 种，其结构式如图 6-3。维生素 K_1、维生素 K_2 为天然维生素 K，维生素 K_1 分布在绿色蔬菜、动物肝脏、牛奶、大豆等物质中，维生素 K_2 由肠道微生物合成。临床上应用的是人工合成的维生素 K_3、维生素 K_4，能溶于水，可口服或注射。维生素 K 的吸收主要在小肠中进行，在血液中随 β-脂蛋白转运至肝储存，是凝血酶原谷氨酸羧化酶的辅因子，能促进肝脏中凝血酶原（凝血因子Ⅱ）的活化，并调节其他凝血因子（凝血因子Ⅶ、Ⅸ、Ⅹ）的合成。机体缺乏维生素 K 时，会出现凝血时间延长，皮下、肌肉、胃肠道出血的症状。

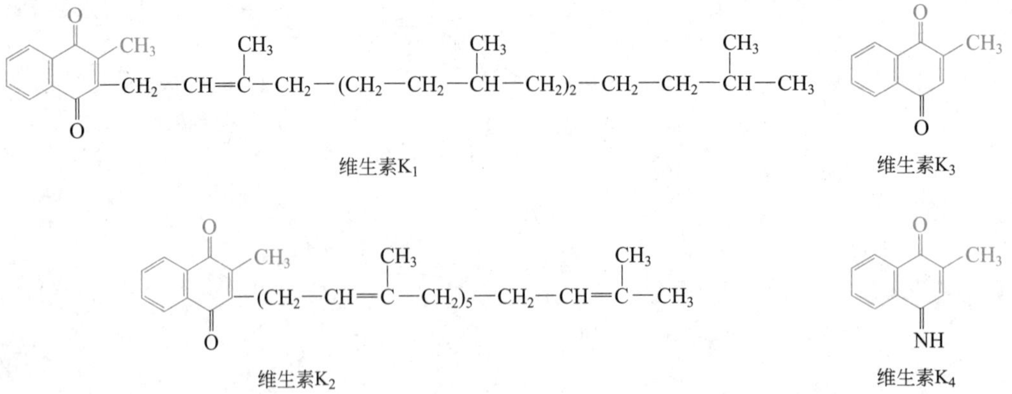

图 6-3 维生素 K_1、维生素 K_2、维生素 K_3 和维生素 K_4 的结构式

第三节　水溶性维生素

水溶性维生素主要包括 B 族维生素和维生素 C，B 族维生素主要是通过转化为辅酶或辅基参与新陈代谢反应。

一、维生素 B$_1$

维生素 B$_1$ 又称硫胺素（thiamine），由包括含氨基的嘧啶环和含硫的噻唑环两部分结合而成。在生物体内常以硫胺素焦磷酸（thiamine pyrophosphate，TPP）的形式存在，在生物体内维生素 B$_1$ 经硫胺素焦磷酸激酶催化与 ATP 作用后转变为 TPP。TPP 往往作为脱羧酶的辅酶发挥作用，如 α-酮戊二酸脱羧酶、丙酮酸脱羧酶等的辅酶，因此又称脱羧辅酶。维生素 B$_1$ 存在于谷类的外皮及胚芽、麦麸、米糠、瘦肉中，不仅可以促进年幼动物的生长发育，还能保护神经系统，缺乏时会出现脚气病、多发性神经炎等症状。

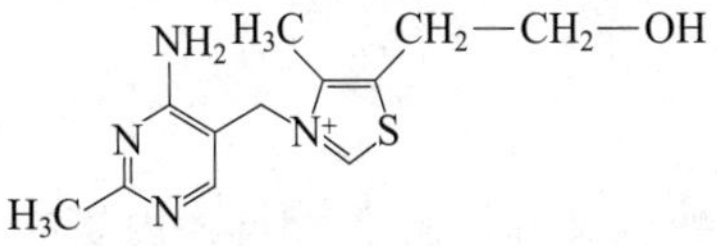

维生素B$_1$ 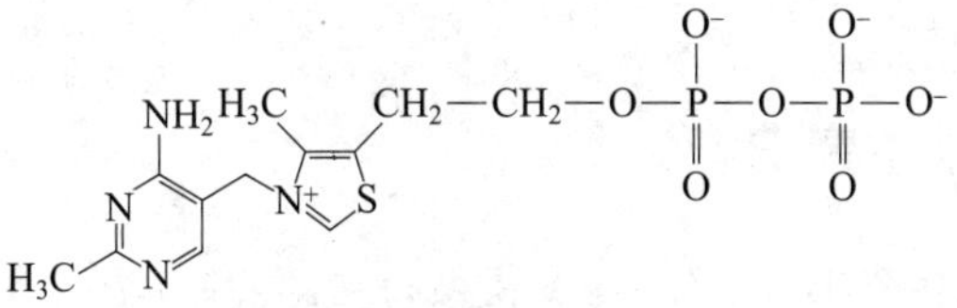　　　　　　　　　硫胺素焦磷酸(TPP)

二、维生素 B$_2$

维生素 B$_2$ 又称核黄素（riboflavin），其化学结构中含有核糖醇和 6,7-二甲基异咯嗪两部分。在生物体内维生素 B$_2$ 以黄素单核苷酸（flavin mononucleotide，FMN）、黄素腺嘌呤二核苷酸（flavin adenine dinucleotide，FAD）的形式存在（图 6-4）。

FMN 和 FAD 作为氧化还原型黄素酶辅酶，异咯嗪的 N-1 和 N-10 可以分别加 1 个氢，通过氧化态和还原态的相互转变实现底物加氢或脱氢过程。

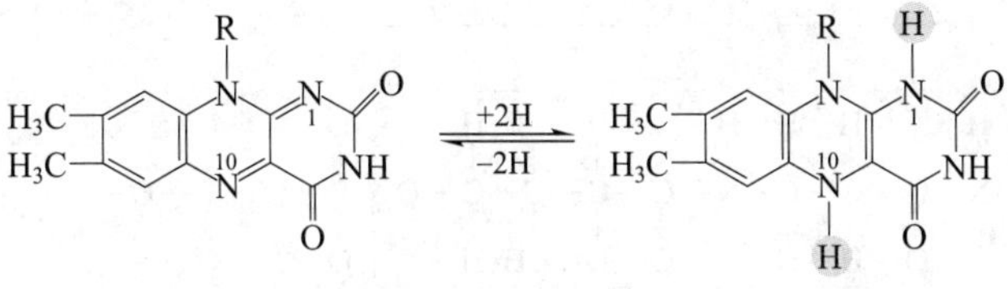

氧化态　　　　　　　　　还原态

维生素 B$_2$ 在自然界中分布很广，在肝脏、酵母、乳类、鸡蛋、绿色植物、大豆和米糠中都有分布。由于核黄素广泛参与体内多种氧化还原反应，能促进机体内糖类、脂类和蛋白质等代谢，机体缺乏核黄素时组织呼吸减弱，代谢强度降低，会出现口角炎、舌炎、唇炎、皮炎等症状。

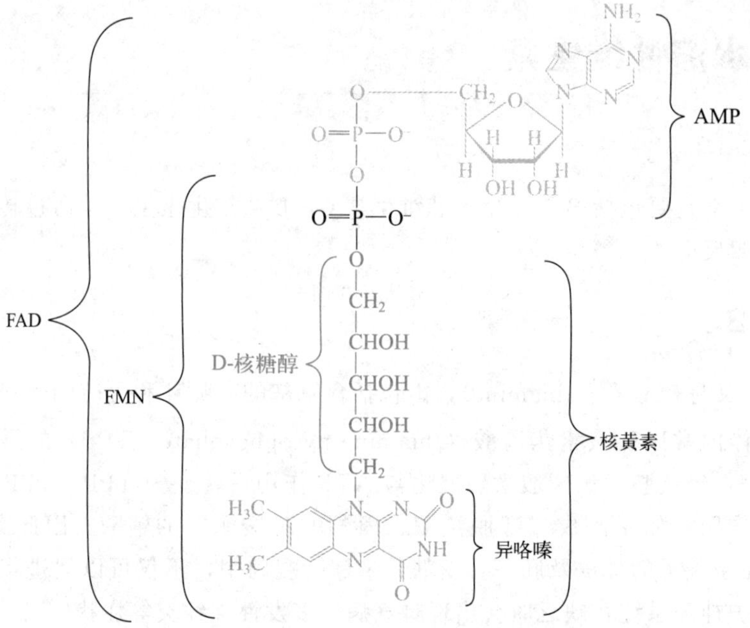

图 6-4　FAD 和 FMN 结构关系

三、维生素 B₃

维生素 B$_3$ 又称泛酸，是 α,γ-二羟基-β,β-二甲基丁酸（又称泛解酸）与 β-丙氨酸通过肽键形成的缩合物，是辅酶 A（coenzyme A，CoASH）和酰基载体蛋白（acylcarrier protein，ACP）的重要组成成分。其中辅酶 A 结构包含磷酸泛酰巯基乙胺（β-巯基乙胺、泛酸）和 3′-P-ADP，是主要的脂酰基载体，是生物体内转酰基酶的辅酶（主要作为转乙酰基酶的辅酶）。辅酶 A 中的巯基能与酰基反应生成硫酯，在代谢中发挥携带酰基的作用，如乙酰辅酶 A 是糖代谢、脂肪代谢、氨基酸代谢的共同中间产物。维生素 B$_3$ 还广泛存在于动植物中，在酵母、肝脏、肾、蛋、小麦、米糠、花生、豌豆中含量丰富，蜂王浆中含量最多。几乎所有食物中都含有泛酸，所以机体极少情况下会出现泛酸缺乏的情况，如缺乏可影响机体能量代谢，表现为烦躁不安、食欲减退、消化不良等症状。

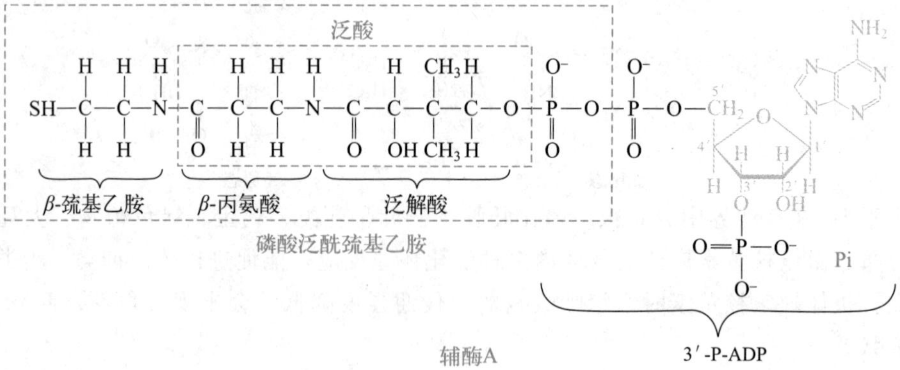

四、维生素 B₅

维生素 B₅ 包括烟酸（尼克酸，nicotinic acid）和烟酰胺（尼克酰胺，nicotinamide），其中烟酰胺与核糖、磷酸、腺嘌呤组成脱氢酶的辅酶。烟酰胺组成的辅酶主要有两种：1 种是烟酰胺腺嘌呤二核苷酸（nicotinamide adenine dinucleotide，NAD^+，辅酶 I），另 1 种是烟酰胺腺嘌呤二核苷酸磷酸（nicotinamide adenine dinucleotide phosphate，$NADP^+$，辅酶 II），二者都是脱氢酶的辅酶，在代谢中都起传递氢的作用。$NAD(P)^+$ 和 $NAD(P)H$ 的转换过程如图 6-5 所示。

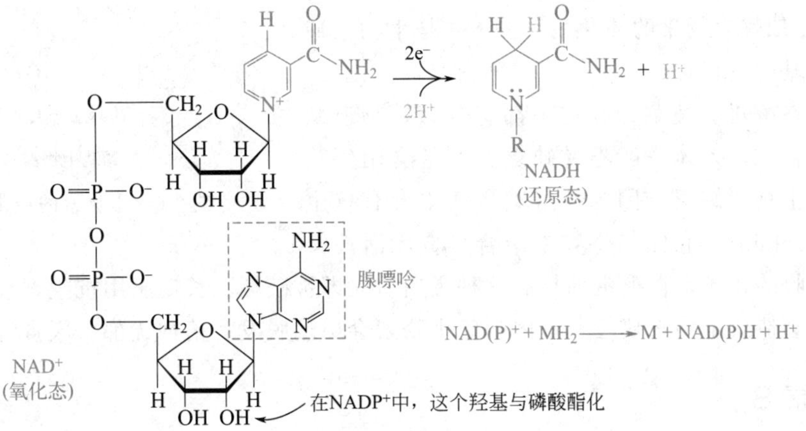

$$NAD(P)^+ + MH_2 \longrightarrow M + NAD(P)H + H^+$$

图 6-5 $NAD(P)^+$ 到 $NAD(P)H$ 转换

维生素 B₅ 在自然界中分布很广，在肝脏、酵母、花生、谷类、豆类、肉类中含量丰富，缺乏时会出现癞皮病的症状。

五、维生素 B₆

维生素 B₆ 也称吡哆素，包括 3 种形式：吡哆醛（pyridoxal）、吡哆胺（pyridoxamine）和吡哆醇（pyridoxine），它们都是吡啶衍生物，这 3 种形式在体内可以相互转化。维生素 B₆ 的磷酸酯——磷酸吡哆醛（pyridoxal phosphate，PLP）和磷酸吡哆胺（pyridoxamine phosphate，PMP）是转氨酶、氨基酸脱羧酶、氨基酸消旋酶的辅酶，它们在机体内参与反应的具体过程见第十章。维生素 B₆ 在酵母、蛋黄、肝脏、鱼、谷类中含量丰富，肠道细菌也可以合成维生素 B₆ 供人体所需，人体中发现的维生素 B₆ 缺乏症较少。长期缺乏会导致皮肤、中枢神经系统和造血系统损伤，如抑郁、精神紊乱、口炎、舌炎等。

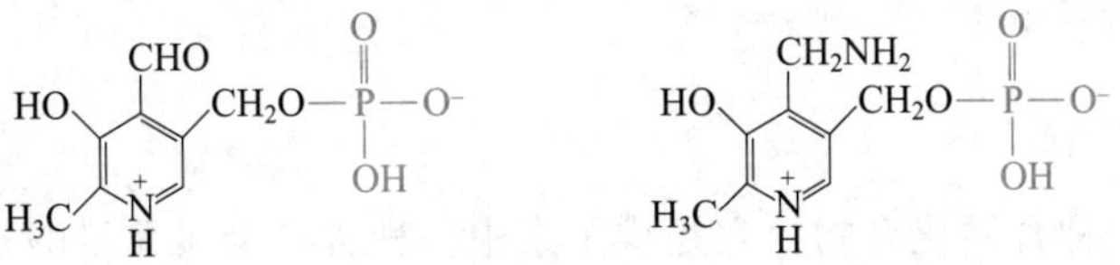

磷酸吡哆醛(PLP)　　　　　　　　磷酸吡哆胺(PMP)

六、维生素 B_7

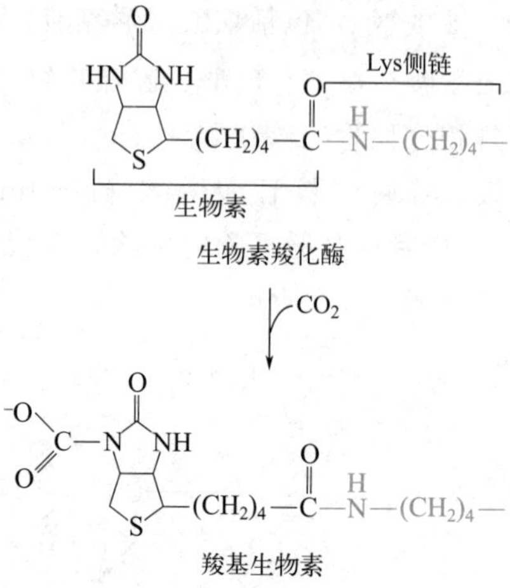

维生素 B_7 又称生物素（biotin），是尿素-噻吩-戊酸衍生物，是多种羧化酶的辅基。生物素的戊酸羧基与羧化酶蛋白中 Lys 侧链的—NH_2 共价相连，通过尿素—NH 的羧化/去羧化作用传递羧基，起 CO_2 载体的作用。乙酰 CoA 羧化酶、生物素羧化酶（biotin carboxylase）、生物素羧基载体蛋白（biotin carboxyl carrier protein，BCCP）和转羧基酶（carboxyl transferase）都是依赖生物素的羧化酶。图 6-6 是生物素羧化酶携带羧基的过程。

生物素在酵母、蔬菜、谷物中都有分布，肠道微生物也可以合成，人体一般不易缺乏。大量食用生鸡蛋清可引起生物素缺乏，因为新鲜鸡蛋清中含有抗生物素蛋白（avidin），它能与生物素结合形成无活性又不易消化吸收的物质，在鸡蛋加热后这种蛋白质立即被破坏。长期服用抗生素会抑制肠道正常菌群，也会造成生物素缺乏。机体缺乏生物素会出现脱发、精神忧郁、厌食等症状。

图 6-6 生物素的羧化反应

七、维生素 B_{11}

维生素 B_{11} 又称为叶酸（folic acid）或蝶酰谷氨酸，蝶呤与对氨基苯甲酸组成蝶酸，再与 L-谷氨酸连接形成叶酸。维生素 B_{11} 的结构如下：

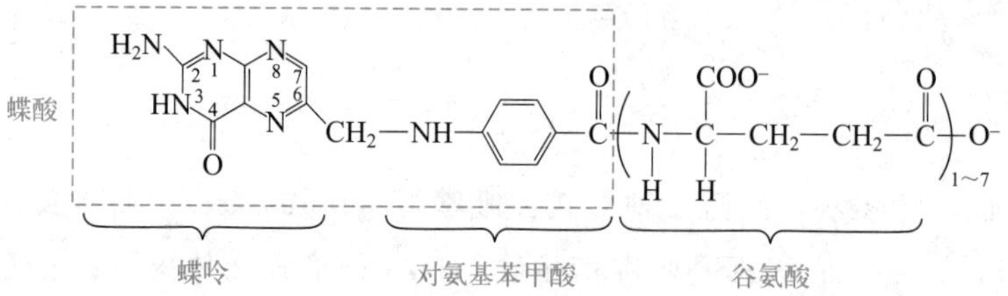

叶酸在体内主要以四氢叶酸的形式存在（tetrahydrofolate，THF/FH_4），它是叶酸分子中蝶呤的 5、6、7、8 位上各加一个氢形成的。四氢叶酸在体内作为一碳单位的载体，是一种传递一碳单位的辅酶。一碳单位主要是指在代谢过程中某些化合物分解代谢生成的含一个碳原子的基团，如甲基、亚甲基（甲叉）、次甲基、甲酰基、亚氨甲基等。叶酸广泛存在于植物的绿叶中，在肝、酵母、肾中也有分布。人体缺乏叶酸时，会出现巨幼细胞贫血（恶性贫血）及白细胞减少症。叶酸对孕妇十分重要，应予以适当补充。

八、维生素 B_{12}

维生素 B_{12} 是一种含钴化合物，它是维生素中一种含有金属元素的复杂环系化合物，其主体部分含有一个咕啉环。咕啉环的中心有一个三价钴原子，钴原子上可以连接不同的基团，形成不同的维生素 B_{12}。维生素 B_{12} 的基本结构如下：

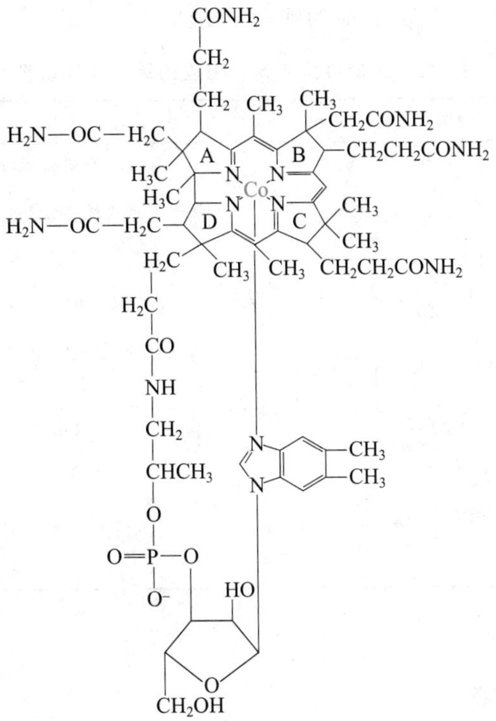

钴原子与 5′-脱氧腺苷结合形成的 5′-脱氧腺苷钴胺素是维生素 B_{12} 在体内的主要存在形式。5′-脱氧腺苷钴胺素参与催化基团变位反应，如作为甲基丙二酰辅酶 A 变位酶的辅酶可以通过分子内重排使甲基丙二酰辅酶 A 变为琥珀酰辅酶 A；5′-脱氧腺苷钴胺素在某些细菌中还能使核苷酸还原为脱氧核苷酸。此外，甲基钴胺素是维生素 B_{12} 在体内的另一种辅酶形式，可以参与机体的甲基转移反应。维生素 B_{12} 可促使红细胞的生成和成熟，动物肝脏、肉类、鱼类和蛋中都含有丰富的维生素 B_{12}，人类肠道细菌中也能合成，一般不会缺乏，缺乏维生素 B_{12} 会导致巨幼细胞贫血（恶性贫血）。

九、维生素 C

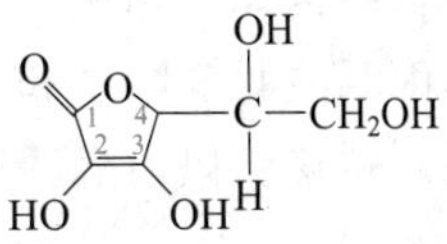

维生素 C 又称抗坏血酸（ascorbic acid），是一种己糖酸内酯，与糖类似，也有 D-型和 L-型两种，但只有 L-型有生理功能。分子中 2 位和 3 位碳原子上的羟基中的氢易游离成 H^+，而被氧化成脱氢抗坏血酸。所以抗坏血酸既有酸性，又有还原性。

维生素 C 作为一种抗氧化剂，可以参与体内的氧化还原反应，使氧化态的谷胱甘肽还原为还原态的谷胱甘肽；维生素 C 还是羟化酶的辅酶，参与体内的多种羟化作用，例如胶原的生成。此外维生素 C 还能促进胶原蛋白和黏多糖的合成，维持细胞间质的完整，增强机体抗病力，促进伤口愈合等。维生素 C 主要来源于新鲜蔬菜和水果，缺乏维生素 C 引起毛细血管出血，造成坏血病。

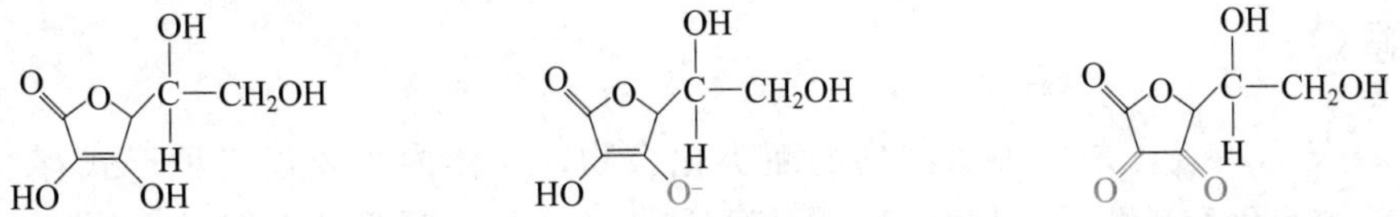

抗坏血酸　　　　　　抗坏血酸盐　　　　　　脱氢抗坏血酸

表 6-2 总结了水溶性维生素、相应的辅酶与功能。

表 6-2 水溶性维生素、相应的辅酶及其功能

维生素名称	辅酶形式	功能
维生素 B_1	TPP	脱羧酶的辅酶,参与酮基转移、α-酮酸脱羧
维生素 B_2	FMN、FAD	氧化还原型黄素酶辅酶,参与氧化还原反应、氢转移
维生素 B_3	CoASH	酰基载体,参与酰基转移
维生素 B_5	NAD^+、$NADP^+$	脱氢酶的辅酶,参与氧化还原反应、氢转移
维生素 B_6	磷酸吡哆醛、磷酸吡哆胺	转氨酶、氨基酸脱羧酶、氨基酸消旋酶的辅酶,参与转氨、脱羧、消旋反应
维生素 B_7	生物素	羧化酶的辅基,固定 CO_2
维生素 B_{11}	FH_4	一碳单位的载体,传递一碳基团
维生素 B_{12}	多种钴胺素	分子重排、甲基化
维生素 C	—	氧化还原作用

第四节　其他辅酶

一、硫辛酸

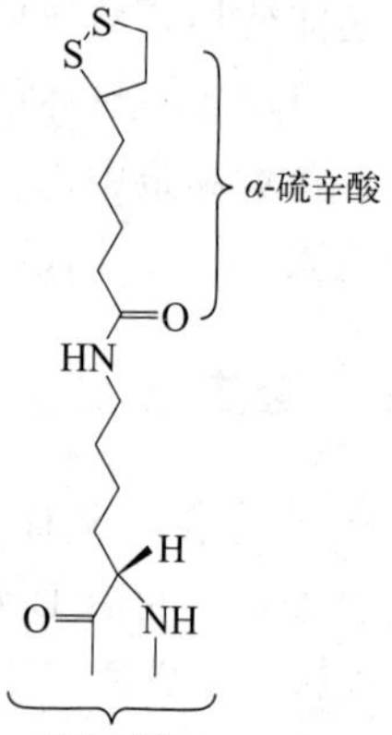

硫辛酸(lipoic acid)是 6,8-二硫辛酸,是一种八碳酸,其功能基团是—SH,常以氧化型闭环二硫化合物和还原型开环二氢硫辛酸两种结构的混合物存在。硫辛酸在自然界中分布广泛,动物肝脏和酵母中含量丰富。像生物素一样,常与酶分子中赖氨酸的 ε-NH_2 以酰胺键相连,结构如右图所示。硫辛酸是一种酰基载体,是糖代谢的多酶复合体丙酮酸脱氢酶系和 α-酮戊二酸脱氢酶系的辅酶,参与物质代谢中的酰基转移。以丙酮酸脱氢酶系为例(图 6-7),该多酶复合体由 3 个酶(E_1、E_2、E_3)组成,辅因子是 TPP、硫辛酸、辅酶 A、NAD^+、FAD 和 Mg^{2+}。E_1 和 TPP 负责将丙酮酸中的羧基以 CO_2 的形式脱掉,然后将乙酰基传递给 E_2 的硫辛酸,硫辛酸通过形成硫酯键接受乙酰基后,将乙酰基转移给辅酶 A 生成乙酰 CoA。二氢硫辛酸可再经 E_3(FAD)催化脱氢,变回原来的氧化态形式。接下来 E_3 的 $FADH_2$ 脱氢,交给 NAD^+ 生成 NADH。总反应是 1 分子丙酮酸脱氢同时脱羧,生成 1 分子乙酰 CoA、1 个 CO_2 和 1 个 NADH。

α-硫辛酸

蛋白质链

二、辅酶 Q

辅酶 Q 又称泛醌,是一种脂溶性的醌类化合物,在体内主要以三种形式存在:氢醌、半醌自由基和氧化型泛醌,它们之间可以相互转化,是细胞呼吸链中重要的递氢体,在线粒

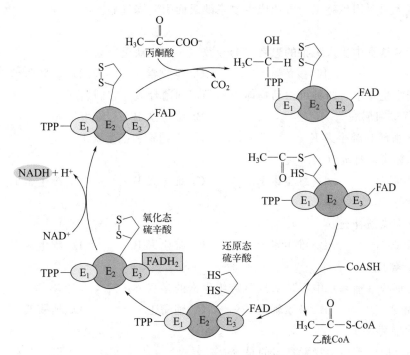

图 6-7　硫辛酸在丙酮酸脱氢酶系中的作用

体氧化呼吸链中承担质子转移和电子传递的作用。

$$H_3CO \quad (CH_2-CH=C(CH_3)-CH_2)_{10}-H \quad \xrightarrow{H^+ + e^-} \quad \rightleftharpoons \quad \xrightarrow{H^+ + e^-} \quad \rightleftharpoons$$

氧化型泛醌　　　　　　　　　　半醌自由基　　　　　　　　　氢醌

　　辅酶 Q 的活性部分是它的醌环结构。泛醌分子带有由多个异戊二烯单位组成的与对苯醌母核相连的侧链，该侧链的长度根据泛醌的来源而有所不同，一般含有 6～10 个异戊二烯单位（异戊二烯的数目用 n 表示）。对于微生物 $n=6$，对于哺乳动物 $n=10$，因此泛醌又称辅酶 Q_{10}。泛醌广泛存在于动物和细菌的线粒体中，能辅助改善心力衰竭，具有抗疲劳、延缓衰老等作用，机体缺乏辅酶 Q 会精神疲惫，加速衰老。

课后练习

一、填空题

1. 常见的脱氢酶的辅酶是_____和_____。

2. 维生素_____和_____可以作为机体内的抗氧化剂。

二、判断题

1. L-抗坏血酸有活性，D-抗坏血酸没有活性。（　　　）

2. 人若大量服用生鸡蛋，可造成生物素缺乏而引起脚气病。（　　）

三、选择题

1. 不能从饮食中摄入蔬菜的患者，会导致（　　）缺乏。

A. 叶酸　　　　　　　B. 核黄素　　　　　　C. 生物素　　　　　　D. 硫胺素

2. 下列维生素中有两种可由动物体内的肠道细菌合成，它们是（　　）。

A. 核黄素和烟酸　　　　　　　　　B. 维生素 B_{12} 和维生素 D

C. 抗坏血酸和维生素 K　　　　　　D. 生物素和维生素 K

3. 多食糖类需补充（　　）。

A. 维生素 B_1　　　　B. 维生素 B_2　　　　C. 维生素 B_5　　　　D. 维生素 B_6

E. 维生素 B_7

4. 多食肉类需补充（　　）。

A. 维生素 B_1　　　　B. 维生素 B_2　　　　C. 维生素 B_5　　　　D. 维生素 B_6

E. 维生素 B_7

5. 下列辅酶（辅基）中不是来自 B 族维生素的是（　　）。

A. 辅酶 A　　　　　　B. 黄素辅基　　　　　C. 辅酶 I　　　　　　D. 辅酶 Q

E. 羧化辅酶

6. 下列反应中需要生物素参与的是（　　）。

A. 羟化作用　　　　　B. 脱羧作用　　　　　C. 脱氨基作用　　　　D. 羧化作用

第七章
生物氧化 >>>

生物体的生长、发育、遗传等生命活动都需要能量。绿色植物和光合细菌等自养生物通过光合作用固定 CO_2，将太阳能转化为化学能储存起来。人、动物以及某些微生物等异养生物不能直接利用太阳能，需要依靠生物体对有机物进行氧化分解释放能量才能加以利用。有机物质（糖类、脂质、蛋白质等）在生物体内氧化分解，产生 CO_2、H_2O 并放出能量的作用称为生物氧化。生物氧化在组织细胞内进行，需要消耗氧气放出 CO_2 和 H_2O，所以生物氧化又称为组织呼吸或细胞呼吸。生物氧化是有机营养物氧化的过程，主要研究底物如何脱氢、加氧，CO_2 如何产生以及氧化释放的能量如何被收集、转换或储存。

第一节　新陈代谢

一、新陈代谢的概念

新陈代谢又称代谢（metabolism），广义的新陈代谢是指生物机体与外界环境进行的物质和能量交换的过程，包括消化、吸收、中间代谢及排泄等过程。狭义的新陈代谢指细胞内所发生的酶促反应过程，包括物质代谢和能量代谢两个方面。物质代谢是指各种物质（糖、脂、蛋白质及核酸等）在细胞内发生酶促反应的途径及机理，包括旧物质的分解和新物质的合成。能量代谢是光能或化学能在细胞内向生物能（ATP）转化的过程，包括生命活动对能量的利用。

二、新陈代谢的特点

① 新陈代谢的化学反应往往具有一系列的中间过程，这些过程有一定的顺序性；

② 新陈代谢的化学反应能灵活进行自我调节，例如酶浓度与活性的调节、激素与神经调节等；

③ 中间代谢过程是由多酶体系催化的，多酶体系的第一个酶组分往往是限速酶；

④ 代谢反应在比较温和的条件下进行，因为许多代谢过程需要在酶催化下完成，而酶的作用条件较为温和；

⑤ 代谢具有经济性；

⑥ 代谢途径总体是不可逆的；

⑦ 生物的代谢途径是在长期的进化过程中逐步完善的，生物体内的代谢过程基本是相似的。

三、新陈代谢的基本类型

新陈代谢包括分解代谢和合成代谢（图 7-1）。分解代谢（catabolism）也称异化作用，指生物体把营养物质氧化分解，将大分子分解为小分子，释放出能量，并把分解的终产物排出体外的过程。合成代谢（anabolism）也称同化作用，指生物体把从外界环境中获取的营养物质转变成自身的组成物质，实现由小分子合成大分子的过程，该过程需要消耗能量。

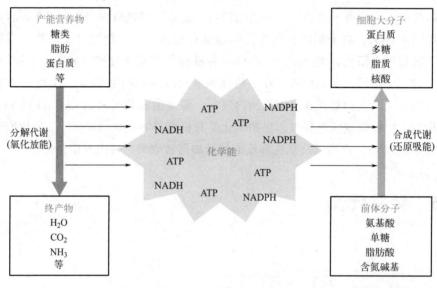

图 7-1　新陈代谢示意图

根据生物体在同化作用过程中能不能利用无机物制造有机物，将同化作用分为自养型和异养型。绿色植物直接从外界环境摄取无机物，通过光合作用将无机物制造成复杂的有机物并储能，维持自身生命活动的进行，这种代谢类型称为自养型。人和动物不能像绿色植物那样进行光合作用，也不能像硝化细菌那样进行化能合成作用，它们只能依靠摄取外界环境中现成的有机物来维持自身的生命活动，这种代谢类型称为异养型。

根据生物体在异化作用中对氧的需求情况，可以将异化作用分为需氧型和厌氧型两种。需氧型也叫作有氧呼吸型：绝大多数的动物和植物在异化作用的过程中，必须不断从外环境中摄取氧来分解体内的有机物，释放出其中的能量，以维持自身各项生命活动的进行。厌氧型也叫作无氧呼吸型：厌氧菌和寄生在动物体内的寄生虫等在缺氧条件下，仍能将体内的有机物氧化，从中获得维持自身生命活动所需要的能量。

四、新陈代谢的研究方法

1. 活体内与活体外实验

活体内（in vivo）实验：是在正常生理条件下，用生物整体、离体器官、微生物细胞群进行代谢途径的研究，结果能近似反映生物体的实际代谢状况。活体外（*in vitro*）实验：指用组织切片、匀浆或提取液、体外培养的细胞作为材料，根据化学、生理学变化设想可能的代谢途径进行的模拟研究。

2. 抗代谢物与酶抑制剂法

抗代谢物与酶抑制剂法会阻断代谢途径，使得某一代谢中间物积累，通过观察代谢被抑制或改变后的结果可以推测代谢情况。

3. 利用遗传缺陷症研究代谢途径

由于先天性基因突变导致体内缺少某种酶，致使该酶的底物不能进一步代谢而在体内积累，出现在血液中或随尿排出，测定这些中间物有助于阐明代谢途径。

4. 同位素示踪法

同位素标记与非标记化合物的化学性质、生理功能及在体内的代谢途径完全相同，通过追踪代谢过程中被放射性同位素标记的中间代谢物、产物及标记元素位置可以了解代谢途径。

第二节　生物氧化的概述

一、生物氧化的特点

生物氧化是有机物质在生物体内发生氧化分解产生 CO_2、H_2O 并放出能量的过程。生物体内的氧化方式包括失电子、脱氢和加氧，与体外氧化（燃烧）本质上没有差别，但在表现形式上差别较大。生物氧化与体外氧化的异同点如下：

1. 相同点

① 二者氧化的实质相同：都表现为失电子被氧化；
② 同一物质在体内、体外彻底氧化的终产物一样；
③ 同一物质在体内、体外彻底氧化释放的能量一样。

2. 不同点

（1）反应条件不同

体外氧化一般在高温、干燥、强酸、强碱等剧烈条件下进行，多伴随着燃烧放热现象，氧化到底生成终产物并产生大量能量（光、热），如无特殊装置收集，热量一般散发到环境中。体内氧化反应条件温和，由一系列酶催化，在接近体温、近中性、有水的环境下进行。

（2）能量释放速率不同

体外氧化能量一般会瞬间释放。体内氧化时，反应分阶段逐步完成，每一步反应放出一定的能量，能使释放的能量得到有效利用，不会导致体温骤然上升而损害机体。

（3）能量储存形式不同

体外氧化能量主要以热的形式散失，生物氧化释放的能量主要暂存在 ATP 中，ATP 中的能量可以通过水解而被释放出来给生物体供能，不会以热的形式散失。这是由于体内的氧化过程是在酶的作用下进行的，凡是参与生物氧化过程的酶类，统称为氧化还原酶，酶可以调控每一个反应的速率。

二、生物氧化中 CO_2 和 H_2O 的生成方式

生物氧化中的物质变化过程，核心就是碳如何生成 CO_2，氢怎样变成 H_2O。

1. CO_2 的生成

生物氧化产生的 CO_2 是有机酸在酶催化下脱羧生成的，根据脱羧过程是否伴有氧化作用可以分为直接脱羧和氧化脱羧。根据所脱羧基在有机酸分子中所处位置的不同，又可以分为 α-脱羧和 β-脱羧。

（1）直接脱羧

直接脱羧（direct decarboxylation）是指脱羧过程中没有发生氧化作用，包括 α-直接脱羧和 β-直接脱羧。例如：α-氨基酸进行 α-直接脱羧，将 α-羧基直接脱掉生成 CO_2 和胺；草酰乙酸在丙酮酸脱羧酶的作用下进行 β-直接脱羧，将 β-羧基直接脱掉生成 CO_2 和丙酮酸。

α-直接脱羧

$$\underset{\alpha\text{-氨基酸}}{R-\overset{\overset{\displaystyle H}{|}}{\underset{\underset{\displaystyle NH_2}{|}}{C}}-COOH} \longrightarrow \underset{胺}{R-\underset{\underset{\displaystyle NH_2}{|}}{CH_2}} + CO_2$$

β-直接脱羧

$$\underset{草酰乙酸}{\overset{\displaystyle COOH}{\underset{\displaystyle COOH}{\overset{|}{\underset{|}{\overset{\displaystyle C=O}{\underset{\displaystyle CH_2}{}}}}}}} \underset{丙酮酸脱羧酶}{\rightleftharpoons} \underset{丙酮酸}{\overset{\displaystyle COOH}{\underset{\displaystyle CH_3}{\overset{|}{\underset{|}{C=O}}}}} + CO_2$$

（2）氧化脱羧

氧化脱羧（oxidative decarboxylation），是指脱羧过程伴随氧化作用，包括 α-氧化脱羧和 β-氧化脱羧。例如：丙酮酸在丙酮酸脱氢酶系（以 NAD^+ 为辅酶）催化下进行脱氢并脱掉了 α-羧基，生成乙酰 CoA、CO_2 和 NADH，这属于 α-氧化脱羧；苹果酸在苹果酸酶（以 $NADP^+$ 为辅酶）的催化下进行 β-氧化脱羧，脱氢同时脱掉了 β-羧基，生成了丙酮酸、CO_2 和 NADPH。

α-氧化脱羧

$$\underset{丙酮酸}{H_3C-\overset{\overset{\displaystyle O}{\|}}{C}-COOH} + \underset{辅酶A}{CoASH} + NAD^+ \xrightarrow{\text{丙酮酸脱氢酶系}} \underset{乙酰辅酶A}{H_3C-\overset{\overset{\displaystyle O}{\|}}{C}\sim SCoA} + NADH + H^+ + CO_2$$

β-氧化脱羧

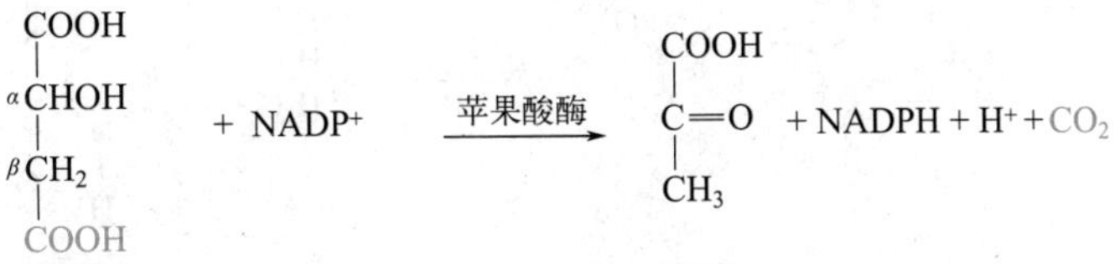

$$\underset{\text{苹果酸}}{\begin{array}{c}\text{COOH}\\ \alpha\text{CHOH}\\ \beta\text{CH}_2\\ \text{COOH}\end{array}} + NADP^+ \xrightarrow{\text{苹果酸酶}} \underset{\text{丙酮酸}}{\begin{array}{c}\text{COOH}\\ \text{C}=\text{O}\\ \text{CH}_3\end{array}} + NADPH + H^+ + CO_2$$

2. H_2O 的生成

H_2O 是生物氧化的产物之一，其生成机理是脱氢酶催化代谢物（底物）脱氢，脱下的氢经一系列传递体的传递，最后与活化后的氧结合生成水。该过程比脱羧生成 CO_2 的过程复杂得多，伴随能量的释放，将在下一节电子传递链部分详细讲解。生物氧化中水不仅作为生物氧化的介质（环境），还直接参与氧化还原反应过程，以加水脱氢方式为代谢物提供更多脱氢机会。

第三节 生物氧化中水的生成

O_2 需经氧化酶激活才能变为高活性的氧化剂而接受氢，代谢物上的氢原子被脱氢酶激活脱落后，需要经过一系列传递体的传递，最后传给被激活的氧生成 H_2O，这个过程中的全部体系称为电子传递链或呼吸链。

一、电子传递链的组成

原核生物中电子传递链主要分布在细胞质膜上，真核生物中电子传递链主要分布在线粒体内膜上。电子传递链现已发现 20 多种成分，大致分为 5 类。

1. 以 $NAD(P)^+$ 为辅酶的脱氢酶类

这类脱氢酶不需要氧就能催化代谢物脱氢，底物中的氢由该类酶激活并脱落，脱下的氢被 NAD^+（辅酶Ⅰ）或 $NADP^+$（辅酶Ⅱ）接受。NAD^+ 接受氢生成 NADH 的转化过程如下：

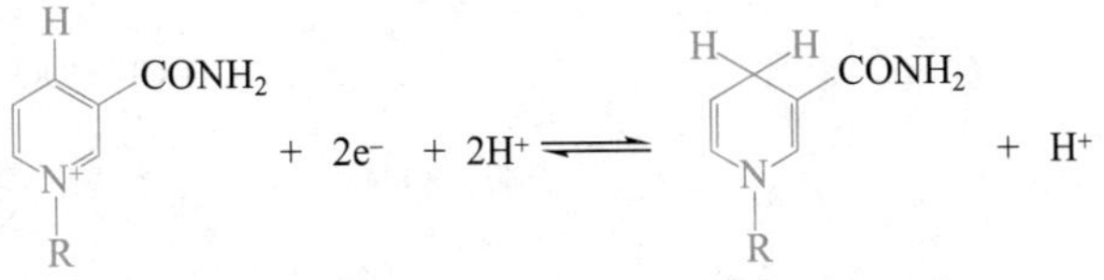

2. 黄素蛋白

黄素蛋白又称黄素酶，是一种不需要氧参与的脱氢酶，该酶以 FMN 或 FAD 为辅酶催化底物脱下两个氢，并由 FMN 或 FAD 接受，生成 $FMNH_2$ 和 $FADH_2$。FMN（FAD）接受氢生成 $FMNH_2$（$FADH_2$）的转化过程如下：

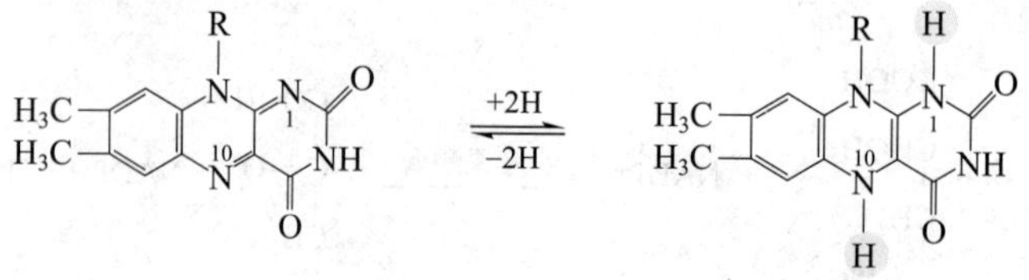

氧化态　　　　　　　　还原态

3. 铁-硫蛋白

铁-硫蛋白（Fe-S 蛋白）是一种含非血红素铁和对酸不稳定的硫的金属蛋白质，是一种递电子体。Fe-S 蛋白分子中铁和硫存在等量关系，如 [2Fe-2S]、[4Fe-4S]，Fe-S 蛋白常常与其他的递氢体或递电子体结合形成复合物，在生物氧化中起传递电子的作用。

4. 细胞色素类

细胞色素（cytochrome，Cyt）是一种含铁的电子传递体，是以铁卟啉为辅基的色素蛋白，通过辅基中铁离子的价态变化进行电子传递。细胞色素具有颜色，普遍存在于需氧细胞中，根据所含辅基不同，常见的有 Cytb、$Cytc_1$、Cytc、Cyta、$Cyta_3$ 等，Cytc 是唯一水溶性的细胞色素，各种细胞色素中只有 $Cyta_3$ 可以直接以氧作为受电子体，因此 $Cyta_3$ 被称为细胞色素氧化酶。机体中一些细胞色素的辅基结构式如下：

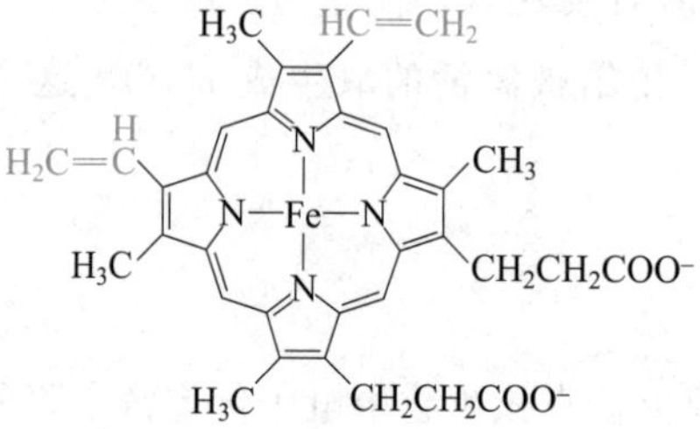

细胞色素b辅基 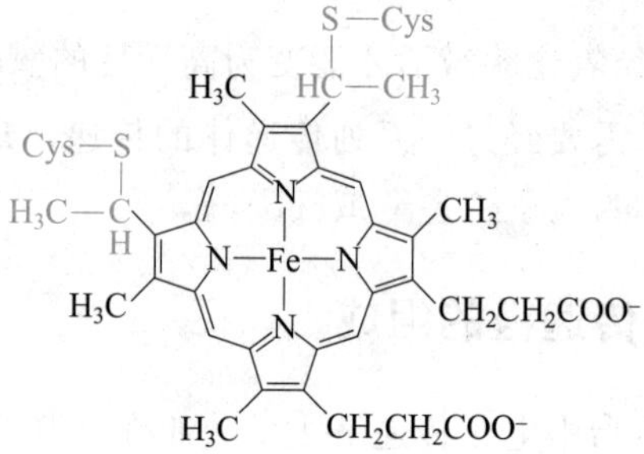　　　　　　　　细胞色素c辅基

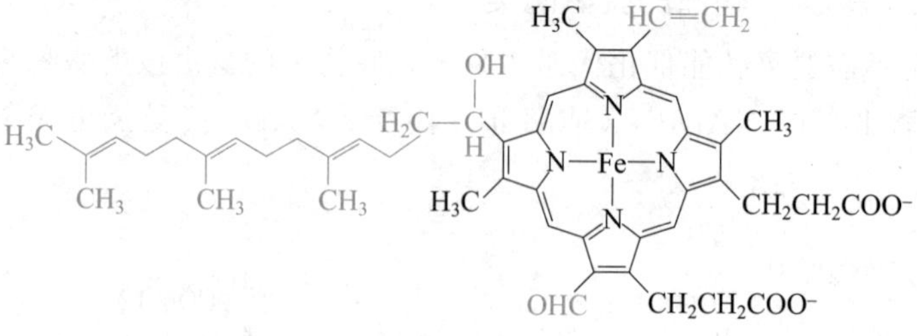

细胞色素a辅基

5. 辅酶 Q

辅酶 Q（CoQ）也称泛醌，是一种脂溶性的醌类化合物，是电子传递链中唯一的非蛋白组分，不同的 CoQ 侧链（R 基）中异戊二烯的数目不同。CoQ 也有三种不同存在形式，即氧化型、半醌型和还原型（也称氢醌），可以在呼吸链中传递 1 个或 2 个氢。三种形式的转换关系如图 7-2 所示。

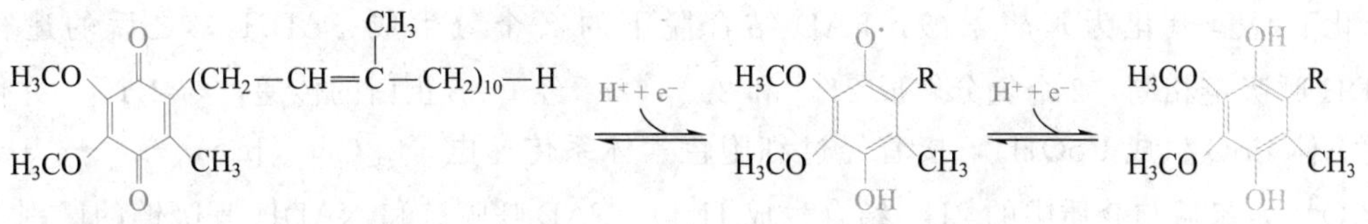

图 7-2　CoQ 的三种形式

二、电子传递链中各组分的排列顺序

电子传递链（呼吸链）中 H^+ 和 e^- 的传递有严格的顺序和方向。科学家们通过测定呼吸链中各组分的氧化还原电位并进行电子传递链的体外重组实验、电子传递链复合体的分离实验以及电子传递抑制剂实验等，最终证实呼吸链中电子的传递是有顺序的。一般按电子传递链中各种电子传递体的氧化还原电位由低到高的顺序排列，电位低的容易失去电子被氧化，电位高的容易得到电子被还原。主要的电子传递链有 NADH 呼吸链和 $FADH_2$ 呼吸链两种。

1. NADH 呼吸链

NADH 呼吸链是细胞内最重要的呼吸链，生物氧化中大多数脱氢酶都是以 NAD^+ 为辅酶，这些酶催化底物（SH_2）脱氢并生成 NADH，NADH 再通过呼吸链将氢传递给氧生成 H_2O。NADH 呼吸链中各传递体的排列顺序如图 7-3 所示。

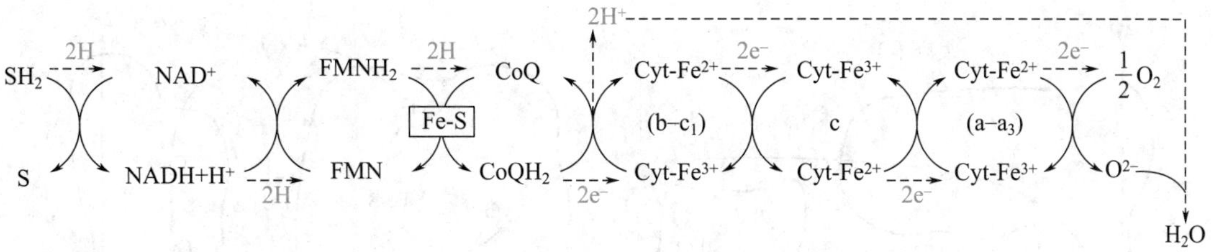

图 7-3　NADH 呼吸链

底物（SH_2）在相应脱氢酶催化下脱下 2 个氢，脱下的氢交给 NAD^+ 生成 NADH；在 NADH 脱氢酶（也称黄素蛋白传递体）作用下，将 2 个氢传递给黄素蛋白传递体的辅酶 FMN 生成 $FMNH_2$；然后 $FMNH_2$ 中的 2 个氢分解成 $2H^+$ 和 $2e^-$，$2e^-$ 经 Fe-S 蛋白的传递，与 $2H^+$ 一并传递给递氢体 CoQ 生成 $CoQH_2$。再继续传递时 $CoQH_2$ 中的 2 个氢分解成 $2H^+$ 和 $2e^-$，$2H^+$ 游离在介质中；$2e^-$ 沿着 Cyt（$b \rightarrow c_1 \rightarrow c \rightarrow a \rightarrow a_3$）呼吸链传递给分子氧，将氧激活生成 O^{2-}，然后 O^{2-} 与介质中的 $2H^+$ 结合成 H_2O。以上脱氢酶、黄素蛋白、CoQ 都可以直接传递氢，属于递氢体；而 Fe-S 蛋白、Cytb、$Cytc_1$、Cytc、Cyta、$Cyta_3$ 主要靠 Fe^{2+} 和 Fe^{3+} 之间的转变来传递电子，因此属于递电子体。

2. FAD 呼吸链

FAD 呼吸链也称琥珀酸呼吸链（图 7-4），主要由琥珀酸脱氢酶（以 FAD 为辅基）、CoQ 和 Cyt 组成。琥珀酸、脂酰 CoA、α-磷酸甘油等经类似途径氧化脱氢。琥珀酸在脱氢酶催化下脱氢氧化为延胡索酸，FAD 结合脱下的 2 个氢生成 $FADH_2$，之后的途径与 NADH 呼吸链相同，2 个氢分解成 $2H^+$ 和 $2e^-$，$2e^-$ 经 Fe-S 蛋白的传递，与 $2H^+$ 一并传递给递氢体 CoQ 生成 $CoQH_2$，接着经过细胞色素体系传递电子 $[Cyt（b{\rightarrow}c_1{\rightarrow}c{\rightarrow}a{\rightarrow}a_3）]$ 生成 O^{2-}，最后与介质中的 $2H^+$ 结合生成 H_2O。FAD 呼吸链和 NADH 呼吸链的区别在于从琥珀酸分子中脱下的 H 不经过 NAD^+，直接传给辅酶 FAD，这与脱氢酶辅酶的种类以及底物的氧化还原电位有关，CoQ 是两条呼吸链的汇合点。

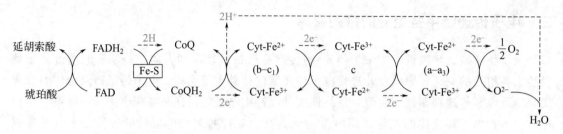

图 7-4　FAD 呼吸链

呼吸链各成分分布在线粒体内膜上，不是单独存在的，主要以复合体的形式存在，如：NADH-CoQ 还原酶复合体（NADH-CoQ reductase，complex Ⅰ）、琥珀酸-CoQ 还原酶复合体（succinate-CoQ reductase，complex Ⅱ）、细胞色素还原酶复合体（cytochrome reductase，complex Ⅲ）、细胞色素氧化酶复合体（cytochrome oxidase，complex Ⅳ），呼吸链复合体配合关系如图 7-5 所示。

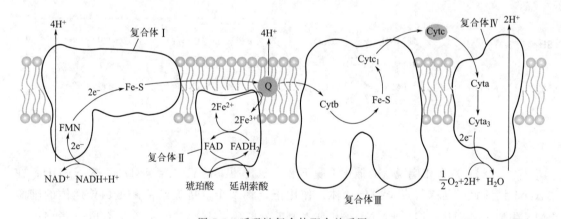

图 7-5　呼吸链复合体配合关系图

第四节　生物氧化过程中能量的产生、储存和转移

生物氧化在消耗 O_2 生成 CO_2 和 H_2O 的过程中还伴随着能量的释放。在生物体内，生物氧化释放的能量大部分以 ATP 的形式储存起来，为细胞代谢提供能量。线粒体是机体生物氧化和能量转化的主要场所。

一、线粒体

生物体中有多种氧化体系，其中线粒体氧化体系是主要的氧化还原体系。物质氧化分解、呼吸链传递和 ATP 合成的众多过程都与线粒体有关，线粒体的主要功能是氧化供能。

1. 线粒体的结构

线粒体的结构如图 7-6 所示，线粒体具有双层膜结构，外膜光滑，内膜折叠成嵴伸向基质。内外膜之间为膜间腔，外膜通透性较大，内膜有选择半透性，部分小分子可以通过。内膜的外表面光滑，而内表面分布有许多球状颗粒，即 ATP 合成酶复合体（三联体或三分子体），ATP 合成酶复合体的结构如图 7-7 所示。颗粒的头部有 ATP 合成酶，能催化 ATP 形成；颗粒的柄部是种棒状蛋白质（OSCP），是能量转换的通道，这种蛋白对寡霉素敏感；颗粒的底部是疏水蛋白，能作为质子跨膜的通道。

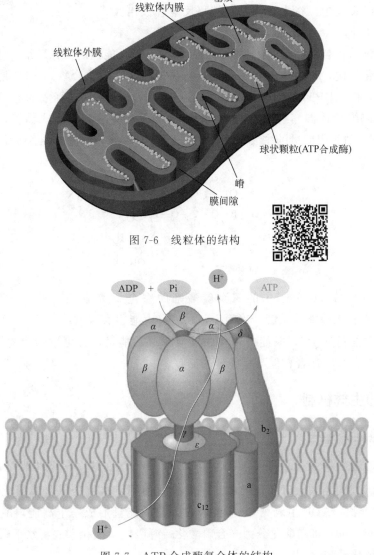

图 7-6　线粒体的结构

图 7-7　ATP 合成酶复合体的结构

呼吸链的各组分以复合体的形式存在于线粒体内膜上，且呈不对称分布（图7-8）。从图中可以看出 Cyta$_3$ 因为处于线粒体内膜最外面，可以直接与氧接触，以氧作为电子受体。

2. 线粒体的功能特点

大多数小分子物质和离子可透过外膜，而内膜依赖膜上的特殊载体选择性地运载物质进出。内膜上存在着多种酶、辅酶、蛋白组成的呼吸链。内膜上的 ATP 合成酶复合体利用电子传递过程释放的能量合成 ATP，完成线粒体的供能作用。基质中含有与有机物氧化分解有关的酶。

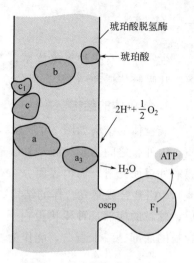

图 7-8　呼吸链组分在线粒体膜上的不对称分布

二、高能磷酸键

在生物化学反应中，将水解或基团转移反应释放出大量自由能（＞21kJ/mol）的键称为高能键，以"～"表示。含有高能键的化合物称高能化合物。高能磷酸键是高能键的一种，是一些磷酸化合物中所具有的特殊化学键，含高能磷酸键的化合物称为高能磷酸化合物。ATP 是体内重要的高能磷酸化合物，由 ADP 或 AMP 磷酸化生成。机体物质氧化过程释放的能量除一部分以热的形式散失（或维持体温），其余部分的化学能以高能磷酸键的形式储存，产物为 ATP。ATP 也是生命活动利用能量的主要供给形式。ATP 中高能磷酸键的位置如下：

在 pH＝7 时，ATP 分子中的三个磷酸基团完全解离成带 4 个负电荷的离子形式（ATP^{4-}），具有较大势能，水解产物稳定，水解自由能很大（$\Delta G_0' = -30.5$kJ/mol）。ATP 是承上启下的"能量通货"，既能携带代谢反应释放的能量，又可以给代谢反应提供能量，它是能量的携带者和转运者，但不是能量的储存者。

三、 ATP 的生成机制

1. ATP 的生成途径

营养物质通过生物氧化消耗 O_2 产生 CO_2 和 H_2O，在这个过程中释放的能量会通过 ADP 的磷酸化反应储存在 ATP 分子中，以供机体使用，这就是氧化磷酸化。生物体内的 ATP 是高能化合物，ADP 生成 ATP 需要吸收大量的能量形成一个高能磷酸键。根据吸收能量来源的不同，可以将磷酸化分为光合磷酸化、呼吸链磷酸化和底物水平磷酸化。本章重点介绍后两种氧化磷酸化。

（1）光合磷酸化

光合磷酸化是指在光照条件下绿色植物、光合细菌利用太阳能使 ADP 磷酸化生成 ATP 的过程。

（2）呼吸链磷酸化

呼吸链磷酸化也称氧化磷酸化，是指物质在体内氧化时，底物脱下的氢通过呼吸链传递释放的能量用于使 ADP 磷酸化生成 ATP 的方式。该过程需要氧参与，发生在真核细胞的线粒体内膜或原核生物的细胞膜上。

（3）底物水平磷酸化

底物水平磷酸化是代谢物中的高能键直接经过转移形成 ATP 中的高能键的过程，不经过呼吸链。底物磷酸化是机体在缺 O_2 的情况下，特别是厌氧生物获取能量的一种方式。例如：EMP 途径中，磷酸烯醇式丙酮酸含有高能键，可以通过底物水平磷酸化将能量直接转移给 ADP 生成 ATP，过程如下：

$$\begin{array}{ccc} \text{COOH} & & \text{COOH} \\ | & \text{ADP} \quad \text{ATP} & | \\ \text{C—O}\sim\text{PO}_3\text{H}_2 & \longrightarrow & \text{C=O} \\ | & & | \\ \text{CH}_2 & & \text{CH}_3 \end{array}$$

磷酸烯醇式丙酮酸　　　　　　　丙酮酸

2. 呼吸链中的磷酸化部位

呼吸链中各组分按电极电位由低到高的顺序排列，电子也按这个方向传递。电子在呼吸链传递体间的每一次传递都是氧化放能反应，但并非都能发生偶联反应生成 ATP。已知：

$$\text{ADP} + \text{Pi} \longrightarrow \text{ATP} \qquad \Delta G_0' = 30.5\text{kJ/mol}$$

所以只有呼吸链传递体间放出的能量大于 30.5kJ/mol，才能驱动 ATP 合成反应。在一个氧化还原反应中，标准吉布斯自由能变化和标准电极电位变化之间存在下列关系：

$$\Delta G_0' = -\Delta E_0' nF$$

式中，$\Delta G_0'$ 是标准自由能变化，单位为 kcal/mol；$\Delta E_0'$ 表示标准电极电位差；n 表示传递电子数目；F 是法拉第常数，为 96485C/mol 或 23.063kcal/(V·mol)。当 $\Delta G_0' = 30.5$kJ/mol 时，根据上式计算出 $\Delta E_0' = 0.16$V。所以只有呼吸链传递体间电极电位差大于 0.16V 时，呼吸链传递时产生的能量才能使 ADP 磷酸化生成 ATP。呼吸链上释放的能量用于产生 ATP 的部位称为偶联部位或磷酸化部位。

（1）NADH 呼吸链中的磷酸化部位

呼吸链中有 3 个部位（图 7-9）的电极电位差大于 0.16V，3 个部位标准吉布斯自由能变计算过程如下。

NADH $\longrightarrow$ FMN：$\Delta G_0' = -2 \times 23.063 \times [(-0.03) - (-0.32)] \times 4.18 = -55.9\text{kJ/mol}$

Cytb $\longrightarrow$ Cytc：$\Delta G_0' = -2 \times 23.063 \times [(+0.25) - (+0.07)] \times 4.18 = -34.70\text{kJ/mol}$

Cytaa$_3$ $\longrightarrow$ O_2：$\Delta G_0' = -2 \times 23.063 \times [(+0.82) - (+0.29)] \times 4.18 = -102.2\text{kJ/mol}$

可见这 3 处的标准吉布斯自由能变均大于 30.5kJ/mol，可发生磷酸化生成 ATP。所以 2 个氢经 NADH 呼吸链传递释放的能量，可以生成 3 分子 ATP。

（2）FAD 呼吸链中的磷酸化部位

FAD 呼吸链中琥珀酸和 CoQ 之间的电极电位差不足 0.16V，氧化产生的能量不足以生

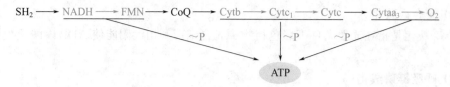

图 7-9　NADH 呼吸链中的磷酸化部位

成 ATP，呼吸链的其余部分同 NADH 呼吸链，因此 2 个氢经 FAD 呼吸链传递释放的能量可以生成 2 分子 ATP。FAD 呼吸链中的磷酸化部位如图 7-10 所示。

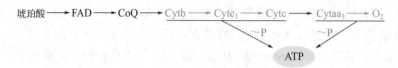

图 7-10　FAD 呼吸链中的磷酸化部位

3. 磷氧比（P/O）

P/O 表示物质氧化过程中 O_2 的消耗与 ATP 生成的比例关系，是指某一代谢物脱下的 2 个氢经呼吸链传递时，呼吸链每消耗一个（1mol）氧原子与新生成的 ATP 分子（mol）数之比。P/O 可判断呼吸链的磷酸化效率，NADH 呼吸链的 P/O 是 3，FAD 呼吸链的 P/O 为 2。

4. 能荷

细胞中存在三种腺苷酸，ATP、ADP、AMP 三者相对数量控制细胞的代谢活动。在总腺苷酸系统中所负荷的高能磷酸基的数目称为能荷。

$$能荷 = \frac{ATP + 1/2ADP}{AMP + ATP + ADP}$$

当腺苷酸系统中全是 AMP 时，能荷为 0；当腺苷酸系统中全是 ADP 时，能荷为 0.5；当腺苷酸系统中全是 ATP 时，能荷为 1。能荷高时 ATP 分解速率提高，合成速率下降，促进 ATP 的利用；能荷低时 ATP 分解速率降低，合成速率提高，抑制 ATP 的利用。

四、能量的储存

ATP 是能量传递的中间载体，不是能量储存物质。磷酸肌酸是脊椎动物肌肉和神经组织中的储能物质，磷酸精氨酸是无脊椎动物体内的储能物质。当机体能量过剩时，ATP 可以将高能磷酸键转给肌酸或精氨酸，生成磷酸肌酸或磷酸精氨酸；当机体能量不足时，磷酸肌酸、磷酸精氨酸再将高能磷酸键转移给 ADP 生成 ATP，供生命活动使用。

$$
\begin{array}{c}
\text{NH}_2 \\
| \\
\text{C}=\text{NH} \\
| \\
\text{N}-\text{CH}_3 \\
| \\
\text{CH}_2 \\
| \\
\text{COOH} \\
\text{肌酸}
\end{array}
+ \text{ATP}
\underset{\text{肌酸激酶}}{\rightleftharpoons}
\begin{array}{c}
\text{H}-\text{N}\sim\text{P} \\
| \\
\text{C}=\text{NH} \\
| \\
\text{N}-\text{CH}_3 \\
| \\
\text{CH}_2 \\
| \\
\text{COOH} \\
\text{磷酸肌酸}
\end{array}
+ \text{ADP}
$$

$$NH_2 \quad \quad \quad H-N{\sim}P$$

C=NH	C=NH
NH	NH
(CH₂)₃	(CH₂)₃
HC—NH₂	HC—NH₂
COOH	COOH

$$+ ATP \overset{精氨酸激酶}{\rightleftharpoons} \quad + ADP$$

精氨酸   磷酸精氨酸

五、能量的转移

ATP 的磷酸基团转移能在所有含磷酸基团化合物中处于中间位置，在磷酸基团转移中可作为"中间传递体"（图 7-11）。当代谢需 ATP 供能时，ATP 可以多种形式转移和释放能量，在机体能量交换中起重要作用。如：ATP 末端磷酸基转给葡萄糖，自身转变为 ADP；ATP 将焦磷酸基（PPi）转移给其他化合物，本身变为 AMP；ATP 将 AMP 转给其他化合物，本身成为 PPi；ATP 将腺苷转给其他化合物，本身变成 PPi 和 Pi；ATP 将高能键转给其他高能化合物等。

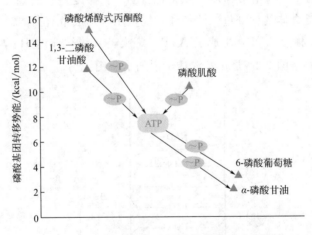

图 7-11 ATP 磷酸基团转移能的位置示意图

体内多数合成反应都以 ATP 为直接能量来源，也有些特殊生物合成反应以 GTP、UTP、CTP 为直接能量来源，如：GTP 用于蛋白质合成，UTP 用于多糖合成，CTP 用于磷脂合成等，而 GTP、UTP、CTP 中的高能键合成来源于 ATP，所以说 ATP 是"能量通货"。ATP 和 NTP、NDP 等高能磷酸化合物的转化如下：

ATP+NDP ⟶ ADP+NTP   ATP+NMP ⟶ ADP+NDP

ATP+GDP ⟶ ADP+GTP   ATP+GMP ⟶ ADP+GDP

ATP+UDP ⟶ ADP+UTP   ATP+UMP ⟶ ADP+UDP

ATP+CDP ⟶ ADP+CTP   ATP+CMP ⟶ ADP+CDP

第五节 氧化与磷酸化的偶联机制

一、化学渗透学说

有关氧化与磷酸化的偶联机制已经做了很多研究，形成了不同的学说，其中最主要的是 1961 年英国 Peter Mitchell 提出的化学渗透学说。

1. 化学渗透学说的要点

电子传递和 ATP 形成之间起偶联作用的是 $[H^+]$ 梯度，偶联过程中，线粒体内膜必须完整、封闭。氧化时，呼吸链起 H^+ 泵的作用——使 H^+ 由内膜内侧的基质传递到内膜外侧，形成内膜两侧 $[H^+]$ 外高内低的电化学梯度，这种电化学梯度就包含着 H^+ 和 e^- 传递过程中释放的能量，此能量可使 ADP 磷酸化产生 ATP。这是因为呼吸链中的递氢体和递电子体位于线粒体内膜，递氢体从内膜内侧接受由底物脱下的氢后，可将其中的 e^- 传递给其后的递电子体，H^+ 泵到膜外侧；线粒体内膜不允许 H^+ 自由通过使得 H^+ 在膜外侧堆积，形成内低外高的 $[H^+]$ 电化学梯度；积蓄的 $[H^+]$ 梯度差包含着 e^- 传递释放的能量，H^+ 在 ATP 合成酶复合体的柄部进入线粒体，能量用于形成带有高能键的中间复合物 $X\sim I$，其高能键的能量再转移给 ADP，生成了 ATP；跨膜进入线粒体的 H^+ 与被 $Cyta_3$ 活化了的 O^{2-} 结合，生成 H_2O。图 7-12 是化学渗透学说的示意图。

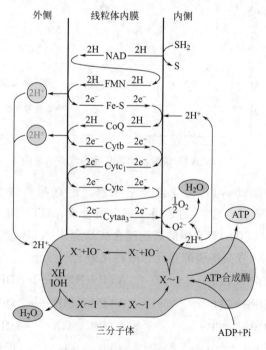

图 7-12 化学渗透学说示意图

2. 化学渗透学说的论据支撑

化学渗透学说有以下有力证据支撑，所以受到较多科学家的认可：①研究发现线粒体内膜需保持完整才能进行氧化磷酸化；②e^-传递过程中确实产生了膜内外两侧的〔H^+〕梯度，外侧 pH 小于内侧 pH1.4 个单位，膜电势为 0.14V；③向内膜外侧加酸，使〔H^+〕上升，可形成 H^+ 跨膜梯度，没有 e^- 传递时也有 ATP 生成；④能携带 H^+ 穿过线粒体内膜的物质可使 H^+ 梯度消失，使氧化作用与磷酸化作用解偶联。

二、氧化磷酸化的解偶联作用

氧化磷酸化是氧化（电子传递）与磷酸化的偶联反应，磷酸化所需的能量由氧化作用供给，氧化形成的能量通过磷酸化作用储存，如果破坏了二者的偶联，氧化磷酸化将受抑制。解偶联作用是指破坏氧化与磷酸化相偶联的作用，使产能过程和储能过程相互脱离，不抑制电子传递，只抑制 ADP 变为 ATP 的磷酸化过程。2,4-二硝基苯酚、双香豆素等是常见的解偶联抑制剂，它们的作用机制是携带质子（H^+）穿过线粒体内膜，破坏膜两侧的〔H^+〕梯度，抑制 ATP 生成。2,4-二硝基苯酚的作用机制见图 7-13。2,4-二硝基苯酚进入机体后破坏了氧化与磷酸化偶联过程，抑制了 ADP 生成 ATP 的过程，呼吸链氧化时产生的能量以热能的形式散发，使机体体温升高。

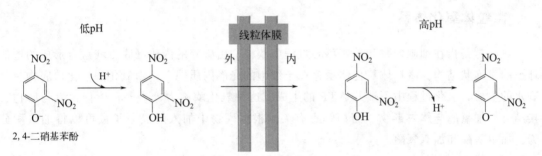

图 7-13　2,4-二硝基苯酚的作用机制

三、氧化磷酸化的抑制作用

1. 电子传递抑制作用

某些物质能抑制呼吸链传递 H^+ 和 e^-，使得氧化作用受阻自由能释放减少，导致 ATP 不能合成，这类物质称为电子传递抑制剂。已知的电子传递抑制剂有阿的平、阿米妥、鱼藤酮、抗霉素 A、CO、氰化物、叠氮化物等，它们在呼吸链中的抑制部位见图 7-14。

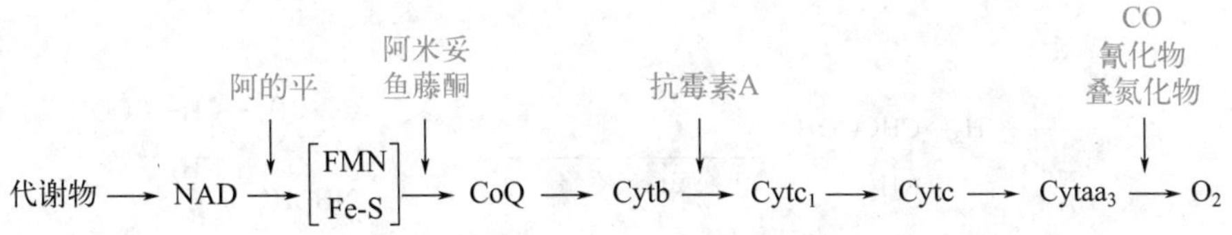

图 7-14　电子传递抑制剂的作用部位

2. 磷酸化抑制作用

磷酸化抑制是只抑制 ATP 的生成，对电子传递过程没有影响。如寡霉素作用位点在 ATP 合成酶，能抑制 ATP 合成酶复合体的柄部蛋白（OSCP），抑制高能中间物的形成，但不抑制电子传递过程。离子载体抑制剂也是一种磷酸化抑制剂，它是一类脂溶性物质能与某些离子结合，作为载体使这些离子穿过膜。电子传递过程产生的能量用于将线粒体外的一价阳离子（Na^+、K^+ 等）泵入线粒体内，从而使 ADP 没有足够的能量生成 ATP。如短杆菌肽是一种离子载体抑制剂，能与 Na^+、K^+ 等形成脂溶性复合物，将 Na^+、K^+ 由线粒体外向线粒体内转移，消耗氧化产生的能量。

第六节 非线粒体氧化体系

在高等动植物细胞内，线粒体氧化体系是主要的氧化体系，此外还有其他的氧化体系，称为非线粒体氧化体系。如微粒体氧化体系、过氧化物酶体氧化体系等，这些氧化体系一般不涉及能量的储存与利用，却有重要的生理功能。

一、微粒体氧化体系

微粒体是指在细胞匀浆和差速离心过程中获得的由破碎的内质网膜自我融合形成的近似球形的囊泡状结构。微粒体氧化体系存在于细胞的光滑内质网上，由氧化酶催化从底物脱氢到水的生成，氧化过程中不涉及 ATP 的生成。这种氧化酶称为加氧酶，能催化氧与底物直接结合。加氧酶与体内毒物、药物解毒有关。根据底物中加入的氧原子数可以将加氧酶分为：加单氧酶和加双氧酶。

1. 加单氧酶

加单氧酶能催化在底物分子上增加 1 个氧原子的反应，催化反应进行时需要氧和还原型辅助因子。反应通式如下：

$$SH + O_2 + NADPH + H^+ \longrightarrow SOH + NADP^+ + H_2O$$

2. 加双氧酶

加双氧酶能催化在底物分子上增加 2 个氧原子的反应，催化氧分子直接加到底物分子上。以下列举了 2 种加双氧酶的催化反应：色氨酸在色氨酸吡咯酶催化下与氧气反应生成甲酰犬尿酸原，β-胡萝卜素在加双氧酶催化下与氧气反应生成视黄醛。

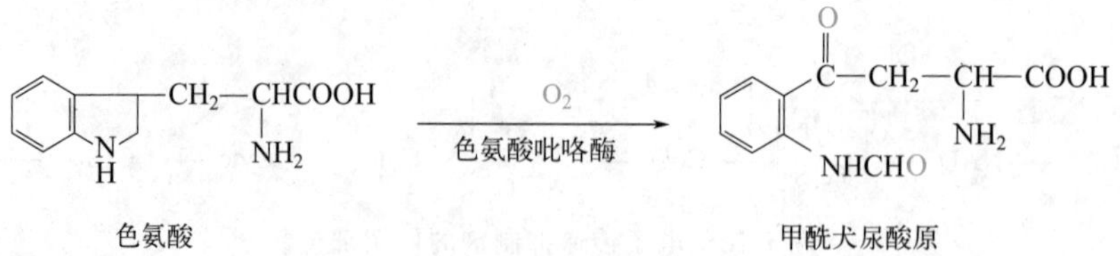

色氨酸　　　　　　　　　　　　　　　甲酰犬尿酸原

β-胡萝卜素 ... 视黄醛

（经 O_2 / 加双氧酶 生成 2 分子视黄醛）

二、过氧化物酶体氧化体系

细胞代谢过程中会产生对机体有害的活性氧代谢物（氧分子的部分还原代谢产物的总称），如超氧离子（O_2^-）、H_2O_2、羟自由基（·OH）等，会导致 DNA 氧化、修饰，甚至断裂，氧化蛋白质的巯基而改变其功能或引起酶活性丧失，作用于脂质中的不饱和脂肪酸等则可产生过氧化脂质，引起生物膜损伤。机体内部分活性氧代谢物的生成、转化过程如下：

$$O_2 + 4e^- \longrightarrow 2O^{2-} \longrightarrow 2H_2O$$
$$O_2 + 2e^- \longrightarrow O_2^{2-} \longrightarrow H_2O_2$$
$$O_2 + e^- \longrightarrow O_2^-$$

过氧化物酶体是一种在真核细胞内普遍存在能进行氧化还原的细胞器，是由单层膜包裹的囊泡。它主要含有过氧化物酶、过氧化氢酶和超氧化物歧化酶等，这些酶能催化氧化还原反应，消除活性氧代谢物，防止其含量过高危害机体健康。

1. 过氧化物酶

过氧化物酶催化 H_2O_2 还原成 H_2O，同时使另一底物氧化，清除体内的 H_2O_2。过氧化物酶主要分布在乳汁、白细胞、血小板等体液或细胞中，该酶的辅基是血红素。过氧化物酶催化反应的通式如下：

$$H_2O_2 + SH_2 \longrightarrow 2H_2O + S$$

2. 过氧化氢酶

过氧化氢酶是特殊的过氧化物酶，可以催化 H_2O_2 发生歧化反应，1 分子 H_2O_2 失去电子而被氧化，另 1 分子 H_2O_2 得到电子被还原，生成水和氧气。过氧化氢酶广泛分布在血液、动物肝、肾等组织，主要清除生物体内的 H_2O_2。过氧化氢酶催化反应的通式如下：

$$2H_2O_2 \longrightarrow 2H_2O + O_2$$

3. 超氧化物歧化酶

超氧化物歧化酶（SOD）能使超氧离子与氢离子反应生成过氧化氢和氧气。反应式如下：

$$2O_2^- + 2H^+ \longrightarrow H_2O_2 + O_2$$

生成的 H_2O_2 再通过过氧化氢酶或过氧化物酶催化生成 H_2O 和 O_2，这样通过 2 步清除了超氧离子的危害。

一、选择题

1. 2 个氢经 NADH 呼吸链传递释放的能量可以生成（　　）分子 ATP。

A. 1 个　　　　　B. 2 个　　　　　C. 3 个　　　　　D. 4 个

2. 呼吸链的各细胞色素在电子传递中的排列顺序是（　　）

A. c_1-b-c-aa_3　　　　　　　　　　　B. c-c_1-b-aa_3

C. c_1-c-b-aa_3　　　　　　　　　　　D. b-c_1-c-aa_3

3. 下列关于电子传递链的叙述中，错误的是（　　）。

A. 传递链的递氢体同时也是递电子体

B. 传递链的递电子体同时也是递氢体

C. 电子传递过程中伴有 ADP 的磷酸化

D. 抑制传递链中细胞色素氧化酶，则整个传递链的功能丧失

二、简答题

1. 给实验动物注射一定量的 2,4-二硝基苯酚，立即造成体温升高，请解释原因。

2. 超氧基和过氧化氢能破坏细胞膜的磷脂，是导致衰老的原因之一。为了延迟衰老，有人建议服用 SOD 药片以使这些物质尽快转化，可行吗？

第八章
糖代谢 >>>

糖是生物体内重要的碳源和能源物质，不同生物体内糖的代谢过程有一定相似性。糖代谢可以分为分解代谢和合成代谢两部分，糖的分解代谢是指糖类在生物体内经过一系列的反应分解成小分子物质，同时释放出能量的过程。分解过程中形成的中间产物可以作为合成脂类、蛋白质、核酸等物质的原料。糖的合成代谢是指生物体将某些小分子非糖类物质转化为糖或将单糖合成低聚糖及多糖的过程，这个过程需要消耗能量。

第一节　多糖的酶促降解

多糖的分解代谢，首先要在水解酶的作用下将多糖水解为单糖，进而通过不同的代谢途径将单糖分解为 CO_2、H_2O 等小分子。水解反应是糖类分解的限速步骤，有多种水解酶参与，一般不消耗能量。

一、参与多糖水解的酶

1. α-淀粉酶

α-淀粉酶（α-amylase）又称淀粉-1,4-糊精酶、α-糊精酶，是淀粉内切酶，可以随机水解淀粉中的 α-1,4-糖苷键，生成糊精。α-淀粉酶广泛存在于动物、植物和微生物中，对酸比较敏感，在 pH＝3 时容易被破坏。α-淀粉酶作用位点如下：

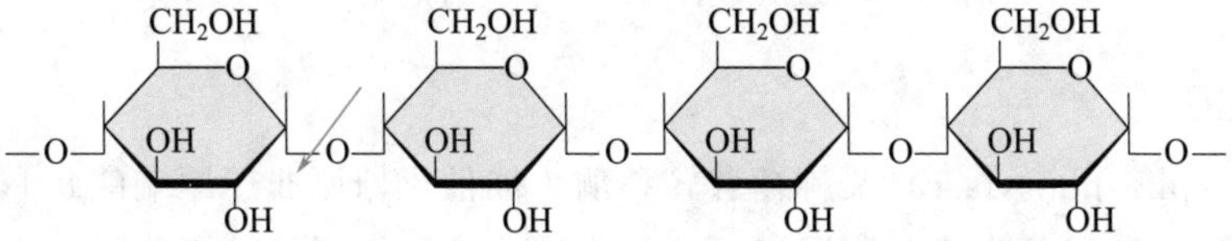

2. β-淀粉酶

β-淀粉酶（β-amylase）又称淀粉-1,4-麦芽糖苷酶，是淀粉外切酶，从淀粉非还原端以二糖为单位水解 α-1,4-糖苷键并将 α-型转变为 β-型，产物为 β-麦芽糖。β-淀粉酶主要存在于高等作物的种子中，作用于直链淀粉，终产物为麦芽糖，作用于支链淀粉，除产生麦芽糖外还会产生大分子糊精。β-淀粉酶的作用位点如下：

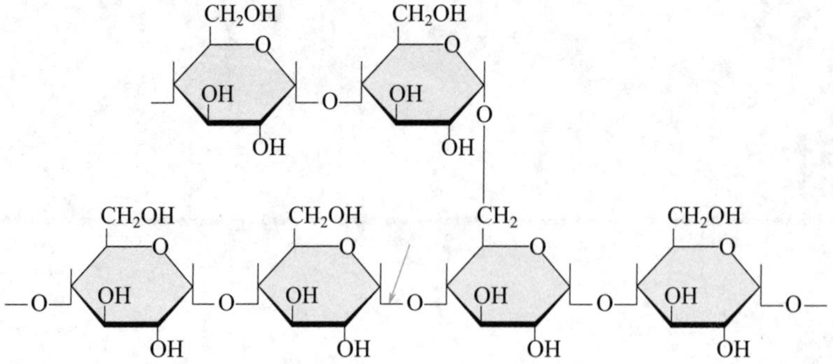

3. γ-淀粉酶

γ-淀粉酶（γ-amylase）作用于淀粉的 α-1,4-糖苷键和分支处的 α-1,6-糖苷键，从非还原端逐个切下葡萄糖残基，水解产生的游离半缩醛羟基发生转位，释放 β-D-葡萄糖。γ-淀粉酶作用于直链淀粉和支链淀粉的终产物都是葡萄糖。γ-淀粉酶作用位点如下：

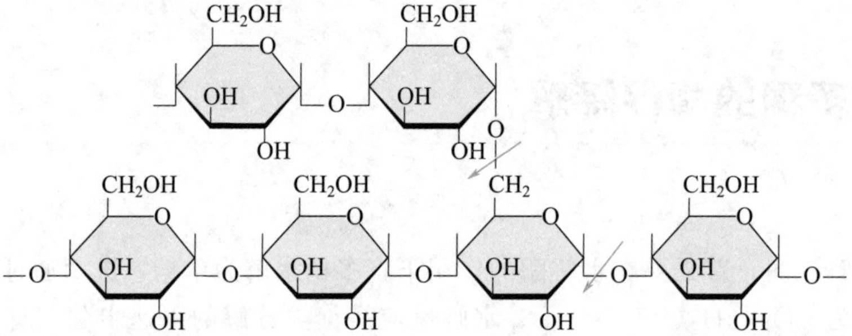

4. 纤维素酶

纤维素酶（cellulase）作用于纤维素的 β-1,4-糖苷键，可以将纤维素水解为纤维二糖和葡萄糖。纤维素酶是起协同作用的多组分酶形成的一种复合酶，种类繁多，来源广泛。不同来源的纤维素酶其结构和功能相差很大。纤维素酶的作用位点如下：

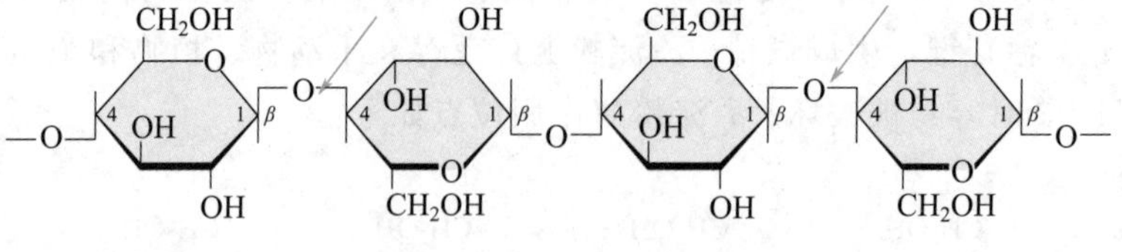

5. 磷酸化酶

磷酸化酶（phosphorylase）又称糖苷转移酶，能催化糖原非还原端的 α-1,4-糖苷键与磷酸反应，产物为 1-磷酸葡萄糖，该反应不消耗能量。磷酸化酶可以将糖原主链水解，但若想使支链完全降解，还需要脱支酶和转移酶参与。

6. 脱支酶

细胞中有三种降解糖原的酶，水解 α-1,4-糖苷键的磷酸化酶，转移支链上末端寡聚葡萄糖的转移酶和水解分支处 α-1,6-糖苷键的脱支酶（debranching enzyme）。可以将糖原降解为 1-磷酸葡萄糖。磷酸化酶和脱支酶的作用过程如图 8-1 所示。

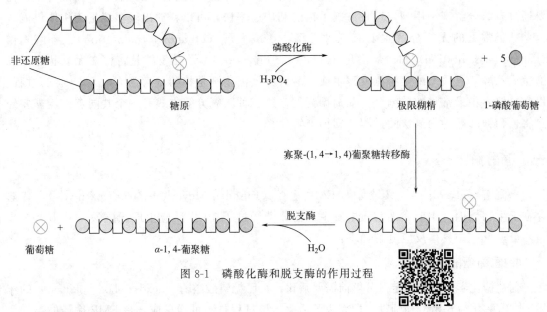

图 8-1　磷酸化酶和脱支酶的作用过程

二、多糖的水解

1. 淀粉的水解

直链淀粉是葡萄糖以 α-1,4-糖苷键连接形成的单链多聚糖。支链淀粉中连接葡萄糖分子的除了主链中的 α-1,4-糖苷键外，还有分支处的 α-1,6-糖苷键。淀粉水解时每切断一个糖苷键吸收一分子水，α-淀粉酶在淀粉分子内部随机切割，使淀粉聚合度迅速下降，随后在 β-淀粉酶、γ-淀粉酶、麦芽糖酶等的共同作用下，最终水解为葡萄糖单体。

2. 糖原的水解

糖原的结构与支链淀粉相似，主链由 α-1,4-糖苷键连接而成，分支处为 α-1,6-糖苷键，6~7 个葡萄糖再度分支，形成网状结构。糖原水解时由磷酸化酶催化切下 1-磷酸葡萄糖，随后在转移酶、脱支酶等作用下，最终水解为葡萄糖单体。

3. 纤维素的水解

纤维素是葡萄糖以 β-1,4-糖苷键连接形成的多糖，在纤维素酶的作用下分解成纤维二糖，再由纤维二糖酶继续水解为 β-D-葡萄糖。食草动物消化道和某些微生物具有纤维素酶，而纤维素不能被人体吸收利用，但是能促进人的肠胃蠕动，有利于消化。

第二节　糖的无氧分解

多糖在消化道内被水解后，以单糖的形式被小肠上皮细胞吸收进入血液，运送到各个组织的细胞中被进一步分解。糖的分解类型主要根据是否需要氧分子参与分为两种方式：无氧分解（anaerobic catabolism）和有氧分解（aerobic catabolism）。一些生物或生物的某些组织可以在无氧条件下生活，但无氧条件下糖的分解不完全，释放的能量较少。大部分生物需要通过有氧分解来利用糖，这种方式下糖的利用速率快，可以释放出较多能量为机体供能。

糖类常见的无氧分解主要有三种类型：乙醇发酵（ethanol fermentation）、乳酸发酵（lactate fermentation）和厌氧消化（anaerobic digestion）。乙醇发酵是将糖在无氧状态下发酵生成乙醇；乳酸发酵是将糖发酵生成乳酸；厌氧消化则是将糖分解为 CH_4、CO_2 的过程。以在自然界中最常见的单糖——葡萄糖为例，这三种厌氧分解方式有一个共同点：均需要经过将葡萄糖降解为丙酮酸的过程，即糖酵解途径。

一、糖酵解

糖酵解（glycolysis）又被称为 EMP 途径（Embden-Meyerhof-Parnas pathway），普遍存在于生物体内，主要在细胞质中发生，葡萄糖经过了 10 步反应生成丙酮酸，其中有 3 步是不可逆反应。具体反应分解如下：

1. 葡萄糖的磷酸化

葡萄糖化学性质较稳定，分解前需要活化，在己糖磷酸激酶（hexose phosphokinase）的作用下被磷酸化为 6-磷酸葡萄糖，即完成了活化。该过程是不可逆反应，是 EMP 途径的第一个限速步骤，需要消耗 1 分子 ATP。己糖磷酸激酶的专一性不强，还可以催化果糖、甘露糖等。

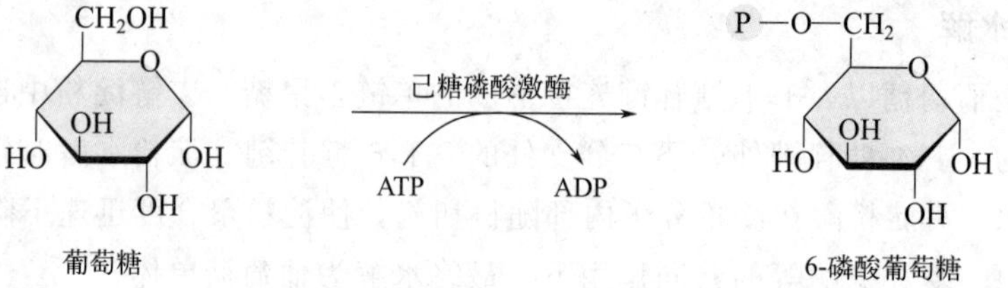

葡萄糖 → 6-磷酸葡萄糖（己糖磷酸激酶，ATP → ADP）

2. 异构化

6-磷酸葡萄糖在磷酸己糖异构酶（phosphohexoisomerase）催化下生成 6-磷酸果糖，反应是可逆的。果糖可以直接由己糖磷酸激酶催化生成 6-磷酸果糖。

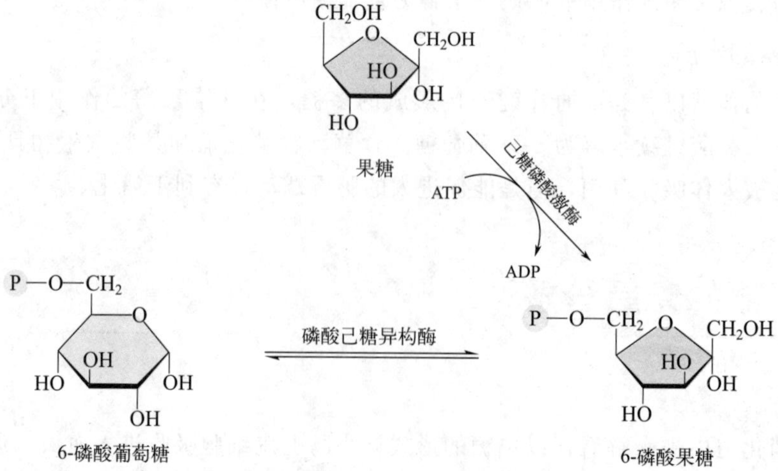

果糖 → 6-磷酸果糖（己糖磷酸激酶，ATP → ADP）；6-磷酸葡萄糖 ⇌ 6-磷酸果糖（磷酸己糖异构酶）

3. 6-磷酸果糖磷酸化

6-磷酸果糖在磷酸果糖激酶（phosphofructokinase，PFK）的作用下生成 1,6-二磷酸果糖，该反应不可逆，是 EMP 途径的第二个限速步骤，反应需要消耗 ATP。以上 3 步反应是 EMP 途径的第一阶段，即准备阶段，需要消耗能量。

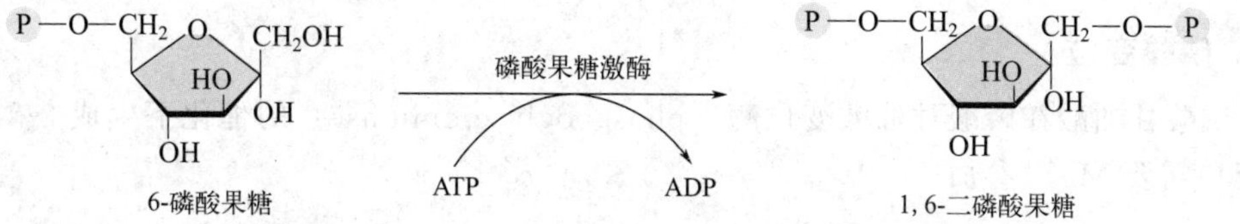

6-磷酸果糖 → 磷酸果糖激酶（ATP → ADP）→ 1,6-二磷酸果糖

4. 裂解

1,6-二磷酸果糖在醛缩酶（aldolase）作用下裂解，生成 3-磷酸甘油醛和磷酸二羟丙酮，其中后者占 96%，反应可逆。磷酸二羟丙酮在磷酸丙糖异构酶作用下又可以生成 3-磷酸甘油醛，该反应也是可逆的。缩醛酶是 EMP 途径的特征酶。

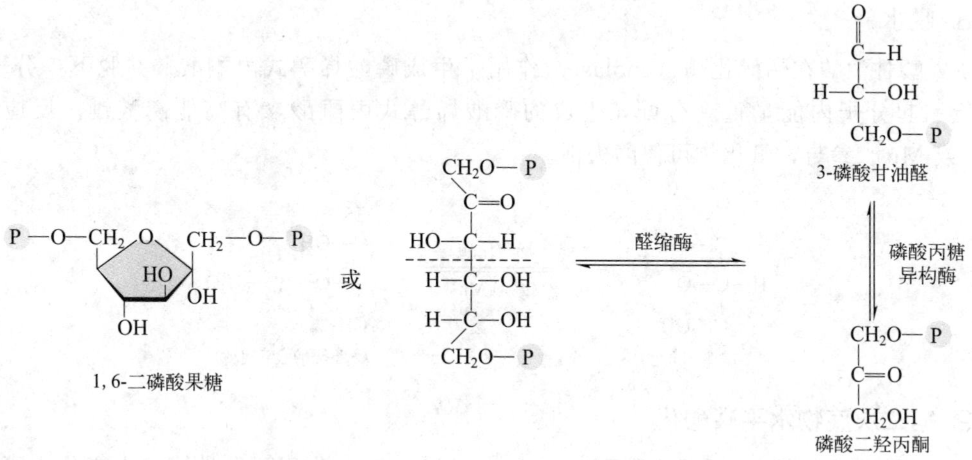

1,6-二磷酸果糖 或 → 醛缩酶 → 3-磷酸甘油醛 ⇌ 磷酸丙糖异构酶 ⇌ 磷酸二羟丙酮

5. 氧化

3-磷酸甘油醛在 3-磷酸甘油醛脱氢酶（glyceraldehyde 3-phosphate dehydrogenase）作用下发生脱氢氧化，生成 1,3-二磷酸甘油酸。3-磷酸甘油醛脱氢酶的辅因子为 NAD^+，受碘乙酸的抑制。

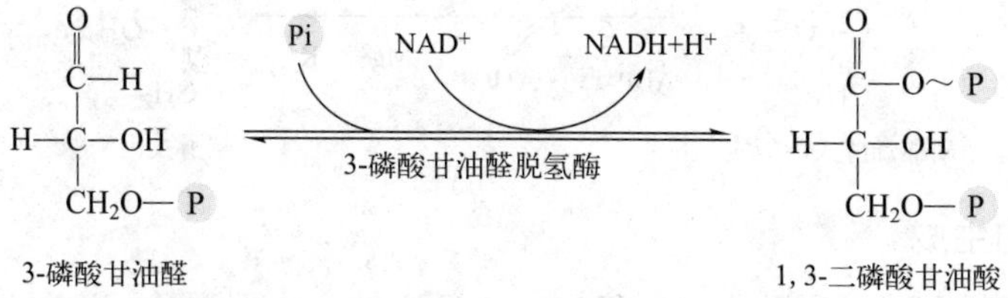

3-磷酸甘油醛 → 3-磷酸甘油醛脱氢酶（Pi，NAD^+ → $NADH+H^+$）→ 1,3-二磷酸甘油酸

6. 第一次底物水平磷酸化

1,3-二磷酸甘油酸在磷酸甘油酸激酶（phosphoglycerate kinase）的作用下发生底物水平磷酸化（substrate level-phosphorylation），生成 3-磷酸甘油酸和 1 分子 ATP，该反应可逆，需要 Mg^{2+} 参与。

$$\underset{\text{1,3-二磷酸甘油酸}}{\begin{array}{c}\text{O}\\\text{‖}\\\text{C}-\text{O}\sim\text{P}\\\text{|}\\\text{H}-\text{C}-\text{OH}\\\text{|}\\\text{CH}_2\text{O}-\text{P}\end{array}}\quad\xrightleftharpoons[\text{磷酸甘油酸激酶}]{\overset{\text{ADP}\quad\text{ATP}}{\text{Mg}^{2+}}}\quad\underset{\text{3-磷酸甘油酸}}{\begin{array}{c}\text{O}\\\text{‖}\\\text{C}-\text{OH}\\\text{|}\\\text{H}-\text{C}-\text{OH}\\\text{|}\\\text{CH}_2\text{O}-\text{P}\end{array}}$$

7. 磷酸变位

3-磷酸甘油酸在磷酸甘油酸变位酶（phosphoglyceromutase）的催化下生成 2-磷酸甘油酸，反应需要 Mg^{2+} 参加。

$$\underset{\text{3-磷酸甘油酸}}{\begin{array}{c}\text{O}\\\text{‖}\\\text{C}-\text{OH}\\\text{|}\\\text{H}-\text{C}-\text{OH}\\\text{|}\\\text{CH}_2\text{O}-\text{P}\end{array}}\quad\xrightleftharpoons[]{\text{磷酸甘油酸变位酶}}\quad\underset{\text{2-磷酸甘油酸}}{\begin{array}{c}\text{O}\\\text{‖}\\\text{C}-\text{OH}\\\text{|}\\\text{H}-\text{C}-\text{O}-\text{P}\\\text{|}\\\text{CH}_2\text{OH}\end{array}}$$

8. 脱水

2-磷酸甘油酸在烯醇化酶（enolase）作用下生成磷酸烯醇式丙酮酸，并脱下 1 分子水，脱水会引起分子内能量重新分配，生成的磷酸烯醇式丙酮酸含有高能磷酸键。反应需要 Mg^{2+} 或 Mn^{2+} 参与，氟化物可使酶失活。

$$\underset{\text{2-磷酸甘油酸}}{\begin{array}{c}\text{O}\\\text{‖}\\\text{C}-\text{OH}\\\text{|}\\\text{H}-\text{C}-\text{O}-\text{P}\\\text{|}\\\text{CH}_2\text{OH}\end{array}}\quad\xrightleftharpoons[\text{Mg}^{2+}\text{或Mn}^{2+}]{\text{烯醇化酶}}\quad\underset{\text{磷酸烯醇式丙酮酸}}{\begin{array}{c}\text{O}\\\text{‖}\\\text{C}-\text{OH}\\\text{|}\\\text{C}-\text{O}\sim\text{P}\quad+\text{H}_2\text{O}\\\text{‖}\\\text{CH}_2\end{array}}$$

9. 第二次底物水平磷酸化

磷酸烯醇式丙酮酸在丙酮酸激酶（pyruvate kinase）的作用下发生第二次底物水平磷酸化，生成烯醇式丙酮酸和 1 分子 ATP，该反应需要 Mg^{2+} 或 K^+ 参与，是不可逆的，是 EMP 途径的第三个限速步骤。

$$\underset{\text{磷酸烯醇式丙酮酸}}{\begin{array}{c}\text{O}\\\text{‖}\\\text{C}-\text{OH}\\\text{|}\\\text{C}-\text{O}\sim\text{P}\\\text{‖}\\\text{CH}_2\end{array}}\quad\xrightarrow[\text{Mg}^{2+},\ \text{K}^+]{\overset{\text{ADP}\quad\text{ATP}}{\text{丙酮酸激酶}}}\quad\underset{\text{烯醇式丙酮酸}}{\begin{array}{c}\text{O}\\\text{‖}\\\text{C}-\text{OH}\\\text{|}\\\text{C}-\text{OH}\\\text{‖}\\\text{CH}_2\end{array}}$$

10. 丙酮酸的生成

在中性条件下烯醇式丙酮酸十分不稳定，会迅速转变为丙酮酸，这一步是自发进行的。

$$\underset{\text{烯醇式丙酮酸}}{\begin{array}{c}\text{COOH}\\\text{|}\\\text{C}-\text{OH}\\\text{‖}\\\text{CH}_2\end{array}}\quad\xrightleftharpoons[]{}\quad\underset{\text{丙酮酸}}{\begin{array}{c}\text{COOH}\\\text{|}\\\text{C}=\text{O}\\\text{|}\\\text{CH}_3\end{array}}$$

至此，EMP 途径实现了将葡萄糖分解为丙酮酸，其中第 4 步到第 10 步是 EMP 途径的第二阶段，能够产生 ATP 为机体供能。EMP 途径总反应式如下：

$$C_6H_{12}O_6 + 2NAD^+ + 2Pi + 2ADP \longrightarrow 2C_3H_4O_3 + 2NADH + 2H^+ + 2ATP + 2H_2O$$

途径总览如图 8-2 所示。

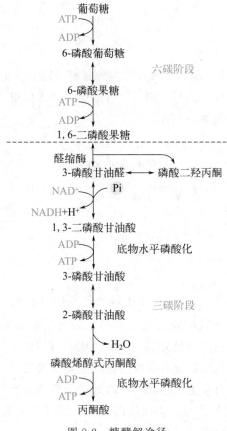

图 8-2　糖酵解途径

EMP 途径是单糖分解代谢的一条重要基本途径，无论在有氧还是无氧条件下都能进行。EMP 途径能在无氧状态下为机体或组织提供能量，使之有效适应缺氧情况，对于某些组织或细胞（如厌氧微生物），EMP 途径是主要的获能方式。EMP 途径中形成了多种中间产物，为氨基酸、脂质、某些生物活性物质的合成提供了碳骨架，在物质代谢网络中发挥着重要作用。EMP 途径也是葡萄糖完全氧化分解成 CO_2 和水的必要准备阶段，同时又为糖异生提供了基本途径。EMP 途径生成的丙酮酸，在无氧条件下有三条主要代谢路径，即乙醇发酵、乳酸发酵和厌氧消化。

二、乙醇发酵和乳酸发酵

1. 乙醇发酵

乙醇发酵指某些微生物（如酵母菌）可以在丙酮酸脱羧酶（pyruvate decarboxylase）作用下，将 EMP 途径产生的丙酮酸分解成乙醛和 CO_2，乙醛进而在乙醇脱氢酶（alcohol dehydrogenase）催化下加氢还原生成乙醇的过程。传统的"酿酒"就是发生这个反应。丙酮酸脱羧酶需要 TPP、Mg^{2+} 为辅因子，乙醇脱氢酶催化的过程需要 NADH 供氢。

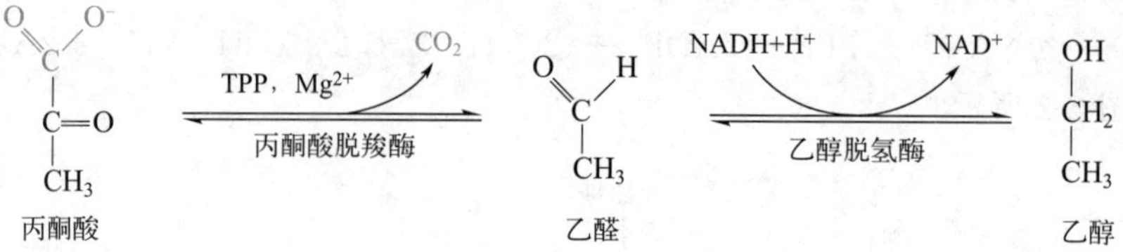

2. 乳酸发酵

乳酸发酵指 EMP 途径产生的丙酮酸在乳酸脱氢酶（lactate dehydrogenase）催化下，发生加氢还原，生成乳酸的过程。某些生物（如乳酸菌）和人体组织在缺氧状况下，可以发生这个反应。乳酸脱氢酶的供氢体为 NADH。

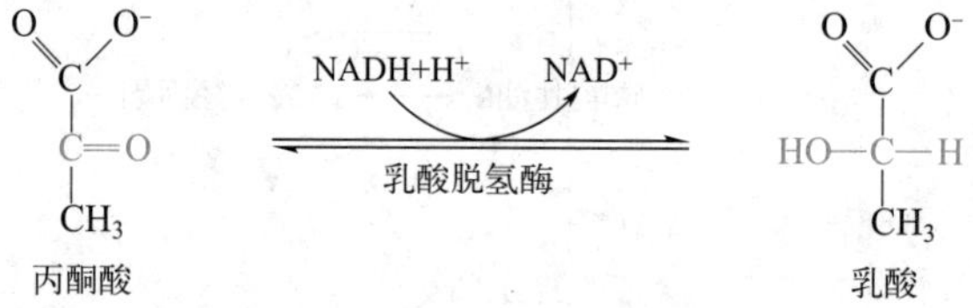

三、厌氧消化

厌氧消化是指在无氧环境下，有机物在多种厌氧微生物的共同作用下转变为 CH_4 和 CO_2 的过程。它是乙醇发酵和乳酸发酵之外的另一条重要的无氧分解代谢途径，除糖类以外，蛋白质、脂类等均可经过此途径分解。厌氧消化不但对推动自然界的物质循环并维持生态系统平衡至关重要，还是当前处理有机废弃物的主要手段之一。人类生产生活中产生的种植养殖废弃物、餐厨垃圾、有机生活垃圾等可以通过厌氧消化生成 CH_4，对减轻环境污染、促进资源高效利用、维持生态平衡、优化能源结构、缓解能源危机、推动实施"双碳"目标、实现经济和社会的可持续发展具有重要意义。

厌氧消化分为 4 个阶段，即水解、酸化、产乙酸和产甲烷阶段。水解阶段（hydrolysis stage）是指复杂的大分子有机物等经细菌分泌的各种胞外水解酶作用，水解为小分子的过程，如多糖水解为单糖，蛋白质水解为氨基酸等。酸化阶段（acidogenesis stage）水解产物进一步分解，生成丙酸、丁酸、乙酸、乳酸等短链有机酸、H_2 和 CO_2 的过程。该阶段反应众多，也是厌氧消化代谢网络中最复杂的过程，有多种酸化细菌参与。产乙酸阶段（acetogenesis stage）是将上一阶段产生的丙酸、丁酸和乳酸等进一步转化为乙酸。产甲烷阶段（methanogenesis stage）是指产甲烷古菌将乙酸、CO_2、H_2 和甲基类物质如甲胺、甲醇、甲硫醇等转化为 CH_4 的过程。根据底物的不同，可以把产甲烷阶段分为 3 条途径，分别为耗氢产甲烷（hydrogenotrophic methanogenesis）、耗乙酸产甲烷（acetotrophic methanogenesis）和耗甲基产甲烷（methylotrophic methanogenesis）途径。

整个过程较为复杂，图 8-3 展示了糖的厌氧消化产 CH_4 过程。丙酮酸和乙酰 CoA 是代谢过程中关键的中间代谢产物，是承上启下的桥梁。表 8-1 是代谢过程中涉及的物质的全称和缩写，表 8-2 是代谢图中涉及的酶的缩写、全称和 EC 编号。

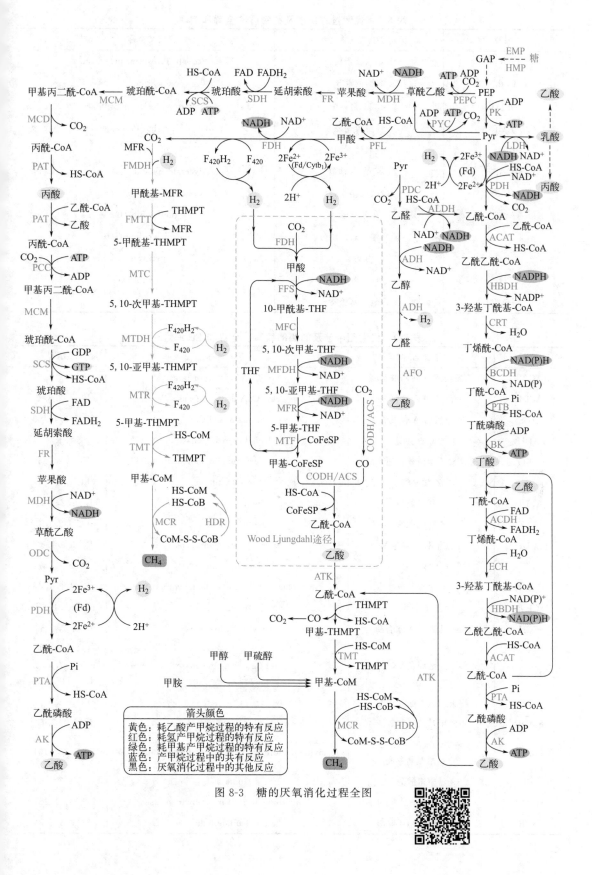

图 8-3　糖的厌氧消化过程全图

表 8-1　代谢过程中涉及的物质的全称和缩写

缩写	中文全称	英文全称
CoFeSP	钴铁硫蛋白	cobalt iron-sulfur protein
$Cytb_1$	细胞色素 b_1	cytochrome b_1
DHAP	磷酸二羟丙酮	dihydroxyacetone-phosphate
EMP	糖酵解途径	Embden-Meyerhof-Parnas pathway
Fd	铁氧还蛋白	ferredoxin
GAP	3-磷酸-甘油醛	glyceraldehyde-3-phosphate
HMP	磷酸戊糖途径	hexose monophosphate pathway
MFR	甲基呋喃	methanofuran
PEP	磷酸烯醇式丙酮酸	phosphoenolpyruvate
Pyr	丙酮酸	pyruvate
THF	四氢叶酸	tetrahydrofolate
THMPT	四氢甲基蝶呤	tetrahydromethanopterin

表 8-2　代谢图中涉及的酶的缩写、全称和 EC 编号

缩写	中文名称	英文名称	EC 编号
ACAT	乙酰辅酶 A 转乙酰基酶	acetyl-CoA acetyltransferase	EC 2.3.1.9
ACDH	脂酰辅酶 A 脱氢酶	acyl-CoA dehydrogenase	EC 1.3.8.1
ACS	乙酰辅酶 A 合成酶	CO-methylating acetyl-CoA synthase	EC 2.3.1.169
ADH	乙醇脱氢酶	alcohol dehydrogenase	EC 1.1.1.1
AFO	醛铁氧还蛋白氧化还原酶	aldehyde ferredoxin oxidoreductase	EC 1.2.7.5
AK	乙酸激酶	acetate kinase	EC 2.7.2.1
ALDH	乙醛脱氢酶	acetaldehyde dehydrogenase	EC 1.2.1.10
ATK	乙酸硫激酶	acetate thiokinase	EC 6.2.1.1
BCDH	丁酰辅酶 A 脱氢酶	butyryl-CoA dehydrogenase	EC 1.3.1.86
BK	丁酸激酶	butyrate kinase	EC 2.7.2.7
CODH	一氧化碳脱氢酶	anaerobic carbon monoxide dehydrogenase	EC 1.2.7.4
CRT	丁烯酰酶	crotonase	EC 4.2.1.150
ECH	烯脂酰辅酶 A 水合酶	enoyl-CoA hydratase	EC 4.2.1.55
FDH	甲酸脱氢酶	formate dehydrogenase	EC 1.2.2.1 EC 1.17.98.3 EC 1.17.1.9
FFS	甲酰四氢叶酸合成酶	formyltetrahydrofolate synthetase	EC 6.3.4.3
FMDH	甲酰甲基呋喃脱氢酶	formylmethanofuran dehydrogenase	EC 1.2.7.12
FMTT	甲酰甲基呋喃-THMPT N-甲酰基转移酶	formylmethanofuran-THMPT N-formyltransferase	EC 2.3.1.101
FR	延胡索酸酶	fumarase	EC 4.2.1.2
HBDH	3-羟丁酰基辅酶 A 脱氢酶	3-hydroxybutyryl-CoA dehydrogenase	EC 1.1.1.157
HDR	异质二硫化物还原酶	heterodisulfide reductase	EC 1.8.7.3

缩写	中文名称	英文名称	EC 编号
LDH	乳酸脱氢酶	lactate dehydrogenase	EC 1.1.1.27
MCD	甲基丙二酰辅酶 A 脱羧酶	methylmalonyl-CoA decarboxylase	EC 4.1.1.41
MCM	甲基丙二酰辅酶 A 变位酶	methylmalonyl-CoA mutase	EC 5.4.99.2
MCR	甲基辅酶 M 还原酶	methyl-CoM reductase	EC 2.8.4.1
MDH	苹果酸脱氢酶	malate dehydrogenase	EC 1.1.1.37
MFC	次甲基 THF 环水解酶	methenyltetrahydrofolate cyclohydrolase	EC 3.5.4.9
MFDH	亚甲基 THF 脱氢酶	methylenetetrahydrofolate dehydrogenase	EC 1.5.1.15
MFR	亚甲基 THF 还原酶	methylenetetrahydrofolate reductase	EC 1.5.1.20
MTC	次甲基 THMPT 环水解酶	methenyltetrahydromethanopterin cyclohydrolase	EC 3.5.4.27
MTDH	亚甲基 THMPT 脱氢酶	methylenetetrahydromethanopterin dehydrogenase	EC 1.5.98.1
MTF	甲基转移酶	methyltransferase	EC 2.1.1.245
MTR	5,10-亚甲基 THMPT 还原酶	5,10-methylenetetrahydromethanopterin reductase	EC 1.5.98.2
ODC	草酰乙酸脱羧酶	oxaloacetate decarboxylase	EC 4.1.1.112
PAT	丙酰辅酶 A 转移酶	propionyl-CoA transferase	EC 2.8.3.1
PCC	丙酰辅酶 A 羧化酶	propionyl-CoA carboxylase	EC 6.4.1.3
PDC	丙酮酸脱羧酶	pyruvate decarboxylase	EC 4.1.1.1
PDH	丙酮酸脱氢酶系	pyruvate dehydrogenase complex	EC 1.2.1.104
PEPC	磷酸烯醇式丙酮酸羧化酶	phosphoenolpyruvate carboxylase	EC 4.1.1.31
PFL	丙酮酸甲酸裂解酶	pyruvate formate lyase	EC 2.3.1.54
PK	丙酮酸激酶	pyruvate kinase	EC 2.7.1.40
PTA	磷酸转乙酰酶	phosphotransacetylase	EC 2.3.1.8
PTB	磷酸转丁酰酶	phosphotransbutyrylase	EC 2.3.1.19
PYC	丙酮酸羧化酶	pyruvate carboxylase	EC 6.4.1.1
SCS	琥珀酰辅酶 A 合成酶	succinyl-CoA synthetase	EC 6.2.1.5
SDH	琥珀酸脱氢酶	succinate dehydrogenase	EC 1.3.5.1
TML	THMPT S-甲基转移酶	tetrahydromethanopterin S-methyltransferase	EC 2.1.1.86

四、糖无氧分解的意义

1 分子葡萄糖通过无氧分解生成乙醇或乳酸可以净产生 2 分子 ATP，如果从糖原水解开始计算，由于磷酸化酶（phosphorylase）催化糖原水解可直接生成 1-磷酸葡萄糖，可以少消耗 1 分子用于活化葡萄糖的 ATP，因此总计可生成 3 分子 ATP。糖的无氧分解虽然产生的能量较少，但它是普遍存在分解代谢途径，也是机体缺氧时的主要代谢途径，一些厌氧微生物生存所需要的所有能量完全依赖糖的无氧分解提供。对动物和人而言，有少数组织或细胞即使在有氧条件下，也依靠酵解作用获取能量。如成熟的红细胞由于没有线粒体，完全依赖糖酵解供给能量。无氧分解的案例在日常生活中非常多见，比如：酸奶发酵、无氧运动后肌肉酸痛、啤酒与白酒酿造、有机垃圾处理厂利用厌氧反应器将餐厨垃圾变为生物天然气（主要成分为 CH_4）等。

第三节　糖的有氧分解

葡萄糖经过 EMP 途径生成丙酮酸后，在有氧条件下会进入有氧分解途径，丙酮酸首先被跨膜运送到线粒体内生成乙酰 CoA，随后进入三羧酸循环，最终被彻底氧化生成 CO_2 和水，释放大量能量。有氧分解释放的能量比无氧分解高得多，在糖类、脂类、蛋白质这些生命基础物质的代谢网络中，三羧酸循环可以被称为"枢纽"。

一、乙酰 CoA 的生成

葡萄糖在 EMP 途径中分解生成丙酮酸，反应是在细胞质中进行的，而氧化供能需要在线粒体内进行。丙酮酸首先跨膜进入线粒体，随后在丙酮酸脱氢酶系（pyruvate dehydrogenase complex）的催化作用下，氧化脱羧生成乙酰 CoA 和 CO_2。丙酮酸脱氢酶系是一种多酶复合体，位于线粒体内膜上，由丙酮酸脱氢酶（E_1）、二氢硫辛酸乙酰基转移酶（E_2）和二氢硫辛酸脱氢酶（E_3）三种不同的酶组成，可催化丙酮酸的脱氢脱羧。该酶系需要 TPP、FAD、NAD^+、硫辛酸、CoASH 和 Mg^{2+} 6 种辅助因子共同作用，具体催化过程见图 6-7。

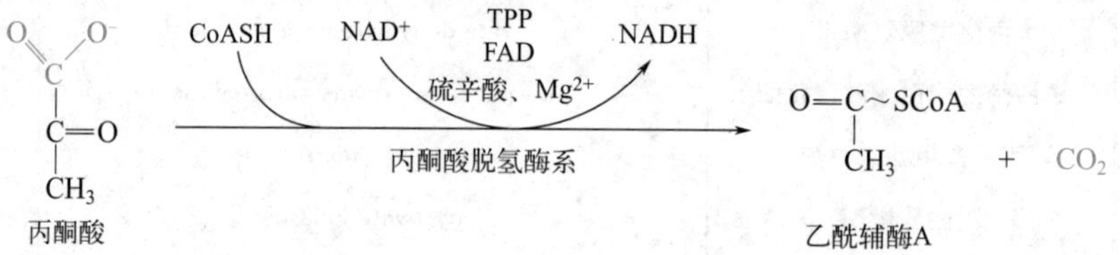

二、三羧酸循环的具体过程

三羧酸循环（tricarboxylic acid cycle，TCA cycle）又称柠檬酸循环、Krebs 循环，由英籍德裔生化学家 Hans Adolf Krebs 发现，Krebs 获得了 1953 年的诺贝尔生理学或医学奖。三羧酸循环发生的场所是细胞的线粒体基质，从乙酰 CoA 和草酰乙酸缩合成柠檬酸开始，经过生成异柠檬酸、α-酮戊二酸、琥珀酰 CoA、琥珀酸、延胡索酸、苹果酸等 8 步主要反应重新回到草酰乙酸结束。

1. 柠檬酸的生成

上一阶段生成的乙酰 CoA 与线粒体内的草酰乙酸在柠檬酸合酶（citrate synthase）的催化下发生缩合，生成六碳三羧酸——柠檬酸，反应不可逆。柠檬酸合酶是 TCA 循环中的第一个调节酶，ATP、α-酮戊二酸、长链脂酰 CoA 可抑制其活性。

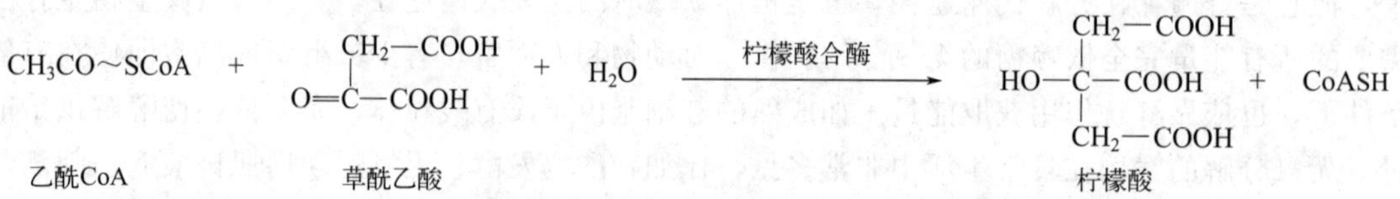

2. 异柠檬酸的生成

柠檬酸在顺乌头酸酶（aconitase）的催化作用下脱 1 分子水生成顺乌头酸，接着再加 1 分子水生成异柠檬酸，实现了羟基移位，该反应是可逆的。

$$
\begin{array}{c}
\text{H} \\
| \\
\text{H—C—COOH} \\
| \\
\text{HO—C—COOH} \\
| \\
\text{CH}_2\text{COOH} \\
\text{柠檬酸}
\end{array}
\quad \underset{顺乌头酸酶}{\rightleftharpoons} \quad
\begin{array}{c}
\text{H} \\
| \\
\text{C—COOH} \\
\| \\
\text{C—COOH} \\
| \\
\text{CH}_2\text{COOH} \\
\text{顺乌头酸}
\end{array}
\quad + \quad \text{H}_2\text{O} \quad
\underset{顺乌头酸酶}{\rightleftharpoons}
\quad
\begin{array}{c}
\text{H} \\
| \\
\text{HO—C—COOH} \\
| \\
\text{CHCOOH} \\
| \\
\text{CH}_2\text{COOH} \\
\text{异柠檬酸}
\end{array}
$$

3. α-酮戊二酸的生成

异柠檬酸在异柠檬酸脱氢酶（isocitrate dehydrogenase）的作用下脱下 2 个氢，生成 NADH 和 H^+，同时生成草酰琥珀酸，后者不稳定，在 Mg^{2+} 作用下脱羧生成 α-酮戊二酸，此步不可逆。这是 TCA 循环中的第一次氧化脱羧，生成了五碳二羧酸。

$$
\begin{array}{c}
\text{HO—CH—COOH} \\
| \\
\text{CH—COOH} \\
| \\
\text{CH}_2\text{—COOH} \\
\text{异柠檬酸}
\end{array}
\quad
\underset{异柠檬酸脱氢酶}{\overset{NAD^+ \quad NADH+H^+}{\rightleftharpoons}}
\quad
\begin{array}{c}
\text{O=C—COOH} \\
| \\
\text{CH—COOH} \\
| \\
\text{CH}_2\text{—COOH} \\
\text{草酰琥珀酸}
\end{array}
\quad
\underset{CO_2}{\overset{Mg^{2+}}{\longrightarrow}}
\quad
\begin{array}{c}
\text{O=C—COOH} \\
| \\
\text{CH}_2 \\
| \\
\text{CH}_2\text{—COOH} \\
\text{α-酮戊二酸}
\end{array}
$$

4. 琥珀酰 CoA 的生成

α-酮戊二酸在 α-酮戊二酸脱氢酶系（α-ketoglutarate dehydrogenase complex）催化下，发生第二次氧化脱羧，生成琥珀酰 CoA。α-酮戊二酸脱氢酶系与丙酮酸脱氢酶系工作原理类似，也是一种由三种酶、六种辅因子构成的复合酶，催化 α-酮戊二酸发生脱氢、脱羧，伴随生成 NADH 和 CO_2。氧化产生的能量储存在琥珀酰 CoA 的高能硫酯键中，此反应不可逆。

$$
\begin{array}{c}
\text{O=C—COOH} \\
| \\
\text{CH}_2 \\
| \\
\text{CH}_2\text{—COOH} \\
\text{α-酮戊二酸}
\end{array}
\quad
\underset{CoASH \quad NAD^+ \quad NADH+H^+}{\overset{α\text{-}酮戊二酸脱氢酶系}{\longrightarrow}}
\quad
\begin{array}{c}
\text{CH}_2\text{—CO}\sim\text{SCoA} \\
| \\
\text{CH}_2\text{—COOH} \\
\text{琥珀酰CoA}
\end{array}
\quad + \quad \text{CO}_2
$$

5. 琥珀酸的生成

琥珀酰 CoA 在琥珀酸硫激酶（succinate thiokinase，也称琥珀酸 CoA 合成酶）的催化下生成琥珀酸，该酶催化琥珀酰 CoA 的高能硫酯键水解，同时将 GDP 转化为 GTP，该反应是 TCA 循环中唯一的底物水平磷酸化反应。

$$
\begin{array}{c}
\text{CH}_2\text{—CO}\sim\text{SCoA} \\
| \\
\text{CH}_2\text{—COOH} \\
\text{琥珀酰CoA}
\end{array}
\quad + \quad \text{H}_3\text{PO}_4 \quad
\underset{琥珀酸硫激酶}{\overset{GDP \quad GTP \quad CoASH}{\underset{Mg^{2+}}{\rightleftharpoons}}}
\quad
\begin{array}{c}
\text{CH}_2\text{—COOH} \\
| \\
\text{CH}_2\text{—COOH} \\
\text{琥珀酸}
\end{array}
$$

6. 延胡索酸的生成

琥珀酸在琥珀酸脱氢酶（succinate dehydrogenase）的作用下脱下 2 个氢传递给 FAD 生成 $FADH_2$，琥珀酸脱氢后生成延胡索酸（反丁烯二酸或富马酸），该酶活性受丙二酸和草酰乙酸的抑制。

$$\begin{array}{ccc} CH_2{-}COOH & & HC{-}COOH \\ | & \xrightarrow[琥珀酸脱氢酶]{FAD\quad FADH_2} & \parallel \\ CH_2{-}COOH & & HOOC{-}CH \\ 琥珀酸 & & 延胡索酸 \end{array}$$

7. 苹果酸的生成

延胡索酸在延胡索酸酶（fumarase）的催化作用下加水生成 L-苹果酸，该酶具有高度立体异构专一性，对顺丁烯二酸（马来酸）无催化作用。

$$\begin{array}{ccc} HC{-}COOH & & CH_2{-}COOH \\ \parallel \quad +\ H_2O & \xrightarrow{延胡索酸酶} & | \\ HOOC{-}CH & & HO{-}CH{-}COOH \\ 延胡索酸 & & 苹果酸 \end{array}$$

8. 草酰乙酸的生成

苹果酸在苹果酸脱氢酶（malate dehydrogenase）的催化下脱去 2 个氢，生成草酰乙酸和 NADH。

$$\begin{array}{ccc} CH_2{-}COOH & & CH_2{-}COOH \\ | & \xrightarrow[苹果酸脱氢酶]{NAD^+\quad NADH+H^+} & | \\ HO{-}CH{-}COOH & & O{=}C{-}COOH \\ 苹果酸 & & 草酰乙酸 \end{array}$$

三羧酸循环总图如图 8-4 所示。TCA 循环从乙酰 CoA 与草酰乙酸缩合成柠檬酸开始，经过 8 步重新生成了草酰乙酸，每循环 1 次消耗掉 1 个乙酰 CoA，不消耗草酰乙酸；草酰乙酸可重复与乙酰 CoA 反应，进入下 1 次循环；每次循环就有 2 个碳原子以乙酰 CoA 的形式进入，经过 2 次脱羧反应，生成 2 分子 CO_2；循环 1 次需要 2 次加水，分别在柠檬酸合成和延胡索酸水化为苹果酸 2 处；每循环 1 次会经历 4 次脱氢，共脱掉 4 对氢，其中 3 对氢以 NAD^+ 为受体，1 对以 FAD 为受体，生成 3 个 NADH 和 1 个 $FADH_2$，经呼吸链传递生成水，同时偶联磷酸化作用生成 ATP。TCA 循环在生理条件下反应 1、3、4 不可逆，这样使总循环方向在生理条件下是不可逆的，保证了线粒体供能系统的稳定性。TCA 循环总反应方程如下：

乙酰 $CoA+3NAD^+ +FAD+GDP+Pi+2H_2O \longrightarrow$

$$2CO_2+3NADH+FADH_2+GTP+CoASH+3H^+$$

图 8-5 展示了葡萄糖的有氧分解全过程，大体可以分为 3 个阶段。第一个阶段是 1 分子葡萄糖跨膜进入细胞后，在细胞质内经过 EMP 途径分解为 2 分子丙酮酸。这个过程中首先消耗 2 个 ATP，随后发生 2 次脱氢氧化，生成 2 分子 NADH，每个 NADH 经呼吸链磷酸化可以生成 3 个 ATP，接着会发生 4 次底物水平磷酸化，生成 4 个 ATP，此阶段共产生 8 个

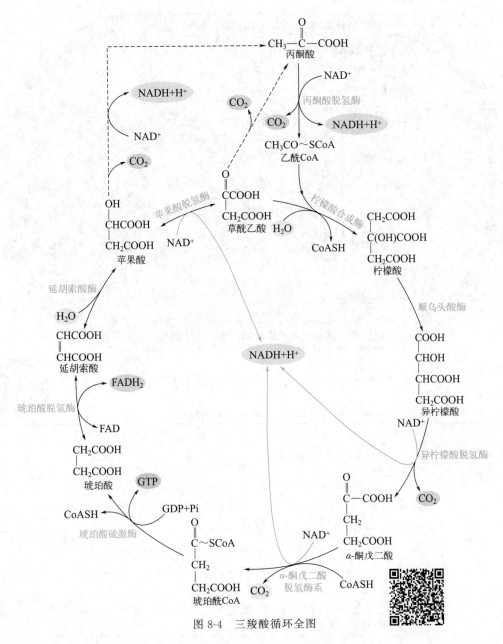

图 8-4　三羧酸循环全图

ATP。第二阶段乙酰 CoA 的合成，即 EMP 生成的 2 分子丙酮酸进入线粒体，生成 2 分子乙酰 CoA 的过程，此过程生成 2 分子 NADH，随后经呼吸链磷酸化可以生成 6 个 ATP。第三阶段是 TCA 循环，上一阶段生成的 2 分子乙酰 CoA 经 TCA 循环彻底氧化生成 CO_2、H_2O 和能量。此阶段发生 2 次底物水平磷酸化生成 2 个 GTP（相当于 ATP），同时生成 6 分子的 NADH 和 2 分子的 $FADH_2$，1 分子 $FADH_2$ 经呼吸链磷酸化生成 2 个 ATP，此阶段共生成 24 个 ATP。因此 1 分子葡萄糖经有氧途径彻底氧化分解共产生 38 个 ATP（见表 8-3）。葡萄糖有氧分解的总反应方程如下：

$$C_6H_{12}O_6 + 2H_2O + 4ADP + 4Pi + 10NAD^+ + 2FAD \longrightarrow 6CO_2 + 4ATP + 10NADH + 2FADH_2 + 10H^+$$

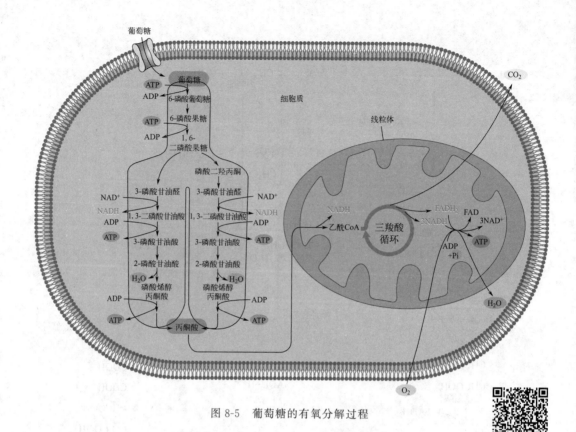

图 8-5　葡萄糖的有氧分解过程

表 8-3　糖的有氧分解过程中 ATP 消耗与合成的计算

反应阶段	反应过程	ATP 的消耗与合成		
		消耗	合成	
			底物水平磷酸化	呼吸链磷酸化
EMP 过程	葡萄糖的磷酸化	－1		
	6-磷酸果糖磷酸化	－1		
	3-磷酸甘油醛氧化			2NADH(6ATP)
	第一次底物水平磷酸化		2	
	第二次底物水平磷酸化		2	
乙酰 CoA 的生成	乙酰 CoA 的生成			2NADH(6ATP)
TCA 循环	草酰琥珀酸的生成			2NADH(6ATP)
	琥珀酰 CoA 的生成			2NADH(6ATP)
	琥珀酸的生成		2	
	延胡索酸的生成			2FADH$_2$(4ATP)
	草酰乙酸的生成			2NADH(6ATP)
总计		38		

三、三羧酸循环的意义

　　TCA 循环是机体获取能量的主要途径，1 分子葡萄糖经无氧分解产生 2 个 ATP，但经过 TCA 循环可以产生 38 个 ATP，这对于机体维持正常生命活动非常重要。生物体内约有 2/3 的有机物通过 TCA 循环进行彻底氧化，TCA 循环是三大物质（糖类、脂质、蛋白质）代谢的枢纽，是三者彻底氧化必须经过的共同途径，是实现三者之间互相转化的桥梁，三大物质分解过程关系如图 8-6 所示。从 EMP 途径到 TCA 循环涉及 19 步反应，众多的中间产物可为其他许多有机物合成提供前体。糖类是自然界最丰富的营养源，将其分解代谢的中间产物用于多种生物合成，是经济、合理的流向。

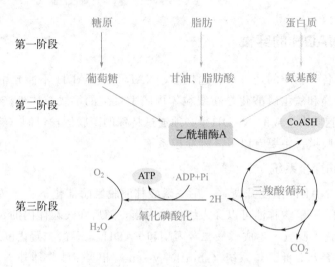

图 8-6　三大物质分解过程的关系简图

四、草酰乙酸的补充

虽然 TCA 循环看上去并未消耗草酰乙酸，但 TCA 循环是代谢的枢纽，其中间产物可能在循环途中被用于转化为其他物质，导致草酰乙酸合成减少。为了保证 TCA 循环能够正常运行，需不断补充草酰乙酸，使乙酰 CoA 顺利进入 TCA 循环被氧化分解。以下三种草酰乙酸回补途径较常见，由不同的酶催化。

1. 由苹果酸酶和苹果酸脱氢酶催化

丙酮酸 + CO_2 ⇌（苹果酸酶，$NADPH+H^+$ → $NADP^+$）苹果酸 ⇌（苹果酸脱氢酶，NAD^+ → $NADH+H^+$）草酰乙酸

2. 由磷酸丙酮酸羧化酶催化

磷酸烯醇式丙酮酸 + CO_2 →（磷酸丙酮酸羧化酶，ADP → ATP）草酰乙酸

3. 由丙酮酸羧化酶催化

$$\underset{\text{丙酮酸}}{\overset{\displaystyle CH_3 \atop \displaystyle C=O \atop \displaystyle COOH}{}} \quad \xrightarrow[\text{生物素，Mg}^{2+}]{\text{丙酮酸羧化酶}} \quad \underset{\text{草酰乙酸}}{\overset{\displaystyle COOH \atop \displaystyle CH_2 \atop \displaystyle C=O \atop \displaystyle COOH}{}} \quad + \quad H_3PO_4$$

CO$_2$　ATP　ADP

五、线粒体外 NADH 的穿梭

　　线粒体内膜对各种物质的透过具有选择性，NAD^+ 和 NADH 不能自由穿梭进入线粒体内膜，而呼吸链传递和氧化磷酸化是在线粒体内膜上发生的，线粒体外产生的 NADH（通过 EMP 途径在细胞质内生成的 NADH）必须通过特殊的跨膜运输机制（穿梭系统）进入线粒体，才能进入呼吸链。主要有以下 3 种穿梭系统。

1. α-磷酸甘油穿梭系统

　　当细胞质中的 NADH 浓度升高时，在 α-磷酸甘油脱氢酶催化下将氢传递给磷酸二羟丙酮生成 α-磷酸甘油，α-磷酸甘油可以穿入线粒体内膜，随后在线粒体内的 α-磷酸甘油脱氢酶（辅酶为 FAD）催化下脱氢，生成磷酸二羟丙酮和 $FADH_2$，磷酸二羟丙酮可穿出线粒体膜，实现循环利用（图 8-7）。此穿梭系统（shuttle system）相当于线粒体外 NADH 中的氢传递生成了线粒体内的 $FADH_2$。

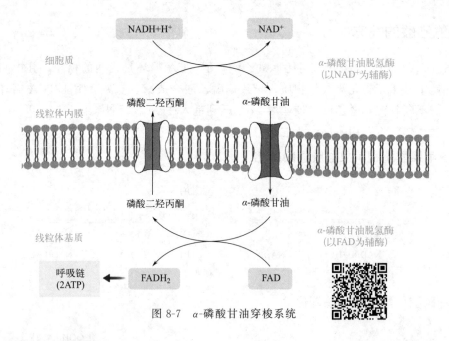

图 8-7　α-磷酸甘油穿梭系统

2. 苹果酸穿梭系统

　　草酰乙酸被苹果酸脱氢酶催化（NADH 供氢）还原为苹果酸，苹果酸可以穿入线粒体内膜，在线粒体内的苹果酸脱氢酶（以 NAD^+ 为辅酶）催化下又生成草酰乙酸，释放出 NADH，这样就将线粒体外的 NADH 间接转运到线粒体内。草酰乙酸在谷-草转氨酶催化下与谷氨酸反应生成天冬氨酸和 α-酮戊二酸，二者都可穿出线粒体内膜，在细胞质中又生成草酰乙酸，循环往复就可以不断将 NADH 转运至线粒体内（图 8-8）。

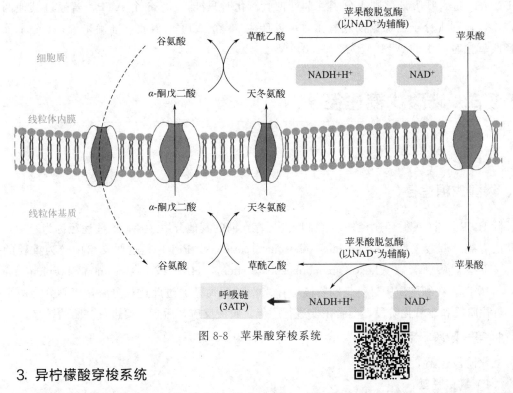

图 8-8 苹果酸穿梭系统

3. 异柠檬酸穿梭系统

细胞质中营养物质脱氢氧化时产生的 NADPH（如葡萄糖的磷酸戊糖途径中产生的 NADPH），在异柠檬酸脱氢酶（以 NADP$^+$ 为辅酶）催化下将 α-酮戊二酸还原为异柠檬酸，异柠檬酸可以穿入线粒体内膜，在线粒体基质中的异柠檬酸脱氢酶（以 NAD$^+$ 为辅酶）作用下变回 α-酮戊二酸，同时生成 NADH。α-酮戊二酸可以穿出线粒体内膜，循环利用，该穿梭系统相当于将细胞质中的 NADPH 转变成了线粒体内的 NADH（图 8-9）。

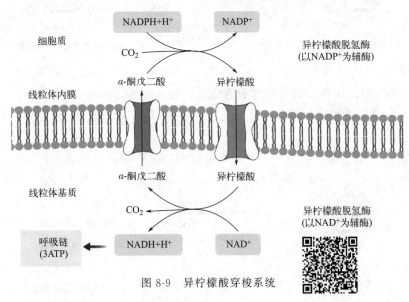

图 8-9 异柠檬酸穿梭系统

NADH 沿呼吸链进行氧化磷酸化可产生 3 个 ATP，而 FADH$_2$ 只能产生 2 个 ATP。如果 1 分子葡萄糖经 EMP 途径在细胞质内产生的 2 个 NADH 通过 α-磷酸甘油穿梭系统转换为 FADH$_2$ 进入呼吸链，则 1 分子葡萄糖彻底氧化时只能产生 36 个 ATP；若通过其他两种穿梭途径，则 1 分子葡萄糖彻底氧化时可以产生 38 个 ATP。因此，准确来说，1 分子葡萄糖彻底氧化时产生的 ATP 应为 36～38 个。

第四节　磷酸戊糖途径

一、磷酸戊糖途径

除 EMP 及 TCA 循环途径外，在细胞内还存在糖的其他分解途径，这些途径称为分解代谢支路或旁路。磷酸戊糖途径（pentose phosphate pathway，PPP）是这些支路中较为重要的一种，又称磷酸己糖旁路（hexose monophosphate shunt，HMS 或 hexose monophosphate pathway，HMP），在细胞质中进行。动物体中有 30% 的葡萄糖通过此途径分解，PPP 分为两个阶段：氧化阶段和非氧化阶段，前者主要进行脱氢、脱羧反应，后者主要进行基团的转移。

1. 第一阶段，氧化阶段

氧化阶段包括 3 步反应。

（1）氧化脱氢

6-磷酸葡萄糖在 6-磷酸葡萄糖脱氢酶（glucose 6-phosphate dehydrogenase）的催化下脱去 2 个氢生成 6-磷酸葡萄糖酸内酯，该反应需要 Mg^{2+} 参与。

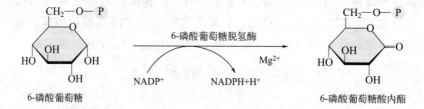

（2）开环

6-磷酸葡萄糖酸内酯在 6-磷酸葡萄酸内酯水解酶（6-phosphogluco nolactonase）的作用下水解开环，生成 6-磷酸葡萄糖酸，该反应是一个有 Mg^{2+} 参与的可逆反应。

6-磷酸葡萄糖酸内酯 　　内酯水解酶　Mg^{2+}　H$_2$O 　　6-磷酸葡萄糖酸

（3）氧化脱羧

6-磷酸葡萄糖酸在 6-磷酸葡萄糖酸脱氢酶（6-phosphogluconate dehydrogenase）的催化下脱氢、脱羧生成 5-磷酸核酮糖，该反应生成 1 个 NADPH，需要 Mg^{2+} 参与。

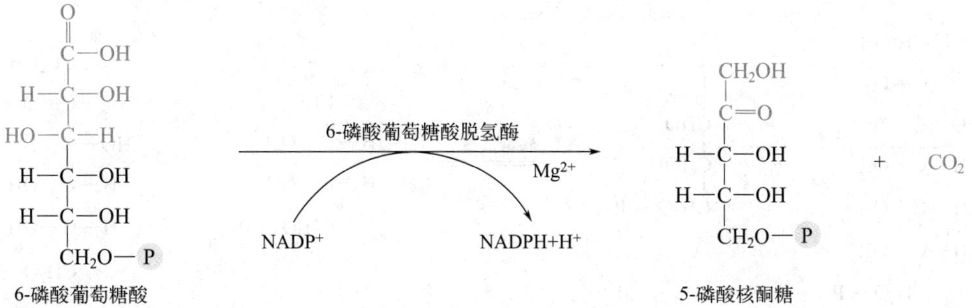

6-磷酸葡萄糖酸 ⟶（6-磷酸葡萄糖酸脱氢酶，Mg^{2+}，$NADP^+$ → $NADPH+H^+$）⟶ 5-磷酸核酮糖 + CO_2

2. 第二阶段，非氧化阶段

非氧化阶段包括 5 步 6 个反应。

（1）异构化

5-磷酸核酮糖分别在磷酸核糖异构酶（phosphoribose isomerase）和磷酸戊酮糖差向异构酶（phosphoketopentoepimerase）的催化下，发生异构化生成 5-磷酸核糖和 5-磷酸木酮糖，反应都是可逆的。

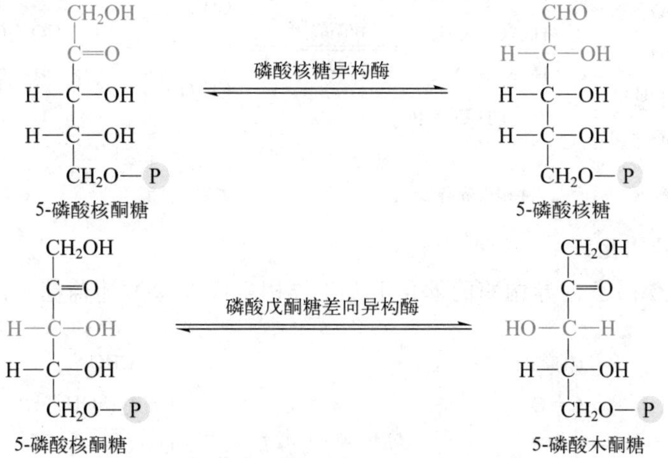

5-磷酸核酮糖 ⇌（磷酸核糖异构酶）⇌ 5-磷酸核糖

5-磷酸核酮糖 ⇌（磷酸戊酮糖差向异构酶）⇌ 5-磷酸木酮糖

（2）二碳基团转移

在转酮醇酶（transketolase）的催化下，5-磷酸木酮糖上的醇酮基转移到 5-磷酸核糖上生成 3-磷酸甘油醛和 7-磷酸景天庚酮糖，反应可逆。

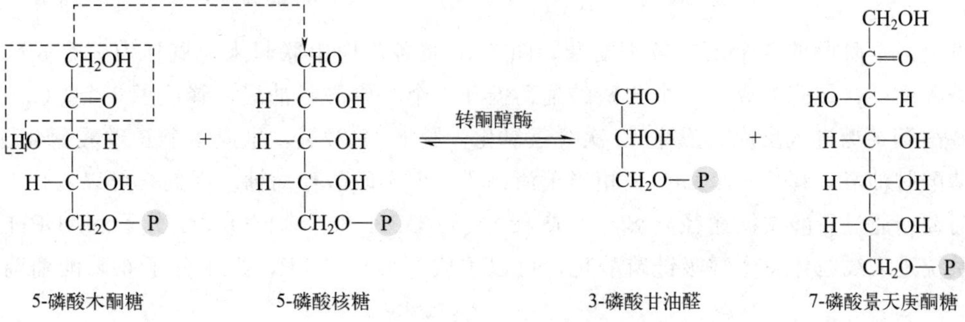

5-磷酸木酮糖 + 5-磷酸核糖 ⇌（转酮醇酶）⇌ 3-磷酸甘油醛 + 7-磷酸景天庚酮糖

（3）三碳基团转移

转醛醇酶（transaldolase）将 7-磷酸景天庚酮糖上的三碳基团（二羟丙酮）转移给 3-磷酸甘油醛生成 4-磷酸赤藓糖和 6-磷酸果糖，该反应是可逆的。

```
       CH₂OH                CHO                                    CHO              CH₂OH
       C=O                  CHOH              转醛醇酶          H-C-OH            C=O
   HO-C-H          +        CH₂O—P    ⇌                         H-C-OH    +   HO-C-H
   H-C-OH                                                       CH₂O—P        H-C-OH
   H-C-OH                                                                     H-C-OH
   CH₂O—P                                                                     CH₂O—P

 7-磷酸景天庚酮糖        3-磷酸甘油醛                          4-磷酸赤藓糖      6-磷酸果糖
```

（4）二碳基团转移

转酮醇酶把 5-磷酸木酮糖上的二碳基团转移到 4-磷酸赤藓糖上生成 3-磷酸甘油醛和 6-磷酸果糖，反应可逆。

```
       CH₂OH            CHO                                    CHO          CH₂OH
       C=O              H-C-OH            转酮醇酶          CHOH          C=O
   HO-C-H      +        H-C-OH     ⇌                        CH₂O—P    + HO-C-H
   H-C-OH               CH₂O—P                                           H-C-OH
   CH₂O—P                                                                H-C-OH
                                                                         CH₂O—P

 5-磷酸木酮糖        4-磷酸赤藓糖                          3-磷酸甘油醛    6-磷酸果糖
```

（5）第二次异构化

6-磷酸果糖在磷酸己糖异构酶的催化下发生异构生成 6-磷酸葡萄糖，该反应是可逆的。

```
       CH₂OH                                 CHO
       C=O                                   H-C-OH
   HO-C-H            磷酸己糖异构酶        HO-C-H
   H-C-OH       ⇌                           H-C-OH
   H-C-OH                                   H-C-OH
   CH₂O—P                                   CH₂O—P

 6-磷酸果糖                                6-磷酸葡萄糖
```

以上 2 个阶段的 8 个反应较为复杂，图 8-10 将各反应串联起来，概括为 3 个 6-磷酸葡萄糖进入反应，最后生成了 2 个 6-磷酸葡萄糖和 1 个 3-磷酸甘油醛，释放了 3 个 CO_2。即 6 个 6-磷酸葡萄糖进入反应，发生 12 次脱氢氧化，脱下 12 对氢，生成 4 个 6-磷酸葡萄糖和 2 个 3-磷酸甘油醛，释放 6 个 CO_2，相当于消耗了 1 个 6-磷酸葡萄糖。因此，可以看作 1 个 6-磷酸葡萄糖通过磷酸戊糖途径分解，生成 12 个 NADPH 和 6 个 CO_2。1 分子 NADPH 通过穿梭系统进入线粒体发生呼吸链磷酸化，可以生成 3 分子 ATP，则 1 分子 6-磷酸葡萄糖经磷酸戊糖途径彻底氧化分解就可以生成 36 个 ATP。该途径的总反应方程如下：

$$C_6H_{13}O_9P\ (Glc\text{-}6\text{-}P) + 12NADP^+ + 7H_2O \longrightarrow 6CO_2 + 12NADPH + 12H^+ + H_3PO_4$$

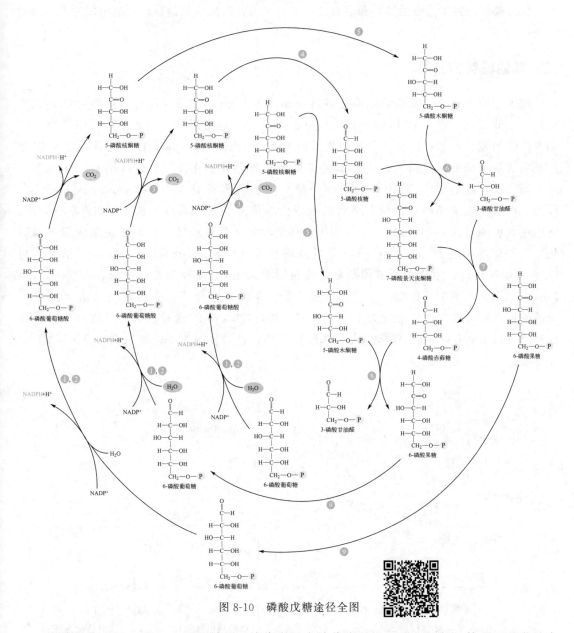

图 8-10　磷酸戊糖途径全图

磷酸戊糖途径（图 8-10）是联系己糖代谢和戊糖代谢的重要途径，是机体利用葡萄糖合成 5-磷酸核糖的唯一途径，也是体内核糖的分解途径，而 5-磷酸核糖是合成核糖核苷酸、脱氧核苷酸和多种辅酶的重要原料。PPP 由六碳糖出发生成了三、四、五、六、七碳糖，实现了丙糖、丁糖、戊糖、己糖、庚糖之间的相互转化，将多种糖的代谢途径联系起来。此途径中的脱氢酶都是以 NADP$^+$ 为辅酶，生成的 NADPH 是各种生物合成的供氢体，也被称作"还原力"。NADPH 除了可以为生物合成反应供氢之外，还可以作为谷胱甘肽（GSH）还原酶的辅酶，维持细胞内还原型 GSH 的正常含量。GSH 作为抗氧化剂不仅能保持巯基酶活性，还能稳定红细胞膜，保护红细胞膜的完整性（红细胞膜上含有一些巯基酶和含巯基蛋白质），使血红蛋白处于还原状态。人类有一种遗传病——6-磷酸葡萄糖脱氢酶缺陷症，因为缺失了这个酶，使PPP无法正常运行，从而导致NADPH缺乏，引起GSH低下，使病人红细胞易破坏，发生溶血性贫血和溶血性黄疸。可见，磷酸戊糖途径在代谢中发挥着重要的作用。

二、其他糖类的分解

除了葡萄糖之外，其他的糖类分解过程如图8-11所示，总体而言，这些糖都是先生成某一中间产物后进入EMP途径后继续分解，不同的糖可以从不同的部位或路径进入葡萄糖的分解途径。如：戊糖的分解须先经过PPP途径转变为3-磷酸甘油醛后，进入EMP途径完成后续分解；淀粉和纤维素都是多聚葡萄糖，分别在淀粉酶、纤维素酶作用下水解为葡萄糖，随后进入EMP途径分解；糖原在糖原磷酸化酶（glycogen phosphorylase）作用下水解生成1-磷酸葡萄糖，而后磷酸变位生成6-磷酸葡萄糖，进入EMP途径分解；乳糖在乳糖酶（lactase）催化下水解为等物质的量的半乳糖和葡萄糖，半乳糖激活（磷酸化）为1-磷酸半乳糖，随后在UDP-半乳糖转移酶（UDP-galactosyltransferase）催化下与UDP-葡萄糖反应，生成1-磷酸葡萄糖，变位后进入EMP途径分解；蔗糖在蔗糖酶（sucrase）作用下水解为等物质的量葡萄糖和果糖，果糖磷酸化可以先生成1-磷酸果糖或6-磷酸果糖，随后第二次磷酸化为1,6-二磷酸果糖，进入EMP途径分解；甘露糖先被甘露糖激酶（mannose kinase）催化生成6-磷酸甘露糖，进而异构为6-磷酸果糖，进入EMP途径分解。

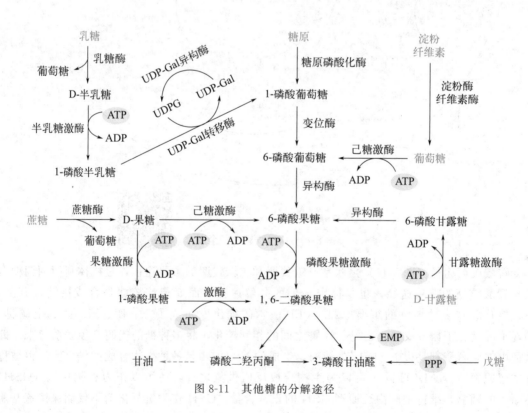

图 8-11　其他糖的分解途径

第五节　糖的合成代谢

糖是生命重要的基础物质，机体可以通过不同途径将糖分解来获取能量和碳源，还可以通过合成代谢来生成糖。动物体内糖的合成代谢主要分为 2 个层次，由非糖类物质合成单糖，称作糖异生作用（glyconeogenesis），由单糖聚合成糖原，称作糖原生成作用（glycogenesis）。光合作用是绿色植物将 CO_2 固定来合成糖，即将光能转化为化学能储存的过程。本节主要介绍动物体内的糖异生作用、糖原生成作用和植物体内的淀粉合成过程。植物体内的单糖是由光合作用合成的，随后葡萄糖合成淀粉和纤维素储存下来。

一、糖异生

1. 糖异生的具体过程

动物体内由非糖类物质如丙酮酸、乳酸、氨基酸、甘油等合成糖的作用称为糖异生（glyconeogenesis）作用。糖异生主要发生在肝脏细胞线粒体及细胞质中，糖异生与 EMP 途径大部分中间产物相同，大部分反应也是可逆的，糖异生作用基本是 EMP 途径的逆过程（图 8-12）。EMP 途径经过 10 步将糖分解为丙酮酸，其中仅有 3 处是不可逆反应，这就是由己糖激酶催化的葡萄糖生成 6-磷酸葡萄糖的反应、由果糖磷酸激酶催化的 6-磷酸果糖生成 1,6-二磷酸果糖的反应、由丙酮酸激酶催化的磷酸烯醇式丙酮酸生成丙酮酸的反应。这 3 处不可逆反应直接导致 EMP 途径无法逆行，从丙酮酸出发合成葡萄糖，必须绕过这 3 个酶催化的反应。

糖异生途径利用 4 个不同的酶催化的反应，实现了 3 步不可逆反应的逆行，即：丙酮酸羧化酶催化丙酮酸羧化为草酰乙酸（消耗 1 个 ATP，在线粒体内发生）、磷酸烯醇式丙酮酸羧激酶催化草酰乙酸脱羧生成磷酸烯醇式丙酮酸（消耗 1 个 GTP，草酰乙酸穿出线粒体进入细胞质后发生此反应），实现了丙酮酸逆向合成磷酸烯醇式丙酮酸；二磷酸果糖磷酸酶催化 1,6-二磷酸果糖水解生成 6-磷酸果糖；利用 6-磷酸葡萄糖磷酸酶实现了 6-磷酸葡萄糖水解脱除磷酸生成葡萄糖。最终，糖异生以 EMP 途径逆过程为基础，以 4 个酶催化的 4 步反应绕过了 EMP 不可逆的 3 步，实现了丙酮酸合成葡萄糖。

糖异生的总方程式如下：

$$2CH_3COCOOH + 4ATP + 2GTP + 2NADH + 2H^+ + 6H_2O \longrightarrow C_6H_{12}O_6 + 4ADP + 2GDP + 6Pi + 2NAD^+$$

2. 糖异生的意义

动物不能像植物那样大量合成糖，糖异生作用只能合成少量的糖，这在逆境条件下维持重要器官的运转非常重要。人脑和红细胞对葡萄糖有高度的依赖性，在饥饿状态下机体葡萄糖浓度降低，糖异生可以为其补充一定能量的糖，使组织细胞在一定时间内能够正常运转。此外，机体通过糖异生作用能回收乳酸分子中的能量。葡萄糖在肌肉组织中无氧分解产生的乳酸可以经血液循环转运至肝脏，经糖异生作用生成葡萄糖和肝糖原，供机体利用，这一途径又称为乳酸循环（Cori 循环），这不仅能回收乳酸分子中的能量，还能防止机体出现乳酸

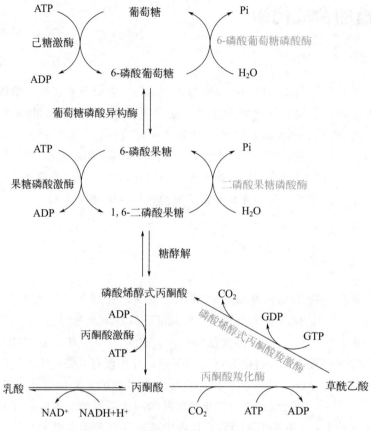

图 8-12　糖酵解与糖异生的联系和区别

中毒现象。糖异生作用还可以协助氨基酸代谢，氨基酸生成糖是氨基酸重要的代谢途径，能够合成糖的氨基酸称为生糖氨基酸。生糖氨基酸先代谢为丙酮酸或 TCA 循环的中间代谢物如 α-酮戊二酸、草酰乙酸等，再由这些羧酸转变为葡萄糖和糖原。生糖氨基酸共 15 种：丙氨酸、精氨酸、天冬酰胺、天冬氨酸、组氨酸、甲硫氨酸、脯氨酸、丝氨酸、苏氨酸、异亮氨酸、缬氨酸、半胱氨酸、谷氨酸、谷氨酰胺、甘氨酸。因此，糖异生也是联系氨基酸代谢与糖代谢的重要途径。

3. 糖异生的调节

机体内乙酰 CoA 的浓度会影响丙酮酸的代谢方向，进而调节糖异生过程。乙酰 CoA 浓度增加时会抑制丙酮酸脱氢酶系的活性，丙酮酸大量积累，促进糖异生的进行；同时乙酰 CoA 浓度增加激活丙酮酸羧化酶催化更多的丙酮酸转化为草酰乙酸，进而增强糖异生作用。此外机体内 ATP/ADP 比值也会影响糖异生过程，比值高时，EMP 途径下调，糖异生途径上调；比值低时 EMP 途径上调，糖异生相关酶的活性降低。

二、糖原的合成

糖原是动物体内的葡萄糖储存库，糖原的合成存在链的延长和分支 2 个过程。葡萄糖首先在己糖激酶催化下生成 6-磷酸葡萄糖，随后在葡萄糖磷酸变位酶作用下生成 1-磷酸葡萄糖，在尿苷二磷酸葡萄糖（UDPG）焦磷酸化酶催化下生成 UDPG。UDPG 在糖原合成酶（glycogen synthetase）催化下将携带的葡萄糖通过 α-1,4-葡萄糖苷键连接在糖原引物上，不断延长链的聚合度。分支酶负责在聚合葡萄糖链上切下长度为 3～5 个葡萄糖的短链，转移到主链上葡萄糖残基的 6 号位羟基处，形成 α-1,6-糖苷键连接的分支，每隔 3～5 个葡萄糖残基又可再度分支，逐渐形成糖原的高度分支结构（见图 8-13）。脱下葡萄糖后，UDP 可被 ATP 转化为 UTP，参与新的 UDPG 的生成。

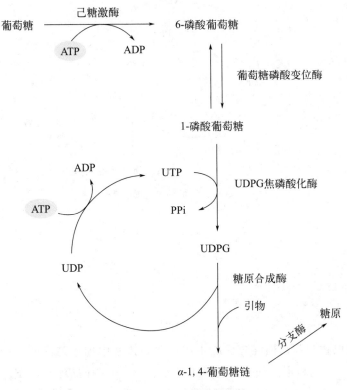

图 8-13　糖原的合成过程

三、淀粉的合成

　　淀粉是植物体内的储能物质，它的合成途径与动物体内糖原的合成非常类似，但存在微小差别。葡萄糖首先在己糖激酶催化下生成 6-磷酸葡萄糖，随后在葡萄糖磷酸变位酶作用下生成 1-磷酸葡萄糖，在腺苷二磷酸葡萄糖（ADPG）焦磷酸化酶催化下生成 ADPG。ADPG 在淀粉合成酶催化下将携带的葡萄糖通过 α-1,4-葡萄糖苷键连接在引物（寡聚葡萄糖链或短的淀粉分子）的非还原端上，不断延长链的长度。分支酶负责在聚合葡萄糖链上切下长度为 6～7 个葡萄糖的短链，转移到直链淀粉的葡萄糖残基的 6 号位羟基处，形成 α-1,6-糖苷键连接的分支，逐渐形成支链淀粉的网状结构（见图 8-14）。ADPG 脱下葡萄糖后，可耗能再生为 ATP，参与新的 ADPG 的生成。

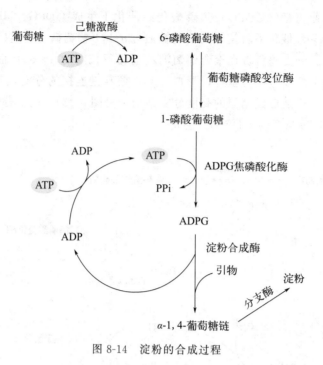

图 8-14　淀粉的合成过程

课后练习

一、填空题

1. 在酵母提取物和葡萄糖混合反应生成乙醇的体系中加入碘乙酸可抑制_____酶的活性，造成_____的积累；加入氟化钠可抑制_____酶的活性，造成_____的积累。

2. 糖酵解过程中有三个不可逆的酶催化反应，催化这三个反应的酶分别是_____、_____、_____。

3. 丙酮酸被还原为乳酸时，反应中的 NADH 来源于_____的氧化。

4. 糖酵解在_____中进行，而三羧酸循环在_____中进行。

5. 一分子葡萄糖彻底氧化产生_____分子 ATP。

6. 糖异生的关键酶是_____、_____、_____和_____。

7. 两分子丙酮酸通过糖异生转变为一分子葡萄糖共消耗_____分子 ATP。

8. 1mol 葡萄糖掺入糖原分子中，然后重新转变成游离葡萄糖，这一过程 ATP 的净变化数是_____mol。

9. TCA 循环中，异柠檬酸生成琥珀酸的 P/O 为_____，琥珀酸生成草酰乙酸的 P/O 为_____。

二、判断题

1. 由 1mol 异柠檬酸转变成 1mol 琥珀酸，同时伴有电子传递过程可产生 7mol ATP。
（　　）

2. 在无氧条件下酵母菌可以使葡萄糖发酵产生乙醇，而在人体中则不可能产生乙醇，因此乙醇在人体内一般是不能被利用的。（　　　）

3. 糖原合成中，葡萄糖的活化形式是 UTPG。（　　　）

4. 生物素是丙酮酸脱氢酶系的辅酶之一。（　　　）

三、选择题

1. 关于三羧酸循环，下列叙述中不正确的是（　　　）。

A. 产生 NADH 和 $FADH_2$
B. 有 GTP 生成
C. 氧化乙酰 CoA
D. 提供草酰乙酸净合成
E. 在无氧条件下不能运转

2. 由糖原合成酶催化合成糖原的原料 NDP-葡萄糖是指（　　　）。

A. CDP-Glc
B. UDP-Glc
C. ADP-Glc
D. GDP-Glc

3. 醛缩酶催化下列反应中的（　　　）。

A. 1,6-二磷酸果糖分解为两个三碳糖及其逆反应
B. 1,6-二磷酸葡萄糖分解为 1-和 6-磷酸葡萄糖及其逆反应
C. 乙酰 CoA 与草酰乙酸生成柠檬酸
D. 两分子 3-磷酸甘油醛缩合生成葡萄糖

4. 磷酸戊糖途径是在细胞中的（　　　）部位进行的。

A. 细胞核
B. 线粒体
C. 细胞质
D. 微粒体
E. 内质网

5. 下列途径在线粒体中进行的是（　　　）。

A. 糖的无氧酵解
B. 糖原的分解
C. 糖原的合成
D. 糖的磷酸戊糖途径
E. 三羧酸循环

6. 下列酶中催化糖酵解和糖异生过程的共同酶是（　　　）。

A. 己糖激酶
B. 1,6-二磷酸果糖激酶
C. 3-磷酸甘油醛脱氢酶
D. 丙酮酸激酶

7. 下列酶中不是 TCA 循环中的酶是（　　　）。

A. 乌头酸酶
B. 延胡索酸酶
C. 琥珀酸硫激酶
D. 丙酮酸脱氢酶

8. 以下反应需要硫辛酸参与的是（　　　）。

A. 丙酮酸脱羧
B. 乙酰 CoA 羧化
C. α-酮戊二酸氧化脱羧
D. 丙酮酸转氨基

9. 以 NADPH 形式储存的氢主要来源于（　　　）。

A. 糖酵解
B. 脂肪酸分解
C. TCA 循环
D. PPP 途径

10. 下列酶催化反应中，与二氧化碳的生成或者消耗无关的是（　　　）。

A. 6-磷酸葡萄糖酸脱氢酶反应
B. 异柠檬酸脱氢酶反应
C. α-酮戊二酸脱氢酶反应
D. 苹果酸脱氢酶反应

11. 1mol 葡萄糖有氧分解时共产生（　　）次底物水平磷酸化。

A. 3 　　　　　　B. 4 　　　　　　C. 5 　　　　　　D. 6

12. 关于磷酸戊糖途径，以下说明错误的是（　　）。

A. 6-磷酸葡萄糖可经此途径转变为磷酸戊糖

B. 此途径可提供四碳糖和七碳糖

C. 6-磷酸葡萄糖转变为磷酸戊糖时每生成 1mol CO_2 同时生成 1mol NADPH

D. 6-磷酸葡萄糖经此途径分解不消耗 ATP

13. 乙酰 CoA 彻底氧化，该过程的 P/O 为（　　）。

A. 2 　　　　　　B. 2.5 　　　　　　C. 3 　　　　　　D. 3.5

14. 下列酶催化反应中，可产生底物水平磷酸化生成 ATP 的是（　　）。

A. 己糖激酶 　　　　　　　　　　B. 烯醇化酶

C. 琥珀酸硫激酶 　　　　　　　　D. 琥珀酸脱氢酶

四、简答题

1. 丙酮酸脱氢酶系包括哪五种辅因子？分别由哪种维生素构成？

2. 三羧酸循环中并没有氧的参与，为什么称为糖的有氧分解？

3. 如果细胞内无 6-磷酸果糖激酶存在，葡萄糖如何转变为丙酮酸？写出反应顺序。

4. α-酮戊二酸彻底氧化生成二氧化碳和水，可以生成多少 ATP？

第九章
脂质代谢 >>>

第一节　脂肪的消化吸收

一、脂肪的消化吸收

脂质是油脂和类脂的总称，脂质代谢研究中最重要的就是脂肪的代谢。脂肪由甘油和脂肪酸组成，是动物体内重要的储能物质，饮食摄入的脂肪需要首先在小肠中进行初步的消化吸收后才能供机体利用。

1. 脂肪的消化

机体内的酶促反应都是在水溶液中进行的，脂肪不溶于水，必须先经过肝脏分泌的胆汁乳化后才能在小肠中被脂肪酶进一步水解。当机体摄入脂肪后，胆囊中的胆汁会通过胆管流入小肠。胰腺是分泌脂肪酶的主要部位，此外胃和小肠也会分泌部分脂肪酶，人、动物消化道中催化脂肪降解的酶主要是胰脂肪酶，根据作用底物的不同可以将其分为酯酶（esterase）和脂酶（lipase）。前者可以水解脂肪酸和一元醇构成的酯；后者包括脂肪酶和磷脂酶，脂肪酶可以将甘油三酯水解为甘油和脂肪酸，磷脂酶包括卵磷脂酶、甘油磷脂酶、胆碱脂酶、胆胺脂酶等，可以将磷脂水解为甘油、脂肪酸、磷酸、胆碱、胆胺等。微生物体内的脂肪酶具有双向催化作用，能产生脂肪酶的微生物很多，有根霉、柱形假丝酵母、小放线菌、白地霉等。脂肪酶目前主要用于油脂工业、食品工业、纺织工业上，常用作消化剂、乳品增香、制造脂肪酸、绢丝的脱脂等。

2. 脂肪的吸收

脂肪被机体吸收主要有三种形式：一是脂肪在小肠内经胆汁、脂肪酶完全水解后被小肠黏膜上皮细胞吸收进入血液；二是脂肪部分水解为脂肪酸、甘油单酯、甘油二酯后被机体吸收；三是只有少量脂肪经胆汁高度乳化为脂肪微粒后被肠黏膜上皮细胞吸收经由淋巴系统进入血液循环。

二、脂肪的转运

脂肪代谢中参与分解代谢和合成代谢的脂肪需要经过血液运输，血液是运输脂肪的重要通道。血浆中所含的脂质通称为血脂，包括甘油三酯、少量甘油二酯、甘油单酯，卵磷脂、少量脑磷脂、溶血卵磷脂，胆固醇、胆固醇酯以及游离的脂肪酸等，血脂广泛存在人体中，是细胞完成基础代谢的必需物质。血脂的来源和去路见图9-1。食物中摄取的脂、体内储存的脂、肝脏中的脂和组织中的脂都是血脂的主要来源，另外糖类、生糖氨基酸也可以转化为血脂。血脂不仅可以在肠道、皮肤中起到润滑、保温作用，还能转化为储存脂、肝脂和组织脂，供机体利用。

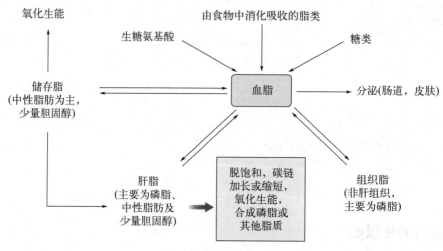

图 9-1　血脂的来源和去路

　　脂质不溶或微溶于水，与蛋白质以非共价键结合成为亲水性的脂蛋白，脂蛋白广泛分布于血液中，是脂质在血液中的存在形式和运转形式，因此也称血浆脂蛋白（plasma lipoprotein）。脂蛋白的蛋白质部分称为载脂蛋白（apolipoprotein，Apo）或脱辅基脂蛋白。脂蛋白由疏水脂类为核心，围绕着极性脂类及载脂蛋白组成复合体，在肝脏及小肠中合成后再分泌至胞外发挥作用。脂蛋白不仅能使疏水脂类增溶，还具有信号识别、调控及转移功能，能将脂类运至特定的靶细胞中。

　　脂蛋白复合物中，若脂质和蛋白质的相对含量、组成及比例不同，则形成的复合物的密度也不同，复合物中蛋白质含量越多脂质含量越少，复合体的密度越高。根据超离心法将脂蛋白复合体分为乳糜微粒（chylomicron，CM）、极低密度脂蛋白（very low density lipoprotein，VLDL，也称前β-脂蛋白）、低密度脂蛋白（low density lipoprotein，LDL，也称β-脂蛋白）、高密度脂蛋白（high density lipoprotein，HDL，也称α-脂蛋白）。人体血液中低密度脂蛋白是造成"血管堵塞"即动脉硬化的元凶，它将胆固醇酯、甘油三酯（TG）运到血管后聚积在动脉内膜或附着在血管壁上，形成硬化斑块阻塞血管，进而引发心脑血管疾病。高密度脂蛋白不仅可以防止低密度脂蛋白形态的"血液垃圾"沉积血管壁，从而减少动脉硬化斑块的形成，还能将血液中和血管内沉积的"血液垃圾"清除，并运送到肝脏进行分解代谢，最终将其代谢后的废物排出体外。表9-1中概括了不同脂蛋白的性质与功能。

表 9-1　脂蛋白的分类、性质与功能

脂蛋白种类	密度/(g/cm³)	颗粒直径/nm	脂质含量	蛋白质含量	功能
CM	<0.96	100~500	98%（主要为TG）	2%	运输外源性TG、胆固醇到体内（小肠到肌肉、脂肪组织）

脂蛋白种类	密度 /(g/cm³)	颗粒 直径/nm	脂质 含量	蛋白质 含量	功能
VLDL	0.95~1.006	30~80	91%(主要为 TG)	8%~12%	在肝脏中生成,运输内源性的 TG 到组织中
LDL	1.006~1.063	18~28	75%(主要为胆固醇和胆固醇酯)	25%	运输内源性胆固醇到组织
HDL	1.063~1.21	5~15	50%(主要为磷脂、胆固醇)	50%	肝脏中生成,吸收、清除周围细胞过量的胆固醇,对脂蛋白酯酶、卵磷脂-胆固醇酰基转移酶有激活作用

医学研究发现高密度脂蛋白每增加 0.026mmol/L,冠心病发病率下降 2%~3%。血浆中低密度脂蛋白含量升高,高密度脂蛋白降低会引起心脑血管疾病。

第二节　脂肪的分解代谢

脂肪的分解首先要在脂肪酶的作用下水解为甘油和脂肪酸,然后甘油和脂肪酸再沿着不同的路径进行分解。

一、脂肪的水解

脂肪在三种脂肪酶(脂肪酶、二酰甘油脂肪酶、单酰甘油脂肪酶)的作用下分解成甘油和脂肪酸。相应的水解过程如下:

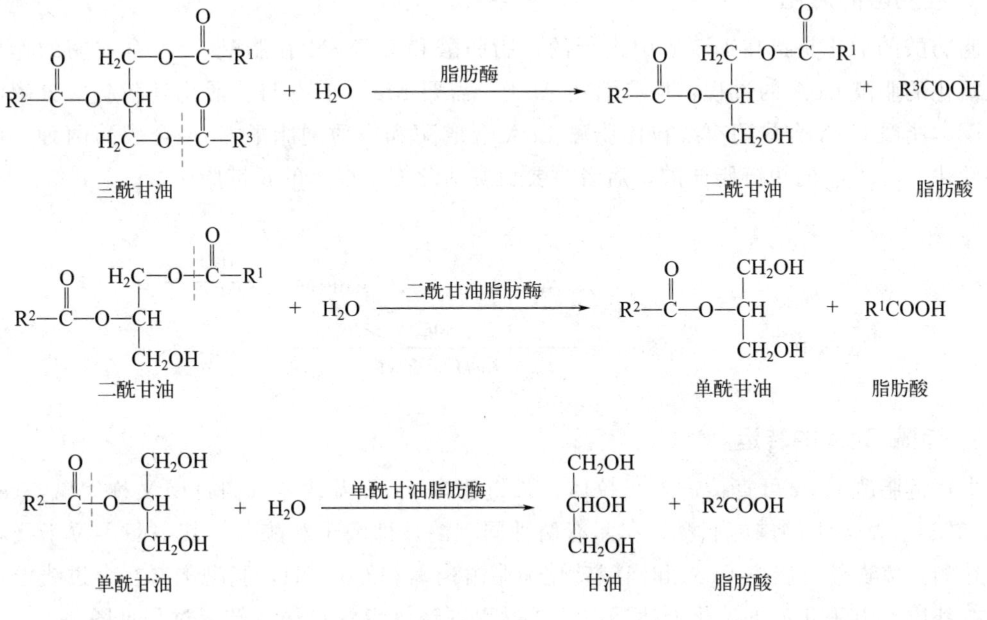

二、甘油的分解

甘油的分解主要在肝脏中进行，在甘油激酶作用下消耗 ATP 生成 α-磷酸甘油，然后经 α-磷酸甘油脱氢酶催化脱氢生成磷酸二羟丙酮。磷酸二羟丙酮是糖酵解途径的中间产物，既可以沿 EMP 途径生成丙酮酸后进入 TCA 循环被彻底氧化生成 CO_2 和 H_2O，还可以沿着糖异生途径生成葡萄糖和糖原。甘油的分解过程如图 9-2 所示。

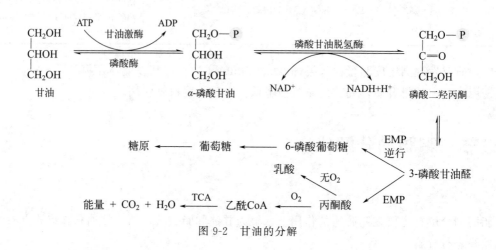

图 9-2 甘油的分解

三、脂肪酸的分解

脂肪酸化学性质比较稳定，氧化分解前需经过活化提高溶解度，随后需要转运进入线粒体后彻底氧化分解。

1. 脂肪酸的活化

脂肪酸的活化是指在细胞质中进行的，脂肪酸和 CoASH 在脂酰 CoA 合成酶的作用下生成活化的脂酰 CoA 的过程，反应消耗 ATP，需要 Mg^{2+} 的参与。活化是脂肪酸分解的限速步骤。脂酰 CoA 合成酶有线粒体脂酰 CoA 合成酶和内质网脂酰 CoA 合成酶两种，前者主要活化 $C_4 \sim C_{10}$ 的短链脂肪酸，后者主要负责活化 C_{12} 以上的长链脂肪酸。

$$RCOOH + CoASH \xrightarrow[\text{脂酰CoA合成酶}]{ATP \quad AMP+PPi \xrightarrow{H_2O} 2Pi \quad Mg^{2+}} RCO{\sim}SCoA$$

脂肪酸   脂酰CoA

2. 脂酰 CoA 的转运

中短链脂酰 CoA 可直接进入线粒体，长链脂酰 CoA 需载体（肉毒碱又称肉碱，carnitine）转运。基质中的肉碱脂酰转移酶有两种同工酶，即酶Ⅰ和酶Ⅱ。其中酶Ⅰ位于线粒体内膜外侧，负责催化脂酰 CoA 和肉碱转化为脂酰肉碱和 CoASH，脂酰肉碱在穿过线粒体内膜后在基质上由酶Ⅱ负责催化上述反应的逆过程，释放脂酰 CoA，转运过程见图 9-3。

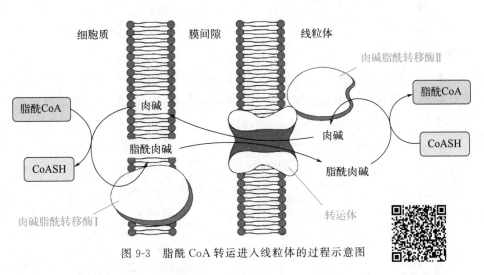

脂酰CoA　　　　　　　肉碱　　　　　　　　　　　　　脂酰肉碱

图 9-3　脂酰 CoA 转运进入线粒体的过程示意图

进入线粒体的脂酰 CoA 已经准备好了氧化分解，生物体内脂肪酸氧化分解的主要途径有 β-氧化、α-氧化和 ω-氧化，其中 β-氧化分解途径最为重要。

3. 偶数碳饱和脂肪酸的 β-氧化

脂肪酸经过活化后进入线粒体中，从羧基端的 β-碳原子开始经氧化脱氢、加水、再脱氢以及硫脂解等步骤，最后生成乙酰 CoA。具体过程如下：

（1）脱氢

脂酰 CoA 在脂酰 CoA 脱氢酶的催化下 α-碳和 β-碳上各脱去一个氢生成含反式双键的烯脂酰 CoA，该反应的辅酶为 FAD。

$$R-CH_2-\overset{\beta}{C}H_2-\overset{\alpha}{C}H_2-\overset{O}{\overset{\|}{C}}\sim SCoA \xrightarrow[\text{FAD} \qquad \text{FADH}_2]{\text{脂酰CoA脱氢酶}} R-CH_2-\overset{H}{\underset{H}{C}}=C-\overset{H}{\underset{}{}}\overset{O}{\overset{\|}{C}}\sim SCoA$$

脂酰CoA　　　　　　　　　　　　　　　　　　　　　　　　反式烯脂酰CoA

（2）加水

反式烯脂酰 CoA 在烯脂酰 CoA 水合酶的作用下发生水化作用，生成 L-β-羟脂酰 CoA，该反应是可逆的。反式烯脂酰 CoA 发生水化作用产物为 L-构型，顺式烯脂酰 CoA 发生水化作用的产物为 D-构型。

$$R-CH_2-\overset{H}{\underset{H}{C}}=C-\overset{O}{\overset{\|}{C}}\sim SCoA \xrightleftharpoons[\pm H_2O]{\text{烯脂酰CoA水合酶}} R-CH_2-\overset{OH}{\underset{H}{C}}-CH_2-\overset{O}{\overset{\|}{C}}\sim SCoA$$

反式烯脂酰CoA　　　　　　　　　　　　　　　　　　　　　　L-β-羟脂酰CoA

（3）再脱氢

L-β-羟脂酰 CoA 在 β-羟脂酰 CoA 脱氢酶的作用下脱氢生成 β-酮脂酰 CoA。该反应可逆，反应涉及的脱氢酶具有立体异构专一性，只催化 L-构型底物，辅酶为 NAD^+。

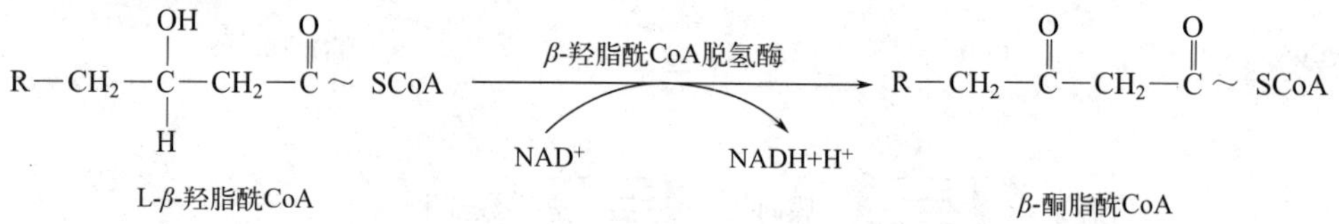

（4）硫脂解

β-酮脂酰 CoA 在 β-酮脂酰 CoA 硫解酶的作用下分解生成乙酰 CoA 和少了 2 个碳的脂酰 CoA。脂酰 CoA 可再次进行脱氢、加水、再脱氢和硫脂解的反应循环，每进行 1 次 β-氧化过程可脱下 1 个 2 碳单位（乙酰 CoA）。β-氧化全过程见图 9-4。

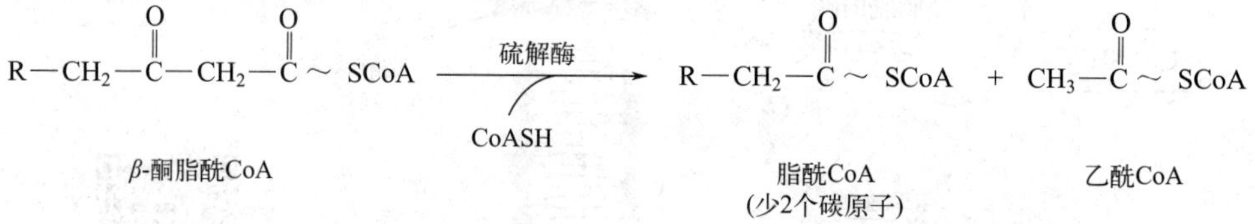

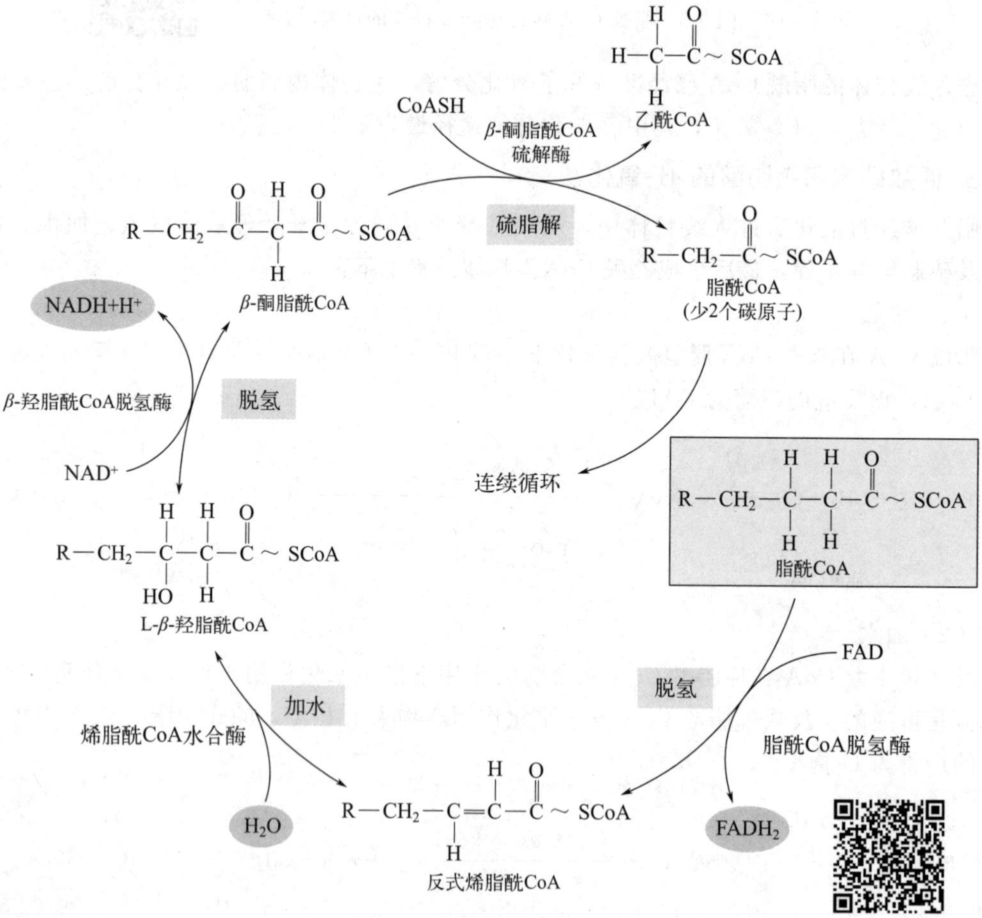

图 9-4　β-氧化过程示意图

脂肪酸活化消耗 2 分子的 ATP，脂酰 CoA 进入线粒体后，从 β-碳的脱氢开始，经过 4 个连续的酶促反应（脱氢、加水、再脱氢、硫脂解），产生 1 分子的乙酰 CoA 和 1 分子比原来少 2 个碳原子的脂酰 CoA（C_{n-2}）。如此反复进行，长链偶数碳饱和脂肪酸便可分解成若干乙酰 CoA。

4. 偶数碳饱和脂肪酸氧化分解的特点

① 除活化反应在细胞质中进行外，其余均在线粒体（主要是肝脏细胞线粒体）中进行，长链脂酰 CoA 不易透过线粒体内膜，需借助肉毒碱作为酰基载体转运进入线粒体内。

② 1 次 β-氧化，脂肪酸链脱下 2 个碳，生成 1 分子乙酰 CoA，重复 β-氧化过程，脂肪酸可全部变成乙酰 CoA 进入 TCA 循环彻底氧化分解。

③ 1 次 β-氧化过程脱 2 次氢，生成 1 分子 $FADH_2$ 和 1 分子 NADH，通过呼吸链磷酸化后可产生 5 分子 ATP。

④ β-氧化的几步反应基本是可逆的，硫脂解高度放能，使过程平衡点偏向分解方向。

⑤ 脂肪酸氧化伴有能量的释放，以 16 碳的软脂酸为例，图 9-5 展示了软脂酸彻底氧化分解的过程：软脂酸发生 7 次 β-氧化产生 7 个 $FADH_2$ 和 7 个 NADH，经过呼吸链传递可生成 35 个 ATP；分解产生的 8 分子乙酰 CoA 进入 TCA 循环彻底氧化，共产生 96 个 ATP；活化阶段消耗 2 个 ATP，所以软脂酸彻底氧化分解共产生 129 个 ATP。

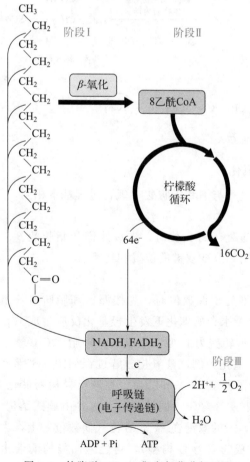

图 9-5　软脂酸（C_{16}）彻底氧化分解过程

5. β-氧化的生理意义

① 脂肪酸 β-氧化为机体的生命活动提供大量能量，1 分子软脂酸比 1 分子葡萄糖氧化释放的能量多，1 分子软脂酸彻底氧化净产生 129 个 ATP，而 1 分子葡萄糖彻底氧化后产生 38 个 ATP。

② 脂肪酸经 β-氧化生成的乙酰 CoA 既可以进入 TCA 循环为机体氧化供能，也可以用于合成脂肪酸、酮体、氨基酸等，参与机体代谢。

③ 有机物中，只有氢可以氧化成水，食物中脂肪含氢最高，故氧化脂肪时产生的代谢水最多。脂肪 β-氧化产生大量代谢水，可供陆生动物生理活动需要，特别在缺水时非常重要，如沙漠中的骆驼依赖代谢水可以较长时间不饮水。

6. 奇数碳饱和脂肪酸的 β-氧化

含奇数碳原子的饱和脂肪酸经 β-氧化除生成乙酰 CoA 外，最后经硫脂解还会产生 1 分子丙酰 CoA，丙酰 CoA 在丙酰 CoA 羧化酶（生物素为辅酶）催化下生成甲基丙二酸单酰 CoA，随后在甲基丙二酸单酰 CoA 变位酶（钴胺素为辅酶）作用下生成琥珀酰 CoA，即可进入 TCA 循环彻底氧化分解。该反应主要发生在某些植物、反刍动物、海洋生物中。

7. 不饱和脂肪酸的氧化

不饱和脂肪酸的氧化过程与饱和脂肪酸 β-氧化过程基本相同，但还需要其他酶参与。

（1）顺反异构酶

当不饱和脂肪酸的双键处于奇数位时，先按照饱和脂肪酸 β-氧化方式反应，遇到顺式结构时顺反异构酶发挥作用，改变双键的位置和构型。

（2）差向异构酶

当不饱和脂肪酸的双键处于偶数位时，先按照饱和脂肪酸 β-氧化方式反应，遇到不饱和双键时，先在羟脂酰 CoA 水合酶催化下发生羟基化反应生成 D-β-羟脂酰 CoA，再经差向异构酶作用使其构型由 D-型转变为 L-型，生成 L-β-羟脂酰 CoA。

以 18 碳不饱和脂肪酸氧化为例，其氧化分解过程如图 9-6 所示。18 碳不饱和脂肪酸①经过 3 次 β-氧化生成 3 分子乙酰 CoA 和②后，在顺反异构酶催化下②中的 3、4 号位之间（奇数位）上的双键转移到 2、3 号位（偶数位）上，并由顺式结构变为反式结构（③）。继续进行 2 次 β-氧化生成④，④的双键在 2、3 号位（偶数位）上，为顺式烯脂酰 CoA，先经烯脂酰 CoA 水合酶催化生成⑤（为 D-构型），再经差向异构酶催化⑤构型发生改变生成⑥（为 L-构型），即可继续按照 β-氧化方式反应直至全部转化为乙酰 CoA。相同碳原子数的不

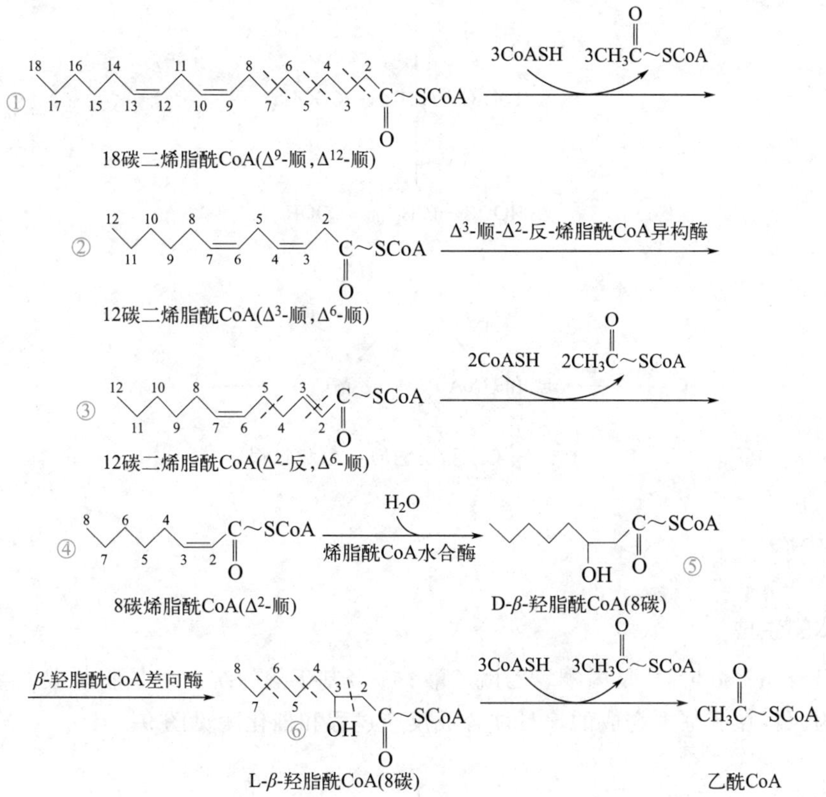

18碳二烯脂酰CoA(Δ^9-顺，Δ^{12}-顺)

① + 3CoASH + $3CH_3C\sim SCoA$

12碳二烯脂酰CoA(Δ^3-顺，Δ^6-顺)

② $\xrightarrow{\Delta^3\text{-顺-}\Delta^2\text{-反-烯脂酰CoA异构酶}}$

12碳二烯脂酰CoA(Δ^2-反，Δ^6-顺)

③ + 2CoASH + $2CH_3C\sim SCoA$

8碳烯脂酰CoA(Δ^2-顺)

④ $\xrightarrow[\text{烯脂酰CoA水合酶}]{H_2O}$ D-β-羟脂酰CoA(8碳) ⑤

⑥ $\xrightarrow{\beta\text{-羟脂酰CoA差向酶}}$ L-β-羟脂酰CoA(8碳) + 3CoASH + $3CH_3C\sim SCoA$ → $CH_3C\sim SCoA$ 乙酰CoA

图 9-6　不饱和脂肪酸的氧化过程

饱和脂肪酸比饱和脂肪酸氧化产生的 ATP 少。多1个双键就少1次脱氢过程，少生成1个 $FADH_2$，少产生2个 ATP。

8. 脂肪酸的其他氧化方式

（1）α-氧化

脂肪酸的 α-氧化主要存在于植物种子、叶子、动物脑和肝脏中。游离的脂肪酸在加单氧酶的催化下 α-碳开始氧化，先生成 α-羟脂酸，经脱氢酶催化脱氢生成 α-酮脂酸，最后在脱羧酶催化下脱去 α-羧基生成少一个碳的脂肪酸。

RCH_2COOH 脂肪酸 $\xrightarrow{\text{加单氧酶}}$ $RCHCOOH$（OH）α-羟脂酸 $\xrightarrow{\text{脱氢酶}}$ $RCCOOH$（O）α-酮脂酸 $\xrightarrow[CO_2]{\text{脱羧酶}}$ RCOOH 脂肪酸（少1个碳原子）

（2）ω-氧化

12 碳以下的脂肪酸可在动物肝脏微粒体中发生 ω-氧化。先将脂肪酸末端（ω-端）的碳氧化为羟基，再氧化成羧基形成二羧酸，随后生成的二羧酸进入线粒体，两端同时进行 β-氧化，最终生成乙酰 CoA 和琥珀酰 CoA，进入 TCA 循环彻底氧化分解。某些细菌可通过 ω-氧化将脂肪烃转变为脂肪酸，再经 β-氧化将泄漏的石油降解。图 9-7 是以 C_{12} 脂肪酸为例的 ω-氧化过程。

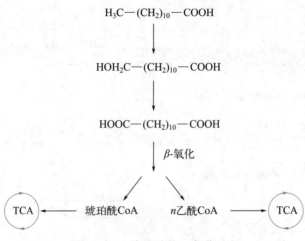

图 9-7 C$_{12}$ 脂肪酸的 ω-氧化过程

四、酮体代谢

1. 酮体的生成

酮体（ketone bodies）是丙酮、乙酰乙酸、β-羟基丁酸的统称，是脂肪酸 β-氧化产生的乙酰 CoA 为原料在肝脏中合成的，具体合成反应过程和催化酶见图 9-8。

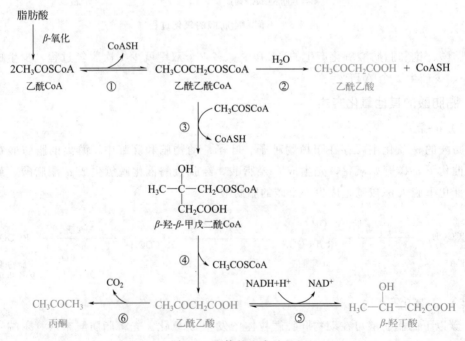

图 9-8 酮体的生成过程

图中各步反应的催化酶分别为：①乙酰 CoA 酰基转移酶（乙酰乙酰 CoA 硫解酶）；②脱酰基酶；③β-羟-β-甲戊二酰 CoA 合成酶；④β-羟-β-甲戊二酰 CoA 裂合酶；⑤β-羟丁酸脱氢酶；⑥自发进行

脂肪酸溶解性较差，酮体是脂肪酸氧化的半成品，水溶性好且分子量较小，是肝脏中脂肪酸代谢的正常中间物。如机体摄入食物中脂肪比例高时，会使得脂肪代谢增加，生成的酮体增加。此外，胃炎、糖尿病患者体内酮体浓度高时，酮体-COO^-与Na^+、K^+结合后随尿排出体外，破坏机体水盐代谢平衡，会使体内酸碱紊乱，导致机体出现酸中毒现象。

2. 酮体的分解

肝脏能生成酮体，但却缺乏分解酮体的酶，酮体的分子量小且易溶于水，在肝内生成后易进入血液循环到肝外组织（心、脑、肾、肌肉）中氧化分解。丙酮可以通过呼吸作用排出体外，也可以先转变成 1,2-丙二醇再转化成丙酮酸，丙酮酸氧化脱羧生成乙酰 CoA 进入 TCA 循环可以彻底氧化分解。1,2-丙二醇也可氧化生成甲酸和乙酸，后者生成乙酰 CoA 进入 TCA 循环。在肝外组织中乙酰乙酸被乙酰乙酸硫激酶活化先生成乙酰乙酰 CoA，再经乙酰乙酰 CoA 硫解酶（乙酰 CoA 转乙酰基酶）催化生成乙酰 CoA 进入 TCA 循环。在大脑、心、肾、肌肉等部位 β-羟基丁酸经 β-羟基丁酸脱氢酶催化先生成乙酰乙酸，乙酰乙酸进一步反应生成乙酰 CoA，后续经 TCA 循环彻底氧化分解。酮体是肝脏向肝外组织提供能源的一种方式，机体长期处于饥饿状态时，酮体可以供给脑组织 $50\% \sim 70\%$ 的能量。机体处于禁食、应激及患糖尿病时，心、肾、骨骼肌摄取酮体代替葡萄糖供能，节省葡萄糖以供脑和红细胞所需。

第三节　脂肪的合成代谢

α-磷酸甘油和脂酰 CoA 是脂肪合成的直接原料，脂肪的合成分为三个阶段：α-磷酸甘油的合成、脂肪酸的合成以及甘油三酯的形成。

一、α-磷酸甘油的合成

α-磷酸甘油的合成有三条途径：一是糖酵解的中间产物磷酸二羟丙酮在磷酸甘油脱氢酶作用下生成 α-磷酸甘油（图 9-2）；二是脂肪水解产生的甘油在甘油（磷酸）激酶的作用下生成 α-磷酸甘油；三是氨基酸（如丙氨酸）先生成丙酮酸后沿着糖异生途径生成磷酸二羟丙酮后，再生成 α-磷酸甘油。其中前两条是 α-磷酸甘油生成的主要途径。

二、脂肪酸的合成

1. 饱和脂肪酸的从头合成

从头合成脂肪酸的碳源主要来自乙酰 CoA，脂肪酸合成步骤与氧化降解步骤完全不同。脂肪酸的生物合成是在细胞质中进行，需要 CO_2 和柠檬酸参与，而氧化降解是在线粒体中进行的。合成过程可以分为三个阶段：

（1）原料的准备阶段

① 乙酰 CoA 羧化　乙酰 CoA 在细胞质中被乙酰 CoA 羧化酶催化生成丙二酸单酰 CoA，需要消耗 1 分子 ATP 和 CO_2，这是一个不可逆反应。乙酰 CoA 羧化酶的亚基有三种：生物

素羧化酶、生物素羧基载体蛋白及羧基转移酶，辅基为生物素。

$$H_3C-\overset{\displaystyle O}{\overset{\|}{C}}\sim SCoA \xrightarrow[\substack{\text{乙酰CoA羧化酶}\\(\text{以生物素为辅基})}]{\overset{\displaystyle CO_2 \quad ATP \quad ADP+Pi}{}} HOOC-CH_2-\overset{\displaystyle O}{\overset{\|}{C}}\sim SCoA$$

乙酰CoA   丙二酸单酰CoA

② 酰基转移反应 乙酰 CoA、丙二酸单酰 CoA 和酰基载体蛋白（acyl carrier protein, ACP）在 ACP 转酰基酶的作用下，将酰基转移到 ACP 上，分别生成乙酰 ACP 和丙二酸单酰 ACP。ACP 是蛋白以共价键与辅基磷酸泛酰巯基乙胺结合，发挥酰基载体作用。

$$H_3C-\overset{\displaystyle O}{\overset{\|}{C}}\sim SCoA + ACP\text{-}SH \rightleftharpoons H_3C-\overset{\displaystyle O}{\overset{\|}{C}}\sim SACP + CoASH$$

乙酰CoA   乙酰ACP

$$HOOC-CH_2-\overset{\displaystyle O}{\overset{\|}{C}}\sim SCoA + ACP\text{-}SH \rightleftharpoons HOOC-CH_2-\overset{\displaystyle O}{\overset{\|}{C}}\sim SACP + CoASH$$

丙二酸单酰CoA   丙二酸单酰ACP

（2）合成阶段

以软脂酸（C_{16}）的合成为例，合成阶段共有 4 步，是在复合酶催化下完成的，复合酶以没有酶活性的 ACP 为核心。

① 缩合反应 乙酰 ACP 与丙二酸单酰 ACP 在 β-酮脂酰 ACP 合成酶催化下发生缩合反应，生成乙酰乙酰 ACP 和 CO_2。

$$H_3C-\overset{\displaystyle O}{\overset{\|}{C}}\sim SACP + HOOC-H_2C-\overset{\displaystyle O}{\overset{\|}{C}}\sim SACP \xrightarrow[\substack{\beta\text{-酮脂酰ACP}\\\text{合成酶}}]{} H_3C-\overset{\displaystyle O}{\overset{\|}{C}}-CH_2-\overset{\displaystyle O}{\overset{\|}{C}}\sim SACP + ACP\text{-}SH + CO_2$$

乙酰ACP   丙二酸单酰ACP   乙酰乙酰ACP

② 还原反应 乙酰乙酰 ACP 在 β-酮脂酰 ACP 还原酶催化下还原，生成 D-构型的 β-羟丁酰 ACP，NADPH 为该反应的还原剂。

$$H_3C-\overset{\displaystyle O}{\overset{\|}{C}}-CH_2-\overset{\displaystyle O}{\overset{\|}{C}}\sim SACP \xrightarrow[\beta\text{-酮脂酰ACP还原酶}]{\overset{\displaystyle NADPH+H^+ \qquad NADP^+}{}} H_3C-\overset{\displaystyle OH}{\overset{|}{C}H}-CH_2-\overset{\displaystyle O}{\overset{\|}{C}}\sim SACP$$

乙酰乙酰ACP β-羟丁酰ACP

③ 脱水反应 β-羟丁酰 ACP 在 β-羟丁酰 ACP 脱水酶的催化下，α,β-碳原子间失去一分子水生成 α,β-丁烯酰 ACP。

$$H_3C-\overset{\displaystyle OH}{\overset{|}{C}H}-CH_2-\overset{\displaystyle O}{\overset{\|}{C}}\sim SACP \xrightarrow[\beta\text{-羟丁酰ACP脱水酶}]{} H_3C-\overset{\displaystyle H}{\overset{|}{C}}=CH-\overset{\displaystyle O}{\overset{\|}{C}}\sim SACP$$

β-羟丁酰ACP α,β-丁烯酰ACP

④ 再次还原 α,β-丁烯酰 ACP 在烯脂酰 ACP 还原酶的催化下还原为丁酰 ACP，该反应以 NADPH 为还原剂。

$$H_3C-\overset{\displaystyle H}{\underset{\displaystyle}{C}}=CH-\overset{\displaystyle O}{\underset{\displaystyle}{C}}\sim SACP \xrightleftharpoons[\text{烯脂酰ACP还原酶}]{\text{NADPH}+H^+ \quad NADP^+} H_3C-CH_2-CH_2-\overset{\displaystyle O}{\underset{\displaystyle}{C}}\sim SACP$$

α,β-丁烯酰ACP

丁酰ACP

（3）延长阶段

至此，生成的丁酰 ACP 比开始的乙酰 ACP 多了 2 个碳原子，然后丁酰 ACP 再重复以上的缩合、还原、脱水、还原 4 步反应，每次重复增加 2 个碳原子，释放 1 分子 CO_2，消耗 2 分子 NADPH，经过 7 次重复后就合成了软脂酰 ACP，软脂酰 ACP 和 CoASH 在转酰基酶催化下生成软脂酰 CoA，用于合成脂肪。软脂酰 ACP 也可经硫酯酶催化脱去 ACP 生成 16 碳的软脂酸。饱和脂肪酸从头合成过程如图 9-9 所示。

大多数生物从头合成只能生成软脂酸，软脂酰 CoA 或软脂酸生成后，可在线粒体或微粒体中经脂肪酸碳链延长酶系的催化作用下，形成更长碳链的饱和脂肪酸。线粒体延长途径基本上是 β-氧化的逆过程，由乙酰 CoA 提供碳源；微粒体延长途径与从头合成类似，只是 CoASH 作为酰基载体由丙二酸单酰 CoA 提供碳源。

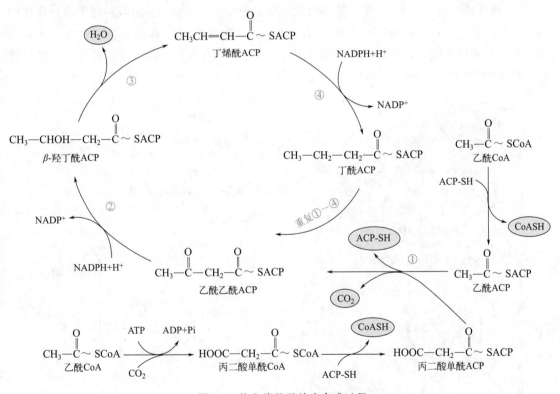

图 9-9　饱和脂肪酸从头合成过程

2. 不饱和脂肪酸的合成

不饱和脂肪酸中的不饱和键是由去饱和酶催化脱氢形成的，去饱和的过程就是在原有饱和脂肪酸中引入双键的过程。哺乳动物不含催化 9 号碳之后引入双键的酶，因此不能合成亚油酸（$18:2^{\Delta 9c,12c}$）和亚麻酸（$18:3^{\Delta 9c,12c,15c}$）。微生物细胞内不饱和脂肪酸合成主要有两种方式。

（1）好氧条件下去饱和

好氧条件下去饱和是在先合成饱和脂肪酰 CoA 的基础上，经特异 NADPH 还原酶与特异去饱和酶作用形成不饱和脂肪酸，反应过程中需要氧气。

（2）厌氧条件下去饱和

厌氧条件下去饱和多发生在脂肪酸合成的早期，通常先合成 8～12 碳的 β-羟脂酰基后，在去饱和酶作用下生成双键，随后再在脂肪酸碳链延长酶的作用下延长碳链，生成长链不饱和脂肪酸。

三、乙酰 CoA 的运输

脂肪酸的从头合成发生在细胞质中，而乙酰 CoA 主要在线粒体中生成，乙酰 CoA 不能直接穿过线粒体内膜，需通过转运机制进入细胞质。乙酰 CoA 的转运方式主要有三种：柠檬酸转运、α-酮戊二酸转运和肉毒碱转运。其中柠檬酸转运是最主要的转运方式。

（1）柠檬酸转运

细胞质中的丙酮酸穿过线粒体膜分别在丙酮酸脱氢酶系和丙酮酸羧化酶的作用下生成乙酰 CoA 和草酰乙酸，二者经 TCA 循环可缩合生成柠檬酸，柠檬酸穿出线粒体膜后，在柠檬酸裂解酶的催化下再分解为草酰乙酸和乙酰 CoA，成功将乙酰 CoA 运出了线粒体，在细胞质中从头合成脂肪酸。草酰乙酸可继续反应，经苹果酸再生成丙酮酸，重复循环。柠檬酸转运过程见图 9-10。

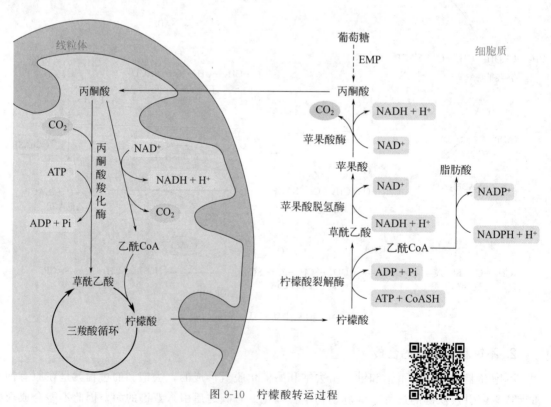

图 9-10　柠檬酸转运过程

（2）α-酮戊二酸转运

如图 9-11 所示，线粒体中的乙酰 CoA 和草酰乙酸进入 TCA 循环后生成的 α-酮戊二酸以及由谷氨酸氧化脱氨产生的 α-酮戊二酸可通过线粒体膜上的转运系统，由线粒体内转移到细胞质中。在异柠檬酸脱氢酶的催化下先生成异柠檬酸再转变为柠檬酸，柠檬酸裂解为草酰乙酸和乙酰 CoA，后者作为合成脂肪酸的原料。此外，异柠檬酸也可以由线粒体内转移到细胞质中，进而合成乙酰 CoA 参与脂肪酸的合成。

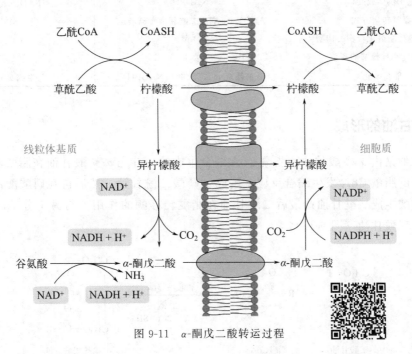

图 9-11　α-酮戊二酸转运过程

（3）肉毒碱转运

机体内只有少量的乙酰 CoA 通过肉毒碱转运。肉毒碱是脂肪代谢的一种重要载体，分布在线粒体内膜上。肉毒碱作为酰基载体，既可以将线粒体外的脂酰 CoA 转运到线粒体内（图 9-3），还能将线粒体基质中的乙酰 CoA 以乙酰肉毒碱的形式从线粒体内转运到线粒体外，随后将乙酰基转移给 CoASH，实现乙酰 CoA 的跨膜运输（图 9-12），生成的乙酰 CoA 可用于脂肪酸的从头合成。

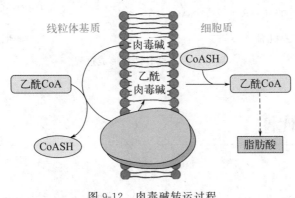

图 9-12　肉毒碱转运过程

脂肪酸的从头合成和β-氧化都是脂肪酸代谢中重要的反应过程，表9-2比较了二者的区别。

表 9-2　脂肪酸从头合成与β-氧化的比较（以 C₁₆ 为例）

区别点	从头合成	β-氧化
细胞中发生部位	细胞质	线粒体
酰基载体	ACP-SH	CoASH
二碳单位的加入与裂解形式	丙二酸单酰 CoA	乙酰 CoA
电子供体或受体	NADPH	FAD、NAD$^+$
原料转运方式	柠檬酸、α-酮戊二酸和肉毒碱转运	肉毒碱转运
中间产物羟脂酰化合物的构型	D-型	L-型
对 CO₂ 和柠檬酸的需求	要求	不要求
能量变化	消耗 7 个 ATP 和 14NADPH	生成 ATP

四、三酰甘油的形成

三酰甘油是由 α-磷酸甘油和脂酰 CoA 缩合生成的。首先 α-磷酸甘油在脂酰转移酶作用下与 2 分子的脂酰 CoA 发生缩合反应，生成 α-磷酸二酰甘油；然后再在磷酸酶的作用下脱下 1 分子磷酸生成二酰甘油；最后二酰甘油在脂酰转移酶的作用下与另 1 分子的脂酰 CoA 反应，生成三酰甘油（图 9-13）。

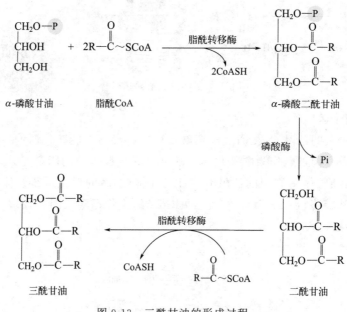

图 9-13　三酰甘油的形成过程

第四节　磷脂代谢

磷脂是细胞膜的重要组成成分，对膜的流动性、膜蛋白的活性及对脂肪的吸收、转运、储藏起重要作用。磷脂主要包括甘油磷脂和鞘磷脂，细胞生物膜双层结构中大部分磷脂是甘油磷脂，本节主要介绍甘油磷脂代谢，包括甘油磷脂的分解代谢和合成代谢。

一、甘油磷脂的分解代谢

甘油磷脂的分解主要依赖生物体内的磷脂酶类如磷脂酶 A_1、磷脂酶 A_2、磷脂酶 C 和磷脂酶 D，它们能特异地作用于磷脂分子内部的各个酯键（图 9-14），实现甘油磷脂的水解。不同生物中，不同的磷脂酶的作用部位不同，分解代谢产物不同。以磷脂酰胆碱（卵磷脂）的分解过程（图 9-15）为例，在动物体内磷脂酰胆碱经磷脂酶 A_1 催化使其第 1 位酯键断裂，生成脂肪酸和 2-脂酰 GPC（甘油磷酸胆碱），后者被磷脂酶 A_2 催化使第 2 位酯键水解生成脂肪酸和 GPC；磷脂酰胆碱也可先经磷脂酶 A_2 作用生成脂肪酸和 1-脂酰 GPC，后者被磷脂酶 A_1 催化生成脂肪酸和 GPC。GPC 经甘油磷酸胆碱二酯酶作用生成胆碱和甘油磷酸（GP），GP 在磷酸单酯酶催化下生成甘油和磷酸。

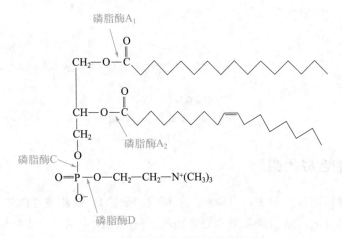

图 9-14 不同的磷脂酶的作用部位

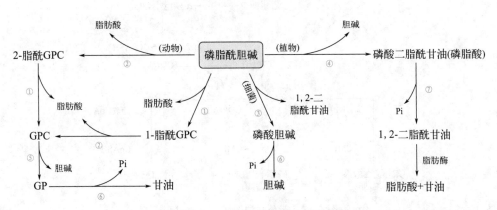

图 9-15 磷脂酰胆碱的分解

图中 GPC 表示甘油磷酸胆碱；GP 表示甘油磷酸；①磷脂酶 A_2；②磷脂酶 A_1；③磷脂酶 C；
④磷脂酶 D；⑤甘油磷酸胆碱二酯酶；⑥磷酸单酯酶；⑦磷脂酸磷酸酶

在植物体内磷脂酰胆碱在磷脂酶 D 作用下使磷酸与胆碱间的酯键断裂，生成胆碱和磷酸二脂酰甘油（磷脂酸），后者被磷脂酸磷酸酶催化去掉磷酸，生成 1,2-二脂酰甘油，再经脂肪酶作用生成脂肪酸和甘油。在细菌中，磷脂酰胆碱经磷脂酶 C 作用水解甘油磷脂分子中第 3 位的羟基与磷酸之间的酯键，生成 1,2-二脂酰甘油和磷酸胆碱，后者经磷酸单酯酶催化生成胆碱。

胆碱是构成生物膜的重要组成成分，胆碱在机体中先氧化为甜菜碱（反应以 FAD 或 NAD^+ 为辅酶），然后与同型半胱氨酸反应生成甲硫氨酸和二甲基甘氨酸。甜菜碱是将同型半胱氨酸甲基化，作为甲硫氨酸的甲基供体，促进机体的转甲基代谢。二甲基甘氨酸脱甲基后生成丙氨酸进入氨基酸代谢彻底分解（图 9-16）。

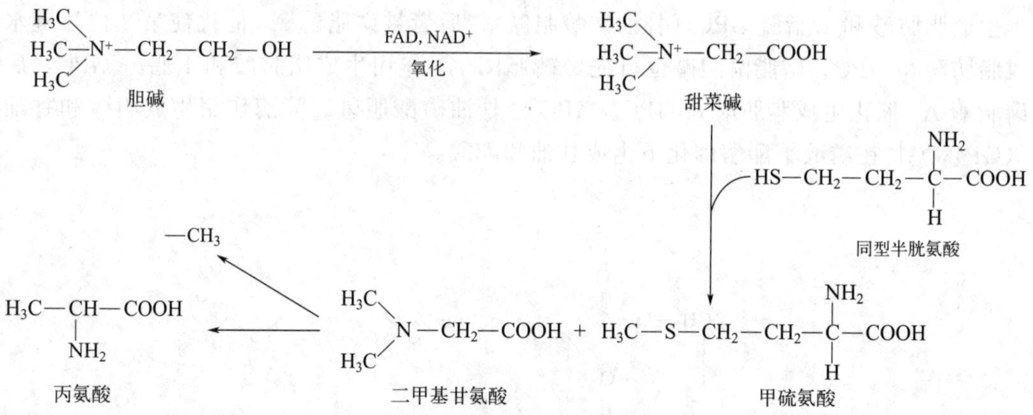

图 9-16 胆碱的分解代谢

二、甘油磷脂的合成代谢

细胞内的甘油磷脂种类很多，有磷脂酰胆碱（卵磷脂）、磷脂酰乙醇胺（脑磷脂）、磷脂酰丝氨酸、磷脂酰甘油、磷脂酰肌醇和心磷脂等，所有组织中都会合成甘油磷脂，主要在肝脏中合成，所以长期不进食此类也不会影响健康。部分甘油磷脂的合成过程见图 9-17。

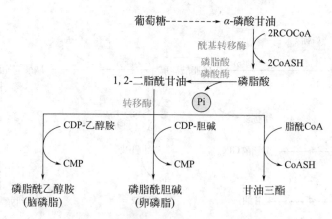

图 9-17 部分甘油磷脂的合成过程

以葡萄糖为原料经过 EMP 途径生成 α-磷酸甘油，再在酰基转移酶的作用下与 2 分子脂酰 CoA 反应生成磷脂酸，后者在磷脂酸磷酸酶催化下水解掉磷酸，生成 1,2-二脂酰甘油。1,2-二脂酰甘油与 CDP-乙醇胺反应生成磷脂酰乙醇胺和 CMP；1,2-二脂酰甘油与 CDP-胆碱反应生成磷脂酰胆碱和 CMP；1,2-二脂酰甘油与脂酰 CoA 反应，可以生成甘油三酯和 CoASH。

第五节　胆固醇的代谢

　　机体内胆固醇来源于食物及生物合成，肝脏和肠黏膜是合成胆固醇的主要场所。胆固醇的合成主要在细胞质和内质网中进行，以乙酰 CoA 为原料合成胆固醇的反应过程如图 9-18 所示。其合成过程比较复杂，合成过程中主要的中间代谢产物有 β-甲基-β-羟戊二酸

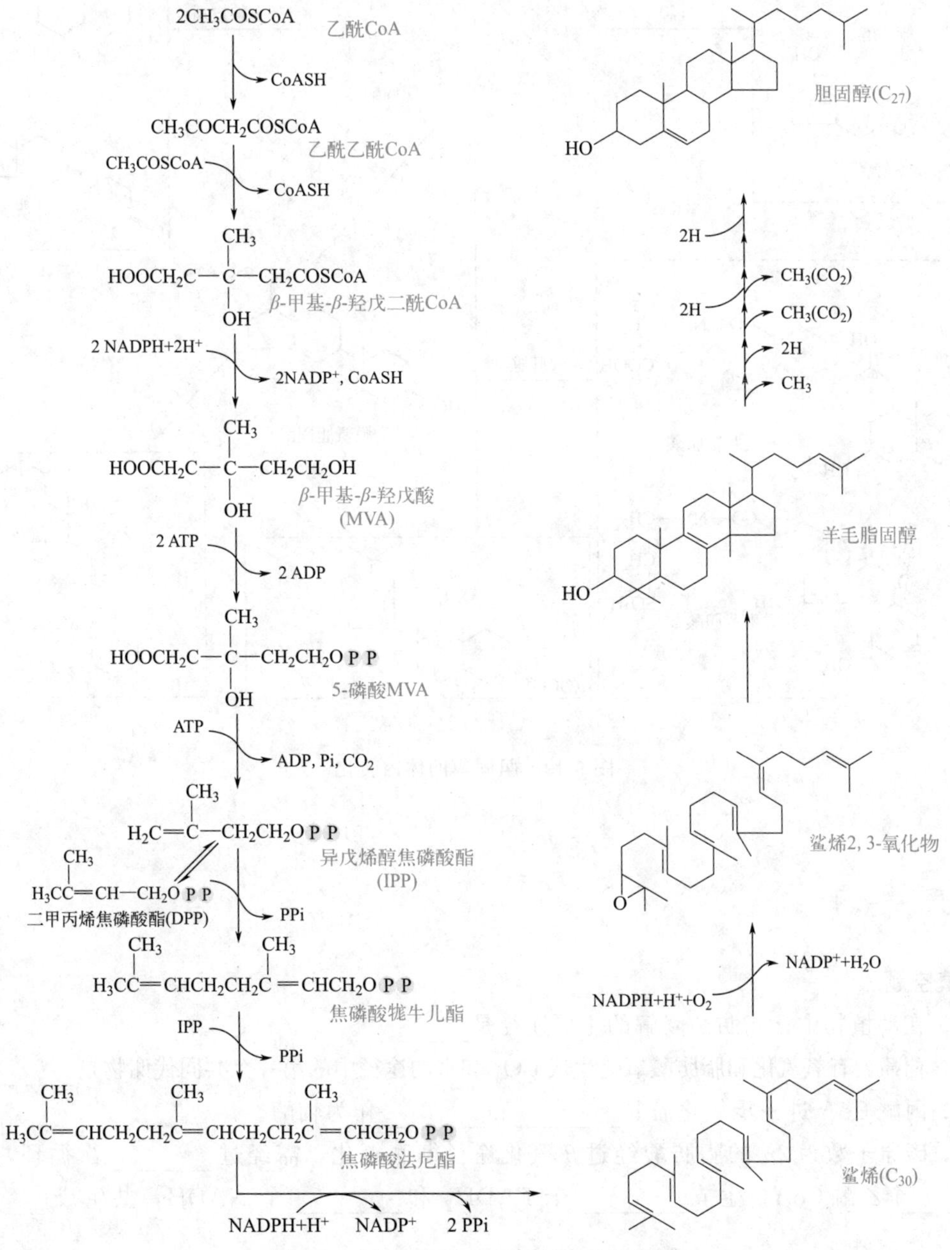

图 9-18　以乙酰 CoA 为原料合成胆固醇

（MVA）、异戊烯醇焦磷酸酯（IPP）和羊毛脂固醇等。

　　胆固醇的分解代谢实际就是其转化成各种生物活性物质的过程。大部分胆固醇在肝中转化为胆酸排入肠腔，与膳食中的胆固醇混合在一起后被重新吸收。胆固醇在动物体内不仅可以酯化成胆固醇酯，还可以在相关酶的催化下转化成多种具有重要生理功能的物质，如性激素、肾上腺皮质激素、胆汁酸、维生素 D 等。胆固醇的体内转化如图 9-19 所示。

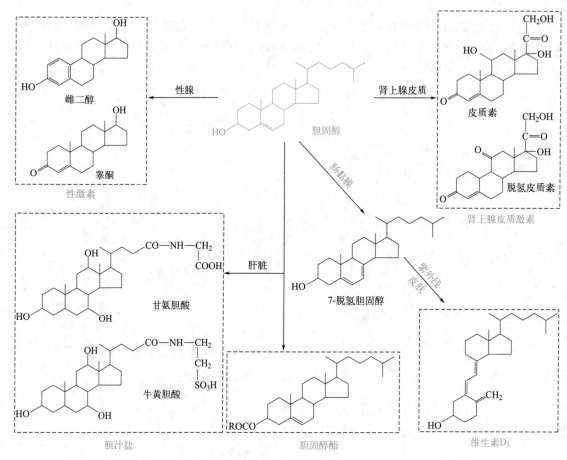

图 9-19　胆固醇的体内转化

课后练习

一、填空题

　　1. 在动植物中，脂肪酸降解的主要途径是＿＿＿＿＿＿＿。

　　2. 葡萄糖有氧氧化和脂肪酸氧化生成 CO_2 和水的途径中的第一个共同代谢物是＿＿＿＿＿＿＿。

　　3. 丙酰 CoA 进一步氧化需要＿＿＿＿＿＿＿和＿＿＿＿＿＿＿作为辅酶。

　　4. 碳原子数为 $2n$ 的脂肪酸经过 β-氧化途径彻底氧化，需经过＿＿＿＿＿＿＿次循环，生成＿＿＿＿＿＿＿个乙酰 CoA，生成＿＿＿＿＿＿＿个 $FADH_2$ 和＿＿＿＿＿＿＿个 NADH，共生成＿＿＿＿＿＿＿个 ATP。

5. 脂肪酸合成的原料有_____、_____、_____和_____等。

6. 脂肪酸合成的限速步骤是由_____酶催化，由_____生成_____的反应，该酶的辅基是_____，该酶的活性受 TCA 循环的中间物_____的激活。

7. 奇数碳原子脂肪酸经 β-氧化除了产生乙酰 CoA 外，还生成一个_____，后者可在生物体内转变成_____而进入 TCA 循环彻底氧化。

二、选择题

1. 下列关于脂肪酸 β-氧化作用的叙述中正确的是（   ）。

A. 起始于脂酰辅酶 A   B. 被肉毒碱抑制

C. 主要发生在细胞核   D. 对于细胞没有产生有用的能量

E. 每次移去三碳单位而缩短碳链

2. 细胞质中脂肪酸合成的限速因素是（   ）。

A. 缩合酶   B. 水化酶   C. 乙酰 CoA 羧化酶

D. 脂酰基转移酶   E. 软脂酰脱酰基酶

3. 脂肪大量动员时，肝内生成的乙酰 CoA 主要转变为（   ）。

A. 葡萄糖   B. 胆固醇   C. 脂肪酸   D. 酮体

4. 1g 软脂酸（分子量为 256）是 1g 葡萄糖（分子量为 180）彻底氧化分解所释放的 ATP 的（   ）倍。

A. 2   B. 2.5   C. 3   D. 3.5

三、判断题

1. 酮体是脂肪酸代谢过程中产生的有害产物。（   ）

2. 脂肪细胞脂解产生的甘油通常可直接进行甘油三酯的合成。（   ）

3. 所有的脂肪酸通过 β-氧化降解可全部生成乙酰辅酶 A。（   ）

4. 酮血症可以由饥饿引起，而糖尿病患者通常体内酮体的水平也很高。（   ）

四、简答题

1. 在人体内，脂肪酸能否大量转变为糖类？为什么？

2. 在人体内，乙酰 CoA 可以进入哪些代谢途径？

3. 营养过剩会导致因缺乏脂酰肉碱转移酶形成代谢紊乱造成肥胖，解释其原因。

4. 糖代谢可以通过哪些反应和脂肪代谢联系起来？

5. 含有三个软脂酸的三酰基甘油彻底氧化分解生成二氧化碳和水，能够产生多少 ATP？

6. 为什么糖摄入量不足的因纽特人，从营养角度看，食用含奇数碳原子的脂肪酸的脂肪比食用含偶数碳原子脂肪酸的脂肪要好？

7. 某些人认为可以通过敞开吃高蛋白高脂类但不吃糖类食物达到快速减肥的目的，请从代谢的角度分析是否可行，会对身体造成什么样的影响？

8. 如果同时摄入高脂肪和砂糖后，容易增加体内脂肪的积累，为什么？

第十章
蛋白质和氨基酸代谢 >>>

蛋白质是生命活动的重要物质基础、生物功能的执行者，一切生命活动都离不开蛋白质。氨基酸是构成蛋白质的基本组成单位，蛋白质水解为氨基酸后不仅可以作为合成其他物质的原料，还能进一步分解，为机体提供能量，生物体内的各种氨基酸和蛋白质不断地进行分解和合成代谢，满足机体的各项需求。

第一节　蛋白质的降解

一、蛋白质的营养作用

1. 氮平衡

蛋白质是食物中的主要含氮物质，且氮含量相对稳定。机体每日摄入氮量和排出氮量之间的平衡关系称为氮平衡（nitrogen balance），氮平衡能反映体内蛋白质代谢的状况。食物中的蛋白质被机体消化吸收产生的含氮废物大部分通过尿液排出体外，未被消化的蛋白质主要通过粪便排出。当机体摄入氮量大于机体排出的氮量时，机体处于正氮平衡，部分摄入的氮用于体内蛋白质的合成，正氮平衡现象在生长的儿童、孕妇和恢复期的患者中较为常见；当机体摄入氮量小于机体排出的氮量时，机体处于负氮平衡，此时生物体内蛋白质消耗增加而合成速率减慢，饥饿、消耗性疾病患者多见负氮平衡。

2. 蛋白质的营养价值

食物中的蛋白质经蛋白酶分解后产生的氨基酸不能被全部用于合成组织蛋白质，这是因为食物蛋白质所含的氨基酸的种类、含量和比例与组织蛋白质有一定的差别。不同的食物蛋白质有不同的利用率，利用率越高，该蛋白质的营养价值就越高。食物蛋白质的营养价值的高低，取决于其所含必需氨基酸的种类、含量及比例是否与人体所需的相近，越接近营养价值就越高。一般情况下动物蛋白质营养价值大于植物蛋白，酵母蛋白营养价值较高。营养价值较低的蛋白质在必需氨基酸能互相补充的情况下混合食用，可以提高营养价值。

二、蛋白质的消化吸收

1. 蛋白质的消化

食物中的蛋白质（外源性蛋白质）在消化道中被蛋白酶水解为氨基酸后才能被机体进一步吸收，其消化过程是一系列复杂的酶解过程。唾液中不含消化蛋白质的酶，蛋白质进入胃后，在胃蛋白酶和盐酸的作用下分解为多肽，进入小肠后，经来自胰脏的胰蛋白酶、胰凝乳蛋白酶、弹性蛋白酶等催化分解为寡肽，随后经肠黏膜细胞的氨肽酶、二肽酶的作用分解为氨基酸。此外机体各组织的蛋白质（内源性蛋白质）能在溶酶体分泌的组织蛋白酶的催化下水解为氨基酸，在一些缺少溶酶体的真核细胞内还可以借助泛素降解蛋白质。

2. 蛋白质的吸收

（1）通过氨基酸载体吸收

蛋白质主要以氨基酸的形式吸收进入小肠黏膜细胞，也有少部分会以二肽、三肽等寡肽的形式吸收，进入细胞后被胞内的寡肽酶水解为氨基酸。氨基酸可以进入血液，随血液循环被运输到组织吸收利用，吸收需要消耗能量，是主动运输过程。小肠黏膜细胞上有转运氨基酸的载体蛋白，使氨基酸与 Na^+ 结合，将氨基酸与 Na^+ 转运到细胞内，再由离子泵（Na^+）将胞内的 Na^+ 排出细胞内。不同的载体蛋白转运不同的氨基酸，如中性氨基酸载体蛋白可以转运脂肪族、芳香族等氨基酸；碱性氨基酸载体蛋白可以转运精氨酸和赖氨酸；酸性氨基酸载体蛋白可以转运谷氨酸和天冬氨酸；亚氨基酸甘氨酸载体蛋白可以转运脯氨酸和甘氨酸。

（2）通过 γ-谷氨酰循环吸收氨基酸

氨基酸除了通过载体吸收外还有一种吸收机制，即 γ-谷氨酰循环（图 10-1）。细胞外的

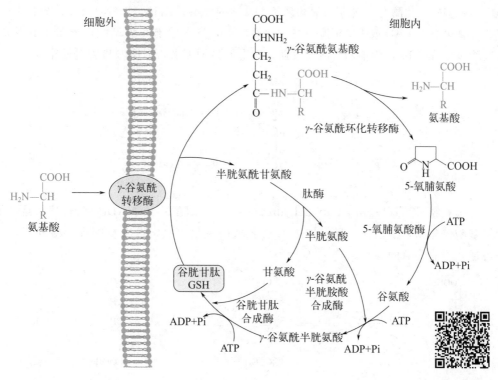

图 10-1　γ-谷氨酰循环

氨基酸经细胞膜上的 γ-谷氨酰转移酶催化，与谷胱甘肽（GSH）中的 γ-谷氨酰基结合生成 γ-谷氨酰氨基酸，再经 γ-谷氨酰环化转移酶催化生成氨基酸和 5-氧脯氨酸，实现了胞外氨基酸的跨膜吸收。5-氧脯氨酸开环生成谷氨酸，谷氨酸和半胱氨酸在 γ-谷氨酰半胱氨酸合成酶作用下生成 γ-谷氨酰半胱氨酸，再与甘氨酸一起被谷胱甘肽合成酶催化生成谷胱甘肽。此过程需要消耗能量，实现了主动运输。

第二节　氨基酸的一般分解代谢

生物体内组成蛋白质的 20 种氨基酸分解各有特点，它们基本含有 α-氨基和 α-羧基，因此都有共同的分解代谢途径，也称为一般分解代谢途径。共有的代谢途径包括脱氨基作用（deamination）和脱羧基作用（decarboxylation）。

一、脱氨基作用

1. 氧化脱氨基作用

氨基酸中的 α-氨基在氨基酸氧化酶（amino acid oxidase）或氨基酸脱氢酶的作用下先脱氢生成亚氨基酸，再在水溶液中自发脱氨形成 α-酮酸和氨，这种脱氨基方式称为氧化脱氨基作用（oxidative deamination）。氨基酸在氨基酸氧化酶（以 FAD 或 FMN 为辅基）的催化下，以氧分子作为氢受体，生成 α-酮酸、氨和过氧化氢。过氧化氢在过氧化氢酶的催化下生成水和氧气。细胞内的氨基酸氧化酶有 L-氨基酸氧化酶和 D-氨基酸氧化酶两种，二者具有立体异构专一性。L-氨基酸氧化酶以 FAD 或 FMN 为辅基，活性较低，只作用于 L-氨基酸，分布于肝及肾脏。D-氨基酸氧化酶以 FAD 为辅基，活性较强，作用于 D-氨基酸，但体内 D-氨基酸很少。

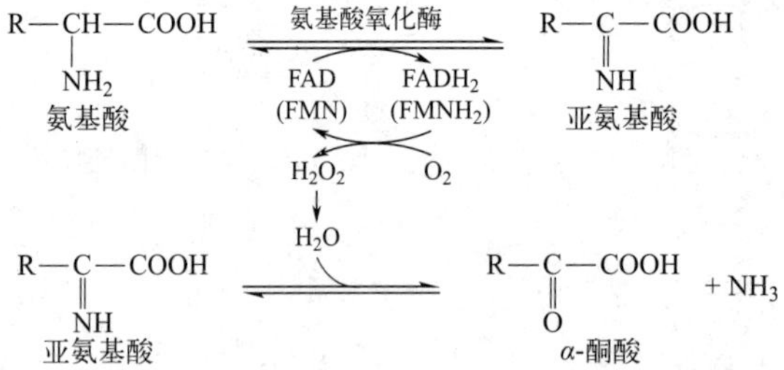

L-谷氨酸脱氢酶（L-glutamate dehydrogenase，以 NAD$^+$ 或 NADP$^+$ 为辅酶）是一个特殊的氨基酸氧化酶，活性强，只作用于 L-谷氨酸的氧化脱氨，生成 α-酮戊二酸和氨，反应过程可逆，不需要氧的参与。

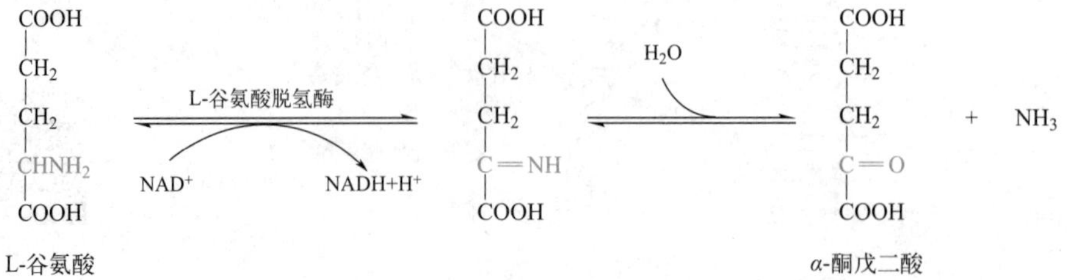

2. 转氨基作用

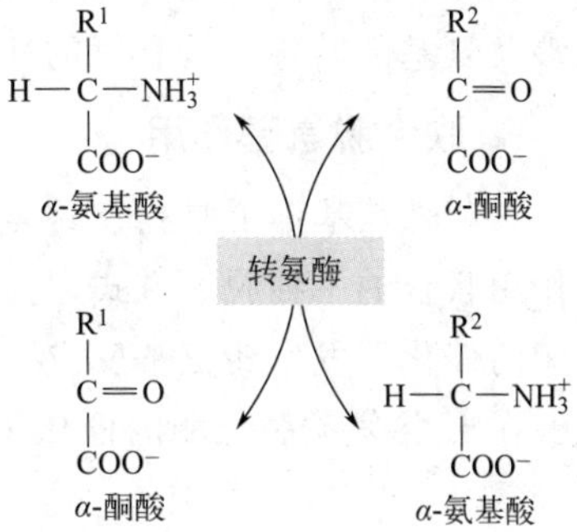

在转氨酶（也称氨基转移酶，transamination）的催化下，α-氨基酸的氨基转移到 α-酮酸的羰基碳原子上，原来的 α-氨基酸生成相应的 α-酮酸，而原来的 α-酮酸则形成了相应的 α-氨基酸，这种作用称为转氨基作用或氨基转移作用（aminotransferation）。转氨酶催化可逆反应且具有很强的特异性，一种转氨酶只能催化一对氨基供体和受体之间的转氨反应，并且只能发生氨基的转移，不能净脱去氨基产生游离的氨。生物体内转氨酶种类繁多，其中最重要的两种转氨酶是谷丙转氨酶（glutamic pyruvic aminotransferase，GPT）和谷草转氨酶（glutamic oxialoacetate aminotransferase，GOT）。GPT 以磷酸吡哆醛为辅酶，催化谷氨酸和丙酮酸之间的转氨反应，谷氨酸的氨基交给磷酸吡哆醛，生成 α-酮戊二酸和磷酸吡哆胺，后者再将氨基转移给丙酮酸，生成丙氨酸。GOT 催化谷氨酸和草酰乙酸之间的转氨反应，生成 α-酮戊二酸和天冬氨酸。GPT 和 GOT 的作用过程如下：

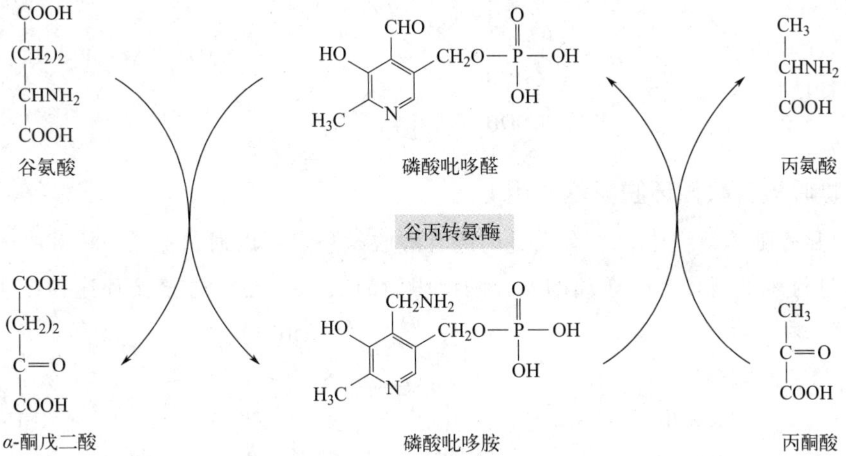

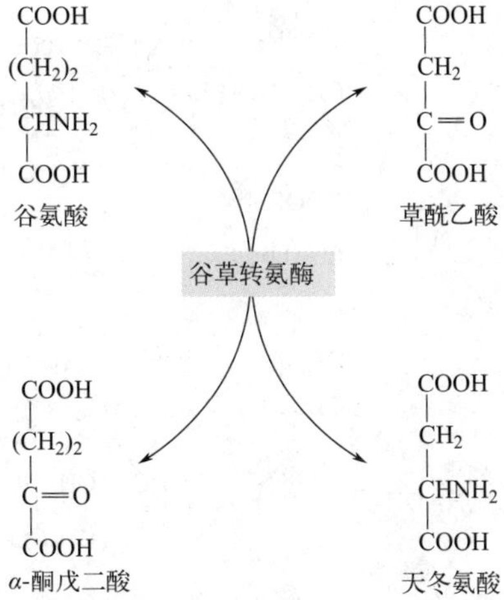

转氨基作用是体内合成非必需氨基酸的重要途径，也是联系糖代谢与氨基酸代谢的桥梁。体内参与氨基转移的 α-酮酸主要是 α-酮戊二酸、草酰乙酸和丙酮酸，α-酮戊二酸接受氨

基生成谷氨酸，草酰乙酸接受氨基生成天冬氨酸，丙酮酸接受氨基生成丙氨酸。转氨基作用只涉及氨基的转移，没有氨的净生成。

3. 联合脱氨基作用

联合脱氨基作用是指在转氨酶和L-谷氨酸脱氢酶的作用下，将转氨基作用和氧化脱氨基作用联合的一种脱氨方式，这是动物体内脱氨基的主要途径。α-氨基酸与α-酮戊二酸在转氨酶的催化下发生转氨基反应，本身变为α-酮酸，α-酮戊二酸接受氨基生成谷氨酸，随后谷氨酸在L-谷氨酸脱氢酶的催化下氧化脱氨，生成氨和α-酮戊二酸，该过程可逆。

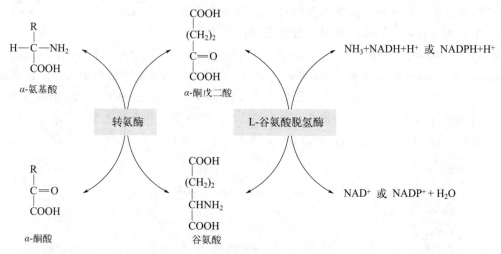

4. 腺嘌呤核苷酸循环脱氨基作用

在肌肉和心脏等组织中，含有大量的腺苷酸脱氨酶，可以通过腺嘌呤核苷酸循环脱氨基（图10-2）进行脱氨基，产生游离的氨，脑组织中的氨50%是通过该循环途径产生的。首先

图 10-2　腺嘌呤核苷酸循环

①转氨酶；②谷草转氨酶；③腺苷酸代琥珀酸合成酶；④腺苷酸代琥珀酸裂解酶；⑤腺苷酸脱氨酶；⑥延胡索酸酶；⑦苹果酸脱氢酶

α-氨基酸与α-酮戊二酸在转氨酶的催化下进行转氨基反应生成α-酮酸和谷氨酸，后者与草酰乙酸经 GOT 催化生成α-酮戊二酸与天冬氨酸。天冬氨酸和次黄苷酸（IMP）在腺苷酸代琥珀酸合成酶作用下生成腺苷酸代琥珀酸后，被腺苷酸代琥珀酸裂解酶催化生成腺苷酸（AMP）和延胡索酸。AMP 可以在腺苷酸脱氨酶作用下水解脱氨生成 IMP，延胡索酸经延胡索酸酶催化加水先生成苹果酸，再被苹果酸脱氢酶催化脱氢生成草酰乙酸。以上反应通过循环实现了脱氨。

5. 非氧化脱氨基作用

非氧化脱氨基作用是指在脱氨的过程中不涉及脱氢过程，这种脱氨基方式主要存在于微生物中，动物体内也有但不普遍。该脱氨作用又有以下几种方式。

（1）直接脱氨基作用

在大肠杆菌体内，天冬氨酸可以在天冬氨酸酶的催化作用下直接脱下一分子的氨基生成不饱和脂肪酸（延胡索酸）和游离的氨。

$$
\begin{array}{c}
\text{H} \\
\text{HOOC}-\text{C}-\text{H} \\
\text{H}-\text{C}-\text{NH}_2 \\
\text{COOH} \\
\text{天冬氨酸}
\end{array}
\xrightarrow{\text{天冬氨酸酶}}
\begin{array}{c}
\text{HOOC}-\text{CH} \\
\text{HC}-\text{COOH} \\
\text{延胡索酸}
\end{array}
+ \ \text{NH}_3
$$

（2）脱水脱氨基作用

动物和大肠杆菌体内的丝氨酸和苏氨酸可发生这种脱氨方式，如丝氨酸在脱水酶的作用下脱去一分子水生成α-氨基丙烯酸，经过分子重排生成亚氨基丙酸，再水解生成丙酮酸和氨。

$$
\begin{array}{c}
\text{CH}_2\text{OH} \\
\text{HC}-\text{NH}_2 \\
\text{COOH} \\
\text{丝氨酸}
\end{array}
\xrightarrow[-\text{H}_2\text{O}]{\text{脱水酶}}
\left[\begin{array}{c}
\text{CH}_2 \\
\text{C}-\text{NH}_2 \\
\text{COOH} \\
\alpha\text{-氨基丙烯酸}
\end{array}\right]
\rightleftharpoons
\left[\begin{array}{c}
\text{CH}_3 \\
\text{C}=\text{NH} \\
\text{COOH} \\
\text{亚氨基丙酸}
\end{array}\right]
\xrightarrow{+\text{H}_2\text{O}}
\begin{array}{c}
\text{CH}_3 \\
\text{C}=\text{O} \\
\text{COOH} \\
\text{丙酮酸}
\end{array}
+ \ \text{NH}_3
$$

（3）脱硫化氢脱氨基作用

含硫氨基酸如半胱氨酸在半胱氨酸脱硫酶的作用下脱去硫化氢生成α-氨基丙烯酸，经过分子重排后生成亚氨基丙酸，再水解生成丙酮酸和氨。

$$
\begin{array}{c}
\text{CH}_2\text{SH} \\
\text{HC}-\text{NH}_2 \\
\text{COOH} \\
\text{半胱氨酸}
\end{array}
\xrightarrow[-\text{H}_2\text{S}]{\text{半胱氨酸脱硫酶}}
\left[\begin{array}{c}
\text{CH}_2 \\
\text{C}-\text{NH}_2 \\
\text{COOH} \\
\alpha\text{-氨基丙烯酸}
\end{array}\right]
\rightleftharpoons
\left[\begin{array}{c}
\text{CH}_3 \\
\text{C}=\text{NH} \\
\text{COOH} \\
\text{亚氨基丙酸}
\end{array}\right]
\xrightarrow{+\text{H}_2\text{O}}
\begin{array}{c}
\text{CH}_3 \\
\text{C}=\text{O} \\
\text{COOH} \\
\text{丙酮酸}
\end{array}
+ \ \text{NH}_3
$$

（4）水解脱氨

一些微生物体内的氨基酸水解脱氨后生成短链脂肪酸、氨和CO_2，这种脱氨方式称为水解脱氨。如丙酸梭杆菌能将苏氨酸水解脱氨生成丁酸和丙酸，伴随有游离氨和CO_2生成。

$$3 \begin{array}{c} CH_3 \\ | \\ HO-CH \\ | \\ HC-NH_2 \\ | \\ COOH \end{array} + H_2O \longrightarrow \begin{array}{c} CH_3 \\ | \\ CH_2 \\ | \\ CH_2 \\ | \\ COOH \end{array} + 2 \begin{array}{c} CH_3 \\ | \\ CH_2 \\ | \\ COOH \end{array} + 3 NH_3 + 2 CO_2$$

苏氨酸   丁酸   丙酸

（5）还原脱氨

厌氧微生物体内的氨基酸在氢化酶的作用下加氢还原生成脂肪族有机酸和游离的氨。

$$\begin{array}{c} R \\ | \\ H-C-NH_2 \\ | \\ COOH \end{array} \xrightarrow[+H_2]{\text{氢化酶}} \begin{array}{c} R \\ | \\ CH_2 \\ | \\ COOH \end{array} + NH_3$$

二、脱羧基作用

氨基酸在氨基酸脱羧酶（amio acid decarboxylase）的催化下发生脱羧反应生成伯胺和 CO_2 的过程称为氨基酸的脱羧基作用。氨基酸脱羧酶专一性很高，一般一种氨基酸脱羧酶只作用于某一种 L-氨基酸。各种氨基酸的脱羧基过程是在各自特异的脱羧酶催化下进行的，除组氨酸脱羧时不需要辅酶外，其他氨基酸脱羧时都是以磷酸吡哆醛为辅酶。氨基酸脱羧产生的伯胺具有重要的生理功能，如谷氨酸在谷氨酸脱羧酶作用下生成 γ-氨基丁酸和 CO_2，γ-氨基丁酸能抑制中枢神经系统的传导。

$$\begin{array}{c} COOH \\ | \\ CH_2 \\ | \\ CH_2 \\ | \\ CHNH_2 \\ | \\ COOH \end{array} \xrightarrow{\text{谷氨酸脱羧酶}} \begin{array}{c} COOH \\ | \\ CH_2 \\ | \\ CH_2 \\ | \\ CH_2NH_2 \end{array} + CO_2$$

谷氨酸 γ-氨基丁酸

天冬氨酸脱羧产生的 β-丙氨酸是合成泛酸的原料；组氨酸脱羧生成的组胺能使血管舒张、降低血压，还能促进胃液的分泌；精氨酸脱羧生成的精胺能促进机体细胞增殖。

氨基酸脱羧生成的伯胺可以在胺氧化酶催化下氧化成氨和醛，醛可以进一步氧化生成脂肪酸，进而参与机体代谢。伯胺氧化过程的通式如下：

$$RCH_2NH_2 + \frac{1}{2}O_2 \longrightarrow RCHO + NH_3$$

$$RCHO + \frac{1}{2}O_2 \longrightarrow RCOOH$$

三、氨基酸分解产物的去路

氨基酸经过脱氨基和脱羧基作用生成 α-酮酸、胺类化合物（氨基酸脱羧基后生成的胺进一步转化为氨和脂肪酸）、氨和 CO_2，需要进一步代谢才能被机体利用或排出体外。

1. 氨的转运

氨对机体是有毒的，血浆中氨浓度超过 $0.6 \mu mol/L$ 会造成氨中毒，因而在转运过程中机体必须将氨转变为其他化合物。在人和动物体中氨主要通过丙氨酸和谷氨酰胺两种形式运输。

在肌肉组织中，氨基酸和丙酮酸经转氨作用生成丙氨酸，丙氨酸经血液运输至肝脏，通过联合脱氨基作用释放氨，用于尿素的合成。丙氨酸脱氨后生成的丙酮酸可通过糖异生途径生成葡萄糖。葡萄糖再经血液运输至肌肉，经 EMP 途径又生成丙酮酸，这种循环途径称为丙氨酸-葡萄糖循环（alanine-glucose cycle）。

在脑和肌肉等组织中，谷氨酸和氨在谷氨酰胺合成酶催化下生成谷氨酰胺，通过血液运送至肝或肾，经谷氨酰胺酶催化，将氨释放出来，重新生成谷氨酸。临床上用谷氨酸盐降低血氨。

$$
\begin{array}{c}
\text{COOH} \\
|\\
\text{(CH}_2)_2 \\
|\\
\text{CHNH}_2 \\
|\\
\text{COOH} \\
\text{谷氨酸}
\end{array}
\quad
\begin{array}{c}
\text{NH}_3 \quad \text{ATP} \qquad\qquad \text{ADP+Pi}\\
\xrightarrow{\text{谷氨酰胺合成酶}}\\
\xleftarrow{\text{谷氨酰胺酶}}\\
\text{NH}_3 \qquad\qquad \text{H}_2\text{O}
\end{array}
\quad
\begin{array}{c}
\text{CONH}_2 \\
|\\
\text{(CH}_2)_2 \\
|\\
\text{CHNH}_2 \\
|\\
\text{COOH} \\
\text{谷氨酰胺}
\end{array}
$$

2. 氨的储存

谷氨酸在谷氨酰胺合成酶作用下消耗 ATP，生成 γ-谷酰基磷酸，再经谷氨酰胺合成酶催化加氨生成 L-谷氨酰胺，将氨储存起来。

$$
\underset{\text{谷氨酸}}{\overset{\overset{\displaystyle \text{NH}_3^+}{|}}{^-\text{OOC}-\text{CH}_2-\text{CH}_2-\text{CH}-\text{COO}^-}}
$$

谷氨酰胺合成酶 ↓ ATP → ADP

$$
\underset{\text{谷酰基磷酸}}{\overset{\overset{\displaystyle \text{NH}_3^+}{|}}{^-\text{O}-\overset{\overset{\displaystyle \text{O}}{\|}}{\text{P}}-\text{O}-\overset{\overset{\displaystyle \text{O}}{\|}}{\text{C}}-\text{CH}_2-\text{CH}_2-\text{CH}-\text{COO}^-}}
$$

谷氨酰胺合成酶 ↓ NH_4^+ → Pi

$$
\underset{\text{谷氨酰胺}}{\overset{\overset{\displaystyle \text{NH}_3^+}{|}}{\text{H}_2\text{N}-\overset{\overset{\displaystyle \text{O}}{\|}}{\text{C}}-\text{CH}_2-\text{CH}_2-\text{CH}-\text{COO}^-}}
$$

在植物体内氨主要以天冬酰胺的形式储存，氨和草酰乙酸生成天冬氨酸后再在天冬酰胺合成酶作用下结合另 1 分子氨，消耗 ATP，生成天冬酰胺。天冬酰胺在天冬酰胺酶催化下水解又可释放氨。

$$
\begin{array}{c}
\text{COOH} \\
|\\
\text{CH}_2 \\
|\\
\text{CHNH}_2 \\
|\\
\text{COOH}
\end{array}
+ \text{NH}_3 + \text{ATP} \xrightarrow{\text{Mn}^{2+}}
\begin{array}{c}
\text{CONH}_2 \\
|\\
\text{CH}_2 \\
|\\
\text{CHNH}_2 \\
|\\
\text{COOH}
\end{array}
+ \text{ADP} + \text{Pi} + \text{H}_2\text{O}
$$

$$
\begin{array}{c}
\text{CONH}_2 \\
|\\
\text{CH}_2 \\
|\\
\text{CHNH}_2 \\
|\\
\text{COOH}
\end{array}
+ \text{H}_2\text{O} \longrightarrow
\begin{array}{c}
\text{COOH} \\
|\\
\text{CH}_2 \\
|\\
\text{CHNH}_2 \\
|\\
\text{COOH}
\end{array}
+ \text{NH}_3
$$

3. 氨的代谢

氨除了可以重新用于组织蛋白质的合成外，还能以不同的形式排出体外，人和哺乳动物体内脱氨基作用产生的氨可以通过尿素循环生成尿素后排出体外。鸟类和爬行动物可以尿酸的形式排氨，水生动物可直接排 NH_3。

尿素循环（urea cycle）又称鸟氨酸循环（ornithine cycle）（图 10-3），主要发生在肝脏细胞的线粒体和细胞质中。首先线粒体内的氨、CO_2 和 H_2O 在氨甲酰磷酸合成酶 I 催化下消耗 2 个 ATP 生成氨甲酰磷酸，鸟氨酸进入线粒体基质与氨甲酰磷酸在鸟氨酸甲酰基转移酶催化下生成瓜氨酸，瓜氨酸被膜上的载体蛋白转运到细胞质中，与天冬氨酸在精氨酸代琥珀酸合成酶的催化下缩合生成精氨酸代琥珀酸，此过程消耗 1 个 ATP（2 个高能磷酸键），生成 1 个 AMP，精氨酸代琥珀酸在其裂解酶的作用下分解生成精氨酸和延胡索酸。精氨酸被精氨酸酶水解生成尿素和鸟氨酸，延胡索酸在细胞质中依次代谢为苹果酸、草酰乙酸，发生转氨基反应生成天冬氨酸，重复循环过程。

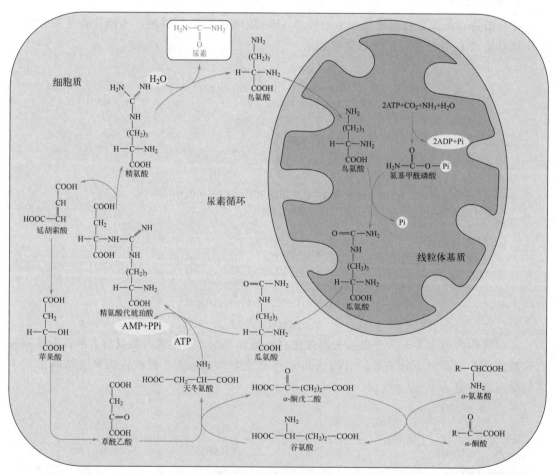

图 10-3　尿素循环过程

从图 10-3 中看出尿素循环消耗 2 分子 NH_3、1 分子 CO_2、3 分子 ATP、4 个高能磷酸键，生成 1 分子尿素。

总反应方程式为：

$$NH_3 + CO_2 + 3ATP + 2H_2O + Asp \longrightarrow NH_2\text{-}CO\text{-}NH_2 + 2ADP + 2Pi + AMP + PPi + 延胡索酸$$

其中一分子氨来自线粒体内的游离氨，另一分子氨来自天冬氨酸，归根结底是来源于各种氨基酸通过转氨基作用，将氨基转移给草酰乙酸进而生成的天冬氨酸。

4. α-酮酸的代谢

氨基酸脱去氨基后生成的 α-酮酸可以有三条代谢途径：合成非必需氨基酸；进入三羧酸循环氧化成 CO_2 和水；转化成糖及脂肪。只有当体内不需要将 α-酮酸合成氨基酸，并且体内的能量供给充足时，α-酮酸才会转化成糖和脂肪而储存起来。

5. CO_2 的去路

氨基酸脱羧后形成的 CO_2，大部分直接排出细胞外，小部分可作为原料供羧化反应使用，如通过丙酮酸羧化生成草酰乙酸或苹果酸。这些有机酸的生成对于三羧酸循环及通过三羧酸循环产生代谢中间产物有促进作用。

6. 氨基酸和糖类、脂质之间的关系

体内糖类、氨基酸和脂质的代谢是相互关联的，彼此可相互转化，这对于维持人体的正常功能至关重要。三大类物质代谢之间的关系如图 10-4 所示。

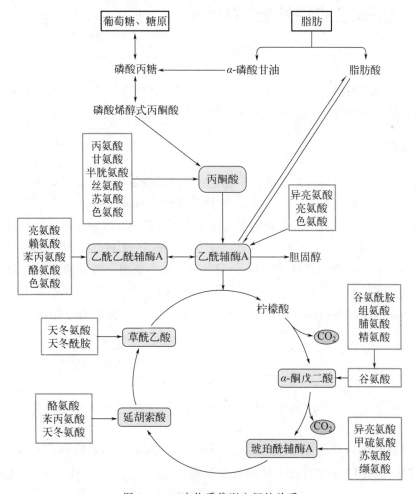

图 10-4 三大物质代谢之间的关系

在人体内，氨基酸可以通过一系列酶促反应转化为糖类，这种转化通常在能量供应不足时发生，以提供葡萄糖供给大脑和其他重要组织。糖在分解代谢过程中产生的丙酮酸、草酰乙酸和α-酮戊二酸，接受氨基分别可生成丙氨酸、天冬氨酸和谷氨酸，这三种氨基酸又参与了其他氨基酸的合成过程。能够转变为丙酮酸、α-酮戊二酸、草酰乙酸、琥珀酰 CoA、延胡索酸，进而生成磷酸烯醇式丙酮酸经糖异生生成糖的氨基酸称为生糖氨基酸（如丙氨酸、甘氨酸、半胱氨酸、丝氨酸等）；在分解代谢过程中转变为乙酰乙酰 CoA，进而生成酮体的氨基酸称为生酮氨基酸（如亮氨酸、赖氨酸、苯丙氨酸等）；能够生成以上两种产物的称为生糖兼生酮氨基酸（异亮氨酸等）。糖类和脂质之间也存在相互转化的关系。在人体内，过多的糖类摄入后会经 EMP 途径生成丙酮酸再氧化脱羧生成乙酰 CoA，氨基酸分解代谢也可产生乙酰 CoA，乙酰 CoA 是脂肪酸从头合成的原料。糖分解过程产生的磷酸二羟丙酮可以生成甘油，参与脂肪的合成。脂肪分解产生的甘油可以先磷酸化生成α-磷酸甘油，再转变为磷酸二羟丙酮经糖异生途径生成葡萄糖，或彻底氧化分解。脂肪酸经β-氧化生成的乙酰 CoA 可以通过 TCA 循环生成草酰乙酸，草酰乙酸脱羧生成丙酮酸经糖异生生成糖，但大多数情况下乙酰 CoA 直接经 TCA 循环彻底氧化分解。

第三节　氨基酸的特殊分解代谢

上节介绍了氨基酸的共有代谢途径，由于氨基酸化学结构不同，因此在代谢过程中还有各自的特殊性，本节将介绍氨基酸的特殊分解代谢过程。

一、一碳单位

某些氨基酸（如甘氨酸、组氨酸、甲硫氨酸、丝氨酸等）可以通过特殊代谢途径转变成其他含氮物质（如嘌呤、嘧啶、胆碱等）。这些氨基酸在代谢过程中会产生一个碳原子的化学基团（或在生物合成中转移一个碳原子的化学基团）称为一碳基团或一碳单位。常见的一碳基团有甲基（—CH_3）、亚甲基（—CH_2—）、次甲基（=CH—）、甲酰基（—CHO）、羟甲基（—CH_2OH）、亚氨甲基（—CH=NH）等。这些基团不能游离存在，必须与载体结合后才能参与机体代谢。四氢叶酸（tetrahydrofolic acid，FH_4 或 THF）是生物体内一碳基团的载体，一碳基团的连接部位一般在四氢叶酸的 N^5、N^{10} 位。FH_4 结构式如下：

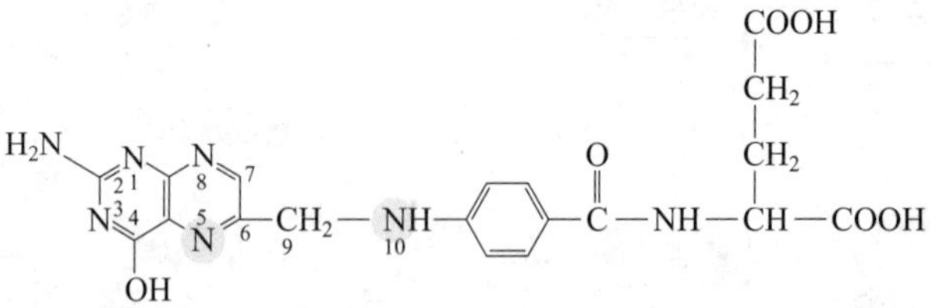

一碳基团的转移和许多氨基酸的代谢直接相关。例如，丝氨酸和 FH_4 在转羟甲基酶（以磷酸吡哆醛为辅酶）的催化下，生成甘氨酸和 N^5,N^{10}—CH_2-FH_4（亚甲基连接在四氢叶酸的 5 号和 10 号氮上）。生成的 N^5,N^{10}—CH_2-FH_4 在亚甲基四氢叶酸脱氢酶（以

$NADP^+$ 为辅酶）的催化下可以生成 N^5,N^{10} ＝CH-FH$_4$（次甲基连接在四氢叶酸的 5 号和 10 号氮上）；N^5,N^{10} ＝CH$_2$-FH$_4$ 还可以被亚甲基四氢叶酸还原酶（以 NAD$^+$ 为辅酶）催化，先生成 N^5 ＝CH$_3$-FH$_4$（甲基连接在 5 号氮上）后再脱去四氢叶酸参与甲基化反应。此外一碳基团与 DNA、RNA 的合成关系密切，如 N^{10} ＝CHO-FH$_4$ 和 N^5,N^{10} ＝CH-FH$_4$ 分别参与嘌呤碱中 C-2、C-8 原子的生成。磺胺药及某抗癌药（氨甲蝶呤等）能通过干扰细菌及瘤细胞的叶酸、四氢叶酸合成进而影响核酸合成，从而发挥药理作用。

二、甘氨酸和丝氨酸的分解代谢

甘氨酸在甘氨酸氧化酶作用下生成氨和乙醛酸，后者可以将甲酰基转移给 FH$_4$ 进一步生成 N^5,N^{10} ＝CH—FH$_4$ 和甲酸。乙醛酸也能氧化生成草酸，还可以生成尿素，还能参与其他氨基酸的生成。此外，甘氨酸在机体中还会生成其他化合物参与机体代谢，其代谢过程如图 10-5 所示。

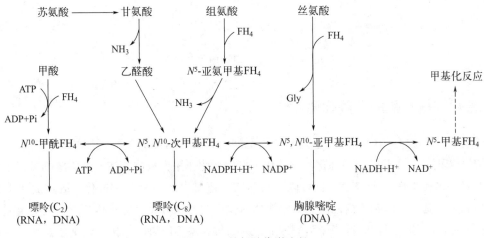

图 10-5 甘氨酸代谢途径

丝氨酸可以在转羟甲基酶的作用下将羟甲基脱除（转移给四氢叶酸），生成甘氨酸。也可以脱水脱氢后生成丙酮酸进入 TCA 循环被彻底氧化分解。

三、含硫氨基酸的分解代谢

甲硫氨酸（蛋氨酸）、半胱氨酸和胱氨酸是体内的三种含硫氨基酸。其中半胱氨酸和胱氨酸在体内可以通过氧化还原作用相互转化。甲硫氨酸代谢时主要作为一碳单位的甲基供体参与反应。但是甲硫氨酸不能直接提供甲基，需经过活化生成活性甲硫氨酸（或 S-腺苷甲硫氨酸）后再被甲酰转移酶催化生成 S-腺苷同型半胱氨酸（或 S-腺苷高半胱氨酸），后者脱去腺苷生成同型半胱氨酸。同型半胱氨酸既可以和 N^5 ＝CH$_3$-FH$_4$ 反应重新生成甲硫氨酸，也可以与丝氨酸反应生成同型丝氨酸和半胱氨酸，后者既可以氧化生成胱氨酸，还能生成丙酮酸后氧化脱羧生成乙酰 CoA 进入 TCA 循环。含硫氨基酸的代谢过程如图 10-6 所示。

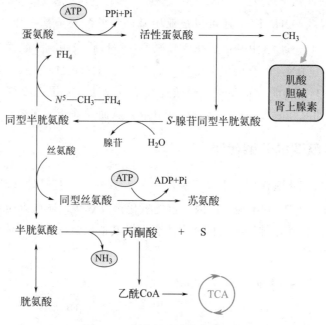

图 10-6　含硫氨基酸的代谢过程

四、芳香族氨基酸的分解代谢

芳香族氨基酸有苯丙氨酸、色氨酸和酪氨酸。其中苯丙氨酸和酪氨酸结构相近，代谢途径相似。苯丙氨酸在苯丙氨酸羟化酶的催化下发生羟化作用生成酪氨酸，酪氨酸既可以生成去甲肾上腺素进而生成肾上腺素，也可以生成酪胺；还可以经转氨基、氧化、脱羧后生成尿黑酸，最后生成延胡索酸和乙酰乙酸。如果机体内缺少苯丙氨酸羟化酶，则苯丙氨酸会生成苯丙酮酸进入血液，随尿排出，称为苯丙酮尿症。如果机体缺乏尿黑酸氧化酶，则尿黑酸裂环降解受阻，大量随尿排出，这种症状称为尿黑酸症。苯丙氨酸和酪氨酸代谢过程如图 10-7 所示。

色氨酸在体内的代谢过程（图 10-8）比较复杂，既可以生成吲哚乙酸、5-羟色胺、黄尿酸、犬尿酸，还可以生成 α-氨基-β-羧基己二烯二酸半醛。α-氨基-β-羧基己二烯二酸半醛既可以先生成乙酰乙酰 CoA 再生成乙酰 CoA，还可以先生成尼克酸再生成 NAD^+ 和 $NADP^+$。

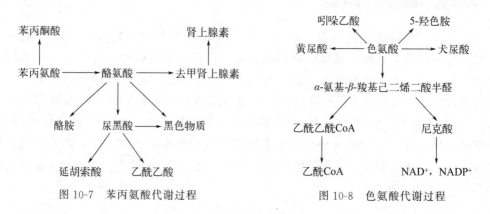

图 10-7　苯丙氨酸代谢过程　　　　图 10-8　色氨酸代谢过程

第四节　氨基酸的生物合成

　　氨基酸的生物合成除了需要氮源和碳骨架外，还需要少量的硫。氮的来源主要有三种：一些微生物通过固氮反应将空气中的氮转变为氨供自身使用；大部分植物和微生物利用自身的硝酸还原酶和亚硝酸盐还原酶将土壤中的硝酸盐和亚硝酸盐还原为氨；某些微生物可以将含氮有机物分解为自身供氮。碳骨架主要来自糖的各种代谢途径，与糖酵解、磷酸戊糖途径和三羧酸循环等中心环节密切相关。硫大多是由硫酸还原提供。

　　不同氨基酸的合成起始物来源于糖代谢的几个中间产物，如丙酮酸、α-磷酸甘油、草酰乙酸等，按起始物将氨基酸的合成分成几个家族组，二十种氨基酸合成路径如图10-9所示。

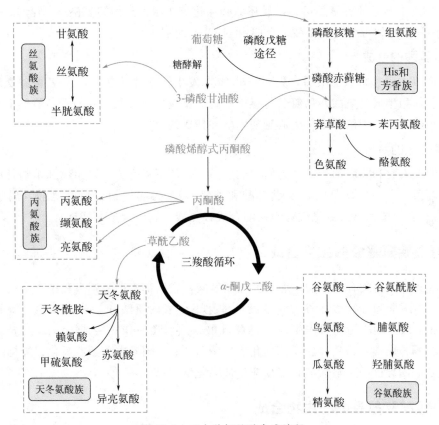

图 10-9　二十种氨基酸合成路径

一、谷氨酸族氨基酸的生物合成

　　谷氨酸族氨基酸包括谷氨酸、谷氨酰胺、脯氨酸、精氨酸和赖氨酸，它们是以 TCA 循环的中间产物 α-酮戊二酸为碳骨架合成的。

1. 谷氨酸、谷氨酰胺的合成

α-酮戊二酸和氨在谷氨酸脱氢酶的催化下生成谷氨酸和水。谷氨酸和氨在谷氨酰胺合成酶的催化下生成谷氨酰胺，反应消耗 ATP，谷氨酰胺和 α-酮戊二酸在转氨酶的催化下又能生成谷氨酸。反应的辅酶都是 NAD(P)H。

$$\alpha\text{-酮戊二酸} + NH_3 \xrightarrow[\text{NAD(P)H+H}^+ \quad \text{NAD(P)}^+]{\text{Glu脱氢酶}} Glu + H_2O$$

$$Glu \xrightarrow[\substack{NH_3 \quad ATP}]{\text{Gln合成酶}} Gln \xrightarrow[\substack{\alpha\text{-酮戊二酸} \\ \text{NAD(P)H+H}^+ \quad \text{NAD(P)}^+}]{\text{转氨酶}} 2\ Glu$$

2. 脯氨酸的合成

由 α-酮戊二酸生成谷氨酸后，再经还原和环化等步骤，经由谷氨酸-γ-半醛和 1-吡咯啉-5-羧酸等中间产物即可生成脯氨酸，反应由 NADPH 供氢。

3. 精氨酸的合成

由 α-酮戊二酸生成谷氨酸后，先与乙酰 CoA 发生转乙酰反应生成 N-乙酰谷氨酸，再经还原和转氨作用生成鸟氨酸，鸟氨酸与氨甲酰磷酸反应生成瓜氨酸后与天冬氨酸反应生成精氨酸代琥珀酸，再经裂解酶催化生成延胡索酸和精氨酸。

4. 赖氨酸的合成

赖氨酸是人类和哺乳动物的必需氨基酸之一，机体不能合成。微生物和植物合成赖氨酸的途径有两条：大多数真菌以 α-酮戊二酸和乙酰 CoA 为起始物合成赖氨酸（属于谷氨酸族），细菌和高等植物以天冬氨酸为起始物合成赖氨酸（属于天冬氨酸族）。

二、丙氨酸族氨基酸的生物合成

丙氨酸族的氨基酸有丙氨酸、缬氨酸和亮氨酸，它们都以糖酵解过程中产生的丙酮酸为共同碳架。丙酮酸和谷氨酸在谷丙转氨酶的催化下生成丙氨酸和 α-酮戊二酸。缬氨酸、亮氨酸的合成是以丙酮酸为原料先生成 α-乙酰乳酸，然后还原作用生成 α,β-二羟异戊酸，再脱水生成 α-酮异戊酸，最后经转氨酶催化生成缬氨酸；α-酮异戊酸经乙酰化、异构、脱氢脱羧反应生成 α-酮异己酸，最后经转氨反应生成亮氨酸。

三、天冬氨酸族氨基酸的生物合成

这一族的氨基酸有天冬氨酸、天冬酰胺、苏氨酸、蛋氨酸和异亮氨酸，它们以三羧酸循环中的草酰乙酸为共同碳架。

1. 天冬氨酸的合成

草酰乙酸和谷氨酸在谷草转氨酶的作用下生成天冬氨酸和 α-酮戊二酸。

2. 天冬酰胺的合成

天冬酰胺在不同生物中合成的途径不同：在细菌中天冬氨酸和氨在天冬酰胺合成酶 A

的作用下生成天冬酰胺，消耗 ATP；而在动物和植物中天冬氨酸和谷氨酰胺在天冬酰胺合成酶 B 的作用下生成天冬酰胺和谷氨酸。

3. 苏氨酸、甲硫氨酸和异亮氨酸的合成

苏氨酸、蛋氨酸和异亮氨酸的合成路径中，从天冬氨酸到高丝氨酸合成途径相同，即天冬氨酸首先与 ATP 反应生成 β-天冬氨酰磷酸，再经两次还原生成高丝氨酸，高丝氨酸经激酶和苏氨酸合酶催化生成苏氨酸；高丝氨酸可先后与琥珀酰 CoA、半胱氨酸反应，经脱硫醚裂解为高半胱氨酸，再甲基化生成甲硫氨酸。苏氨酸先脱氨生成 α-酮丁酸，再与丙酮酸反应生成 α-乙酰-α-羟丁酸，后经还原（NADPH 供氢）、脱水生成 α-酮-β-甲基戊酸，最后转氨基生成异亮氨酸。

四、丝氨酸族氨基酸的生物合成

这一族的氨基酸有丝氨酸、甘氨酸和半胱氨酸，它们的共同起始碳架是 3-磷酸甘油酸。

1. 丝氨酸、甘氨酸的合成

3-磷酸甘油酸脱氢生成 3-磷酸羟基丙酮酸，经转氨水解生成丝氨酸；丝氨酸再由丝氨酸转羟甲基酶催化去掉羟甲基生成甘氨酸。

2. 半胱氨酸的合成

在大多数植物和微生物中可以由丝氨酸先与乙酰 CoA 反应生成 O-乙酰丝氨酸后再与 S^{2-} 反应生成半胱氨酸；S^{2-} 是由 SO_4^{2-} 与 2 个 ATP 反应生成 3'-磷酸腺苷-5'-磷酸硫酸（PAPS），后经多次还原产生的；在动物体内可通过丝氨酸和高半胱氨酸的转硫作用生成半胱氨酸。

五、芳香族氨基酸的生物合成

芳香族氨基酸有苯丙氨酸、酪氨酸和色氨酸，他们的碳架源自 4-磷酸赤藓糖和磷酸烯醇式丙酮酸，它们经过多步反应生成分枝酸的代谢途径一致。分枝酸在分枝酸变位酶催化下生成预苯酸，预苯酸既可以经脱羧、脱水先生成苯丙酮酸再经转氨作用生成苯丙氨酸，预苯酸还可以先脱氢脱羧生成对羟基苯丙酮酸，再经转氨作用生成酪氨酸。分枝酸经转氨、裂解生成邻氨基苯甲酸，再与 5-磷酸核糖-1-焦磷酸反应，经开环、脱羧、再闭环生成吲哚-3-甘油磷酸，裂解去掉 3-磷酸甘油醛后与丝氨酸反应生成色氨酸。

六、组氨酸的生物合成

组氨酸的合成过程复杂，以磷酸戊糖途径的 5-磷酸核糖为起始碳架，与 ATP 反应，经两次开环、裂解、转氨成环生成咪唑甘油磷酸，再经脱水、转氨、去磷酸化生成 L-组氨醇，最终脱氢氧化为组氨酸。

第五节　蛋白质合成的要素

蛋白质合成过程遵循"中心法则"，蛋白质中氨基酸的序列是核酸中的碱基序列决定的。

遗传信息载体 DNA 存在于核中，储存在 DNA 分子中的遗传信息转录后传递给 mRNA，再在核糖体上以 mRNA 为模板指导蛋白质的合成，因而 mRNA 分子的核苷酸排列顺序决定蛋白质分子的氨基酸排列顺序。蛋白质的合成要素，主要包括：mRNA 模板、核糖体、tRNA、氨酰 tRNA 合成酶、辅助因子等。

一、 mRNA

mRNA 是蛋白质合成的模板，蛋白质分子中氨基酸的排列顺序取决于 mRNA 中核苷酸的排列顺序。在 mRNA 的多核苷酸链上，每三个相邻的核苷酸对应一个氨基酸，这三个核苷酸就称为一个密码子（codon）或三联体密码。美国生化学家 Robert William Holley、Har Gobind Khorana、Marshall Warren Nirenberg 因破译了遗传密码获得了 1968 年的诺贝尔生理学或医学奖。三联密码有 64 个排列组合，其中 UAA、UAG、UGA 没有编码氨基酸，他们是蛋白质合成的终止密码子，其余 61 个密码子编码了 20 种氨基酸。遗传密码具有以下特点：

（1）连续性和方向性

密码子间没有任何核苷酸隔开，相邻的两个密码子不共用任何核苷酸（不重叠），阅读由 mRNA 的 $5'{\to}3'$ 方向一个接一个地往下进行，直到遇到终止信号为止。

（2）简并性

除甲硫氨酸和色氨酸外，每 1 种氨基酸至少具有 2 个密码子，这样可在一定程度内使氨基酸序列不会因某 1 个碱基被意外替换导致氨基酸错误，编码同 1 个氨基酸的不同密码子称为同义密码子（synonyms）。但不同生物往往偏爱某 1 种密码子。

（3）摆动（变偶）性

一个反密码子可辨认几个密码子，第一、二个碱基为标准配对，第三个碱基为非标准配对；密码子的专一性主要取决于前两位碱基，第三位碱基重要性较低，可一定程度上摆动。反密码子第一位的 G 可以与密码子第三位的 C、U 配对，U 可以与 A、G 配对，另外反密码子中还经常出现罕见的 I（次黄苷酸），可以与密码子的 U、C、A 配对，这使得该类反密码子的阅读能力更强。

（4）通用性

所有生物都共用一套密码子，染色质 DNA 的密码与线粒体、叶绿体 DNA 的密码不同。

（5）起始密码与终止密码

多数生物以 AUG 为起始密码子，多肽链合成的第一个氨基酸是甲硫氨酸，少数生物以 GUG 或 UUG 作为起始密码。肽链合成的终止密码子一般为 UAA、UAG 和 UGA，终止密码子不编码任何氨基酸，仅作为蛋白质合成的终止信号。破译的遗传密码子表如图 10-10 所示。

二、 tRNA

游离的氨基酸不能进入核糖体，tRNA 是氨基酸的携带者。构成蛋白质的氨基酸有 20 种，原核生物有携带氨基酸的 tRNA 大约 60 种，真核生物大约有 100~120 种，一种 tRNA 只能携带一种氨基酸，一种氨基酸可以由数种 tRNA 转运。运输同一氨基酸的不同 tRNA 称为同工受体 tRNA。tRNA 可以识别 mRNA 链上的密码子，将氨基酸转移到核糖体相应位点用于多肽链合成。

第二个字母 第一个字母	U	C	A	G
U	UUU UUC } 苯丙 UUA UUG } 亮	UCU UCC UCA UCG } 丝	UAU UAC } 酪 UAA UAG } 终止	UGU UGC } 半胱 UGA 终止 UGG 色
C	CUU CUC CUA CUG } 亮	CCU CCC CCA CCG } 脯	CAU CAC } 组 CAA CAG } 谷酰	CGU CGC CGA CGG } 精
A	AUU AUC AUA } 异 AUG 甲硫(起始密码)	ACU ACC ACA ACG } 苏	AAU AAC } 天酰 AAA AAG } 赖	AGU AGC } 丝 AGA AGG } 精
G	GUU GUC GUA GUG } 缬	GCU GCC GCA GCG } 丙	GAU GAC } 天 GAA GAG } 谷	GGU GGC GGA GGG } 甘

图 10-10　破译的遗传密码子表

三、核糖体

核糖体分为大、小两个亚基，两个亚基都含有蛋白质和 rRNA。原核生物和真核生物细胞内核糖体大、小亚基组成不同，主要区别见表 10-1。

表 10-1　原核生物和真核生物核糖体的比较

比较项目	原核生物(70S)		真核生物(80S)	
	小亚基	大亚基	小亚基	大亚基
颗粒大小	30S	50S	40S	60S
RNA	16S	23S、5S	18S	28S、5.8S、5S
蛋白质种类	21	34	33	40～54

核糖体游离于细胞质或者附着在内质网上，是蛋白质合成的场所。核糖体上有 P 位点、A 位点和 E 位点。P 位点（给位）又称肽酰基位点，是正在延长的多肽基与 tRNA 结合的部位；A 位点（受点）也称氨酰基位点，是指氨酰基 tRNA 进入的部位；E 位点能结合并释放无负载 tRNA。

四、氨酰 tRNA 合成酶

氨酰 tRNA 合成酶先催化氨基酸与 ATP 反应生成氨酰腺苷酸（氨酰 AMP），释放出焦磷酸（专一性不强），然后氨酰 AMP 与 tRNA 反应生成氨酰 tRNA，释放出 AMP，全过程消耗 1 分子 ATP、2 个高能磷酸键，反应过程如下：

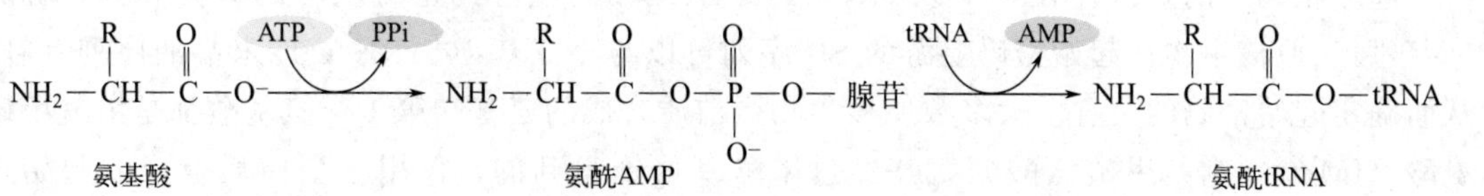

氨基酸　　　　　　　　　　　　　　氨酰AMP　　　　　　　　　　　　　氨酰tRNA

催化的第二步反应具有高度专一性。一些氨基酸结构相似，如 Ile 与 Val 仅差一个甲基，有时会错误形成 Val-tRNA^{Ile}，但是每一种氨酰-tRNA 合成酶都有一个校正位点，只有 Ile-tRNA^{Ile} 才能结合到校正位点，因此合成酶又能将 Val 从 tRNA^{Ile} 上水解下来，直到正确的 Ile 结合上去。这样避免携带错误的氨基酸参与蛋白质合成，能减少蛋白质合成的错误概率。

五、辅助蛋白因子

蛋白质合成过程中除了需要几种 RNA 和蛋白质外，还需要多种辅助因子：如：起始因子（initiation factor，IF）、延长因子（elongation factor，EF）和释放因子（release factor，RF），表 10-2 列举了不同生物的辅助蛋白因子。它们的本质都是蛋白质，其中起始因子在蛋白质合成的起始阶段促进核糖体解离并形成起始复合物，延长因子用于把 tRNA 从核糖体的结合部位转移到下一个部位，参与蛋白质合成过程中肽链的延伸；释放因子能识别终止密码子并使完整的肽链和核糖体从 mRNA 上释放，使蛋白质合成终止。

表 10-2　不同生物的辅助蛋白因子

项目	真核生物	原核生物
起始因子	eIF$_1$，eIF$_2$，eIF$_3$，eIF$_4$，eIF$_5$ 等多个	IF$_1$，IF$_2$，IF$_3$（只有 3 个）
延长因子	eEF$_1$，eEF$_2$	EF-Tu，EF-Ts，EF-G
释放因子	eRF	RF$_1$、RF$_2$、RF$_3$

第六节　蛋白质的生物合成

一、氨基酸的活化

氨基酸的活化（图 10-11）是氨基酸与 tRNA 通过酯键形成氨酰 tRNA 的过程，催化该过程的酶是氨酰 tRNA 合成酶。tRNA 具有反密码子，能识别 mRNA 上的密码子信息，从而决定蛋白质合成进程中氨基酸的种类和位置。tRNA 上用来携带氨基酸的位置是 3'-末端腺苷酸上的核糖。密码子中间为 U 的氨基酸，羧基与核糖的 2'-OH 连接；密码子中间为 C 的氨基酸，羧基与核糖的 3'-OH 连接；密码子中间为 A 或 G 的氨基酸与核糖连接时没有规律。

二、蛋白质合成过程

1. 起始的过程

起始密码子的上游存在一个以 AGGA 或 GAGG 为核心的富含嘌呤的共同序列，称为 SD 序列。原核生物在起始密码上游的 SD 序列可以与小亚基 16SrRNA 3'-末端的序列互补，从而确定起始密码的位置。大多数原核生物蛋白质合成的氨基端第 1 个氨基酸都是甲酰甲硫氨酸（fMet），它是甲硫氨酸的氨基经过甲酰基修饰得到的，仅用于蛋白质合成的起始过

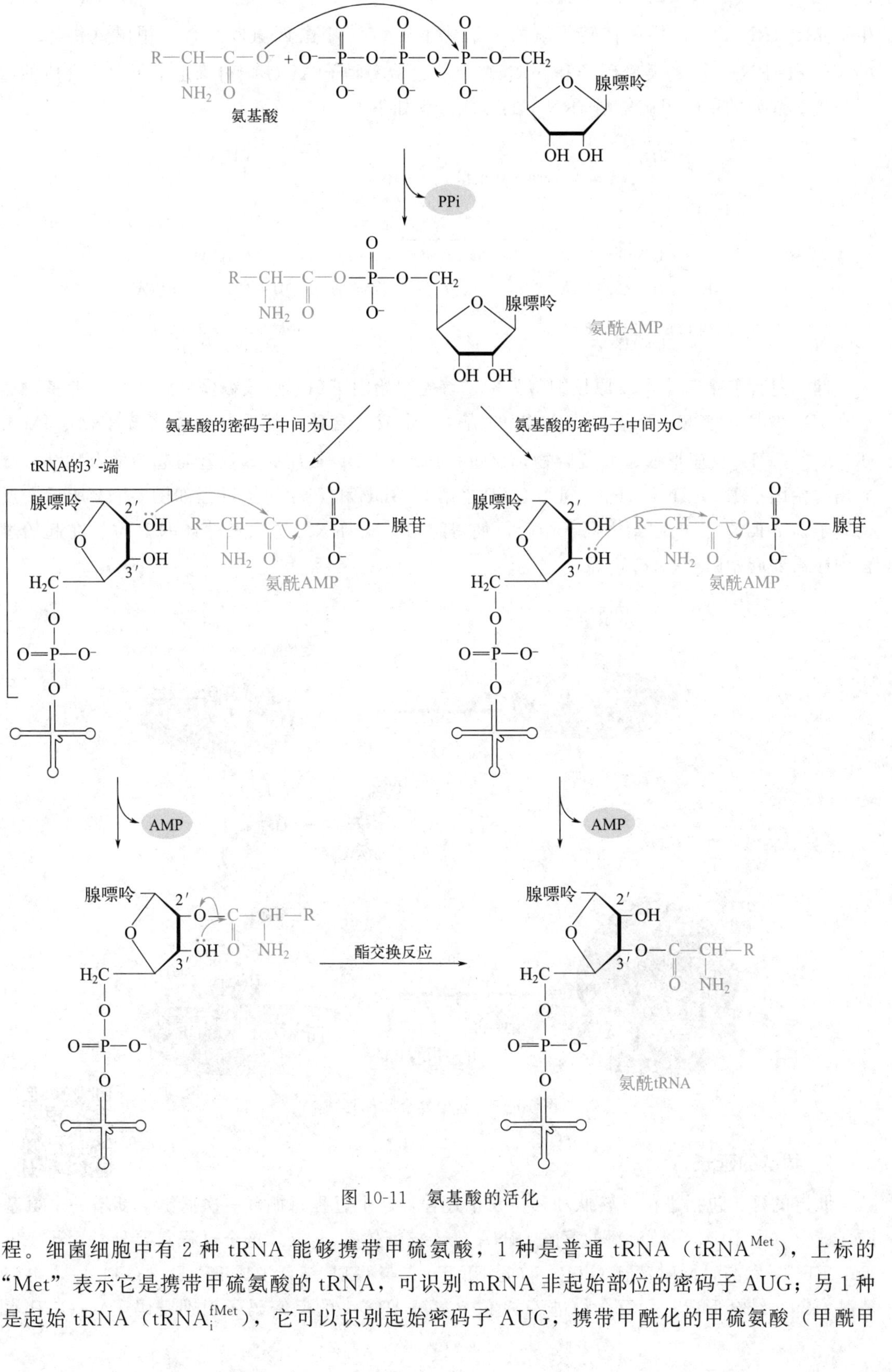

图 10-11 氨基酸的活化

程。细菌细胞中有 2 种 tRNA 能够携带甲硫氨酸，1 种是普通 tRNA（tRNA^{Met}），上标的"Met"表示它是携带甲硫氨酸的 tRNA，可识别 mRNA 非起始部位的密码子 AUG；另 1 种是起始 tRNA（tRNA$_i^{fMet}$），它可以识别起始密码子 AUG，携带甲酰化的甲硫氨酸（甲酰甲硫氨酸，fMet）。起始的甲酰甲硫氨酰 tRNA（fMet-tRNA$_i^{fMet}$）是 Met 先与 tRNA$_i^{fMet}$ 结合生成 Met-tRNA$_i^{fMet}$，然后在转甲酰酶的催化下由 N^{10}-甲酰四氢叶酸作为甲酰基供体合成的。fMet-tRNA$_i^{fMet}$ 的反密码子和 mRNA 上的起始密码子 AUG 配对确定了蛋白质合成的起始位置。起始的甲酰甲硫氨酰 tRNA 的形成过程如下：

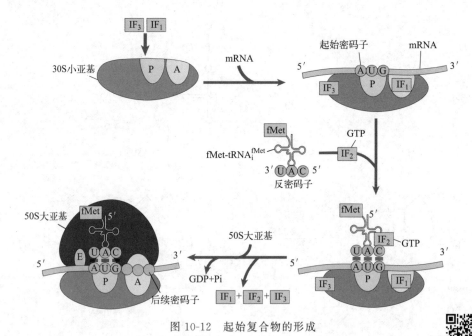

携带甲硫氨酸的起始tRNA
(Met-tRNA$_i^{fMet}$)

甲酰甲硫氨酰tRNA
(fMet-tRNA$_i^{fMet}$)

起始过程包括三步：以原核细胞为例，首先起始因子 IF$_3$ 使核糖体分解成大小亚基，然后在 IF$_1$ 协助下使 30S 亚基与 mRNA 的结合，生成复合体；然后复合体与 mRNA、fMet-tRNA$_i^{fMet}$、IF$_2$ 反应形成起始复合物，该过程消耗 GTP；最后 50S 亚基与起始复合物结合释放出起始因子 IF$_1$，IF$_2$，IF$_3$，同时 GTP 水解为 GDP 和 Pi。起始过程如图 10-12 所示。反密码子与 mRNA 上的起始密码子结合，使得起始氨酰 tRNA 进入核糖体的 P 位。在起始过程中还需要起始因子、GTP 等。

图 10-12　起始复合物的形成

2. 肽链的延长

肽链的延长包括进位、转肽和移位三个过程，三个过程每循环一次肽链上新增一个氨基酸。进位（图 10-13）是指新的氨酰 tRNA 进入核糖体的 A 位。这个过程需要延长因子 EF-Tu、EF-Ts 参与，同时消耗 GTP。首先 EF-Tu 先与 GTP 结合生成 EF-Tu·GTP 后，再与氨酰 tRNA 结合形成三元复合物进入 A 位（氨酰 tRNA 的反密码子识别密码子），GTP 水解为 GDP，释放出 EF-Tu·GDP，然后 EF-Tu·GDP 与 EF-Ts 和 GTP 反应，重新生成 EF-Tu·GTP，参加下一轮循环。

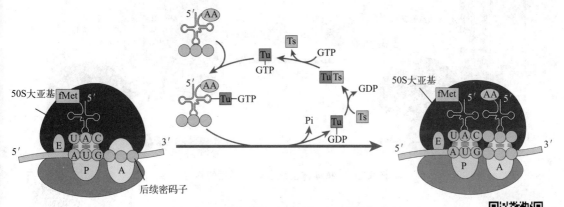

图 10-13　核糖体上肽链延长过程中进位过程

　　转肽（图 10-14）是指肽键形成的过程，在转肽酶作用下 P 位上的起始氨酰 tRNA 中的起始氨基酸转给 A 位上新进入的氨酰 tRNA。前者的羧基与后者的氨基之间形成一个新的肽键，此时 A 位点上为二肽酰 tRNA，而起始 P 位点上则为无负载的 $tRNA_i^{fMet}$，移动到 E 位后，随即从核糖体上脱落。

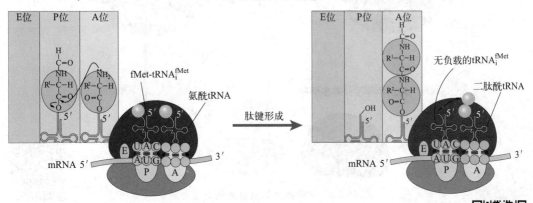

图 10-14　核糖体上肽链延长过程的转肽

　　随后核糖体沿 mRNA 移动一个密码子的距离，结果原来处于 A 位的二肽酰 tRNA 转至 P 位空出了 A 位，接受新的氨酰 tRNA，而 P 位上的二肽酰 tRNA 将二肽转给新的氨酰 tRNA，形成三肽酰 tRNA，P 位上无负载的 tRNA 移动到 E 位后脱落。核糖体再移位，A 位重新空出，然后再重复上述过程，就可使 A 位点不断延长。延长过程需延长因子 EF-G 并消耗 GTP。肽链延长过程中的移位过程如图 10-15 所示。

3. 肽键的合成、终止与释放

　　当核糖体 A 位到达 mRNA 上的终止密码子（UAA、UAG、UGA）时，释放因子进行识别，使肽链合成终止（图 10-16）。RF₁ 能识别 UAA 和 UAG，RF₂ 能识别 UAA 和 UGA，RF₃ 不能识别终止密码子，但对 RF₁ 和 RF₂ 的识别有促进作用。此时转肽酶不催化转肽而催化水解，使已合成完毕的多肽链从核糖体及 tRNA 上释放出来，然后 tRNA、释放因子脱落，核糖体大、小亚基解离，本轮蛋白合成终止，进入新一轮的蛋白质合成。

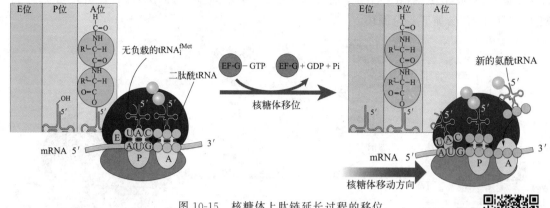

图 10-15 核糖体上肽链延长过程的移位

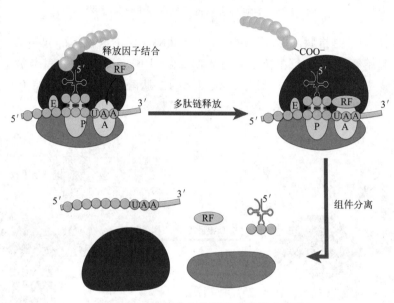

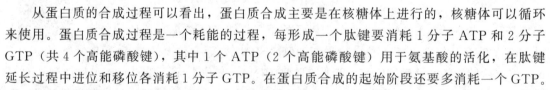

图 10-16 核糖体上肽链合成的终止过程

从蛋白质的合成过程可以看出，蛋白质合成主要是在核糖体上进行的，核糖体可以循环来使用。蛋白质合成过程是一个耗能的过程，每形成一个肽键要消耗 1 分子 ATP 和 2 分子 GTP（共 4 个高能磷酸键），其中 1 个 ATP（2 个高能磷酸键）用于氨基酸的活化，在肽键延长过程中进位和移位各消耗 1 分子 GTP。在蛋白质合成的起始阶段还要多消耗一个 GTP。

原核生物和真核生物蛋白质合成都是基因指导下的蛋白质合成过程，都需要先转录形成 mRNA，再以 mRNA 为模板，在核糖体中将氨基酸按一定顺序合成肽链，但二者的蛋白质合成过程有很大的区别。原核生物转录与翻译同步进行，真核生物转录产物要加工后才进行翻译；原核生物的蛋白质合成一般起始于甲酰甲硫氨酸，真核生物的蛋白质合成起始于甲硫氨酸；二者合成蛋白质过程中的起始因子、延长因子和释放因子都不同（表 10-2）。真核细胞比原核细胞蛋白质合成过程更加复杂。

1 条 mRNA 分子往往可以与一定数量的核糖体结合而同时进行多条多肽链的合成，核糖体之间一定间隔，每个核糖体可独立合成 1 条多肽链，合成的每条多肽链都是相同的。1

条 mRNA 分子上同时进行多肽链合成的多个核糖体，称为多聚核糖体，这样就大大提高了蛋白质的合成效率。蛋白质翻译完成后，还要进行翻译后修饰，如切除末端残基的末端修饰、磷酸化、乙酰化、糖基化等共价修饰，水解修饰等。在分子伴侣等辅助分子协助下，形成特定的空间构象，完成亚基的聚合，辅基的连接，最终形成有活性的蛋白质。

课后练习

一、填空题

1. 氨基酸共有的代谢途径有_____和_____。

2. 转氨酶的辅酶是_____。

3. 哺乳动物产生 1 分子尿素需要消耗_____分子的 ATP。

4. 蛋白质合成的终止密码子是_____、_____和_____，起始密码子是_____。

5. 氨酰 tRNA 合成酶催化氨酰转运 RNA 的合成反应包括两个步骤，首先是氨基酸与_____反应生成_____，后者再与_____生成氨酰转运 RNA。

二、判断题

1. 氨基酸脱羧酶需要磷酸吡哆醛作为其辅酶。（   ）

2. 动物产生尿素的主要器官是肾脏。（   ）

3. 参与尿素循环的酶都位于线粒体内。（   ）

4. L-氨基酸氧化酶是参与氨基酸脱氨基作用的主要酶。（   ）

5. 人及高等动物不能合成色氨酸，所以它是必需氨基酸。（   ）

6. 在体内氨是以谷氨酰胺的形式运输到肝脏，并在那里合成尿素。（   ）

7. 20 种氨基酸的密码数共有 64 个。（   ）

8. 密码子的简并性是指一些密码适用于一种以上的氨基酸。（   ）

三、选择题

1. 以下氨基酸除了（   ）以外，都是必需氨基酸。

A. Thr   B. Phe   C. Met   D. Tyr

E. Leu

2. 氨基酸中，脱羧基反应不需要磷酸吡哆醛作为辅基的是（   ）。

A. Thr   B. Glu   C. Ala   D. Asp

E. His

3. 有关鸟氨酸循环，错误的是（   ）。

A. 循环作用的部位是肝脏线粒体

B. 氨甲酰磷酸合成所需的酶存在于肝脏线粒体中

C. 尿素由精氨酸水解而得

D. 每合成 1mol 尿素需要消耗 4mol ATP

E. 循环中生成的瓜氨酸不参与天然蛋白质的合成

4. 人体内转运氨的形式有（   ）。

A. 丙氨酸　　　　　　B. 谷氨酰胺　　　　　　C. 谷氨酸　　　　　　D. 谷氨酰胺和丙氨酸

E. 以上都是

5. 在鸟氨酸和氨甲酰磷酸存在时，合成尿素还需要加入（　　　）。

A. 精氨酸　　　　　　B. 瓜氨酸　　　　　　C. HCO_3^-　　　　　　D. 天冬氨酸

6. 在蛋白质分子中的下列氨基酸中，没有遗传密码的是（　　　）。

A. 色氨酸　　　　　　B. 谷氨酰胺　　　　　　C. 脯氨酸　　　　　　D. 胱氨酸

四、简答题

1. 如果饮食中富含 Ala 但是缺少 Asp，那么人体是否会表现出缺乏 Asp 的症状，为什么？

2. 氨基酸脱氨基后生成的酮酸有哪些代谢出路？

3. 蛋白质序列能准确翻译的关键是什么？

第十一章
核酸代谢 >>>

核酸是储存和传递生物遗传信息的生物大分子，是生物遗传的物质基础，几乎所有生物体的细胞内都有与核酸代谢有关的酶。核酸代谢包括核酸的分解代谢和合成代谢。核酸在核酸酶的作用下水解为核苷酸，核苷酸进一步水解生成磷酸与核苷，核苷可以分解为戊糖（核糖和脱氧核糖）与碱基。戊糖的代谢在糖代谢一章中已有介绍，碱基如何分解与合成是本章学习的重点，另外本章还要重点介绍核酸的合成代谢，即 DNA 与 RNA 的生物合成。

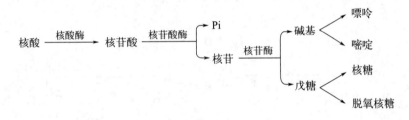

第一节 核苷酸的分解

一、核苷酸的水解

核酸的水解在第四章第三节已有介绍，核酸在体内核酸酶的作用下逐步水解为核苷酸。根据对底物的作用方式可以将核酸酶分为内切酶和外切酶。内切酶具有较强的专一性，可在核酸链内部水解 $3',5'$-磷酸二酯键；外切酶专一性不强，常见的外切酶有牛脾磷酸二酯酶和蛇毒磷酸二酯酶，前者从核酸的 $5'$-端开始，逐个切下 $3'$-核苷酸，后者从 $3'$-端开始切下 $5'$-核苷酸。核苷酸是构成核酸的基本结构单元，不仅是合成 DNA 和 RNA 的原料，而且还能参与机体多种代谢过程。核苷酸还是一些生物活性分子的重要组成部分，如 $NAD(P)^+$、FAD 和 CoASH。

核苷酸在核苷酸酶的作用下水解为磷酸和核苷。水解产物除部分作为新的核苷酸合成的原料外，大部分被进一步分解。核苷酸酶有两种：一种是特异性核苷酸酶如 $3'$-核苷酸酶和 $5'$-核苷酸酶，前者只能水解 $3'$-核苷酸，后者只能水解 $5'$-核苷酸；另一种是非特异性核苷酸酶，能作用于所有核苷酸的磷酸单酯键，水解核苷酸生成核苷和磷酸，因此核苷酸酶也称磷酸单酯酶。核苷被核苷酶进一步分解生成戊糖（核糖或脱氧核糖）和碱基（嘌呤和嘧啶）。戊糖进入 HMP 途径氧化分解，嘌呤和嘧啶沿不同的途径分解。

二、嘌呤的分解

嘌呤的分解主要是在肝、肾和小肠中，主要包含水解脱氨和氧化过程，黄嘌呤氧化酶是嘌呤分解过程中重要的酶。嘌呤分解过程如图 11-1 所示，不同生物嘌呤分解的终产物有差异，首先腺嘌呤在腺嘌呤脱氨酶的作用下水解脱氨生成次黄嘌呤。随后次黄嘌呤在黄嘌呤氧化酶的催化下生成黄嘌呤（或由鸟嘌呤经鸟嘌呤脱氨酶催化生成），再经黄嘌呤氧化酶的催化生成尿酸，尿酸经尿酸氧化酶催化开环生成尿囊素、过氧化氢和 CO_2，这 3 步反应都有氧气和水参与。由于人类、灵长类、鸟类、排尿酸爬虫类和昆虫类体内没有尿酸氧化酶，因此这些生物体内嘌呤代谢的终产物是尿酸，而除灵长类外的其他哺乳动物和腹足类体内有尿酸氧化酶，所以这些生物体内嘌呤代谢的终产物是尿囊素。在硬骨鱼体内，尿囊素能在尿囊素酶的作用下生成尿囊酸，嘌呤代谢的终产物是尿囊酸。在大多数鱼类、两栖类和淡水瓣鳃类等生物体内有尿囊酸酶，可以催化尿囊酸水解生成乙醛酸和尿素。在甲壳类和咸水瓣鳃类的生物体内尿素经脲酶催化水解彻底分解生成氨和 CO_2。不同生物嘌呤分解代谢的终产物总结如图 11-2 所示。

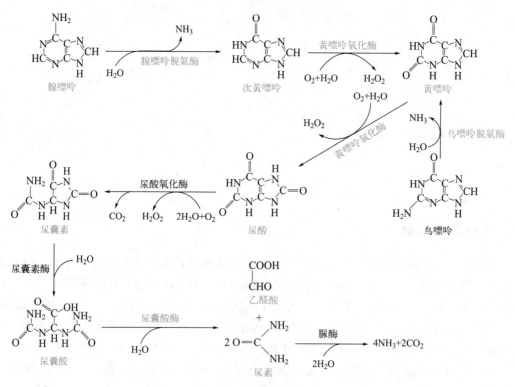

图 11-1　嘌呤的分解代谢

人体内嘌呤分解的终产物为尿酸（结构式如右所示），尿酸微溶于水，在体内产生过多如不能及时排出则会沉积，若尿酸沉积在关节会引起痛风症和关节炎，若沉积在肾脏可能引起肾结石。

尿酸

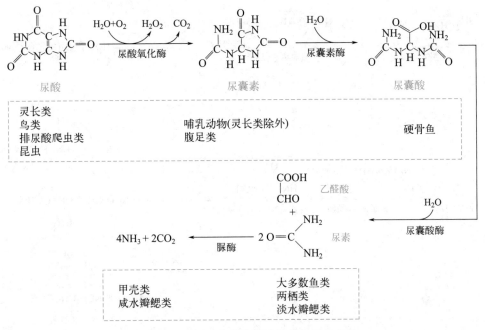

图 11-2　不同生物体内嘌呤代谢的最终产物

　　痛风是由于尿酸生产过量或尿酸排泄不充分造成尿酸堆积引起的一种疾病。血液中的尿酸钠的溶解度很小，当尿酸钠浓度高时，它可在软骨和软组织，特别是在肾脏、舌和关节处形成结晶（有时与尿酸一起），在关节处的沉积会引起剧烈的疼痛。引起痛风有几个原因，其中包括次黄嘌呤-鸟嘌呤磷酸核糖转移酶活性的部分缺陷，结果导致嘌呤重吸收下降，使得嘌呤分解生成更多的尿酸。痛风也可能是由于嘌呤生物合成调控的缺陷引起的。别嘌呤醇可以治疗痛风症，它是次黄嘌呤的结构类似物（结构如下图所示），可抑制黄嘌呤氧化酶，从而抑制尿酸的生成；同时反馈抑制嘌呤核苷酸从头合成的酶系，进而抑制尿酸的生成。

次黄嘌呤　　　　　别嘌呤醇

三、嘧啶的分解

　　嘧啶的分解（图 11-3）是一个开环过程，不同嘧啶碱基分解的终产物有一定差异。胞嘧啶经脱氨酶作用水解脱氨生成尿嘧啶，尿嘧啶在二氢尿嘧啶脱氢酶（以 $NAD(P)^+$ 为辅酶）催化下生成二氢尿嘧啶后再水解开环生成 β-脲基丙酸，再经 β-脲基丙酸酶作用水解生成氨、CO_2 和 β-丙氨酸。胸腺嘧啶先经脱氢酶催化生成二氢胸腺嘧啶，然后水解开环生成 β-脲基异丁酸，再被 β-脲基异丁酸酶水解生成氨、CO_2、β-氨基异丁酸。β-丙氨酸可以继续分解生成氨、CO_2 和乙酸，β-氨基异丁酸继续脱氨生成有机酸进一步代谢。

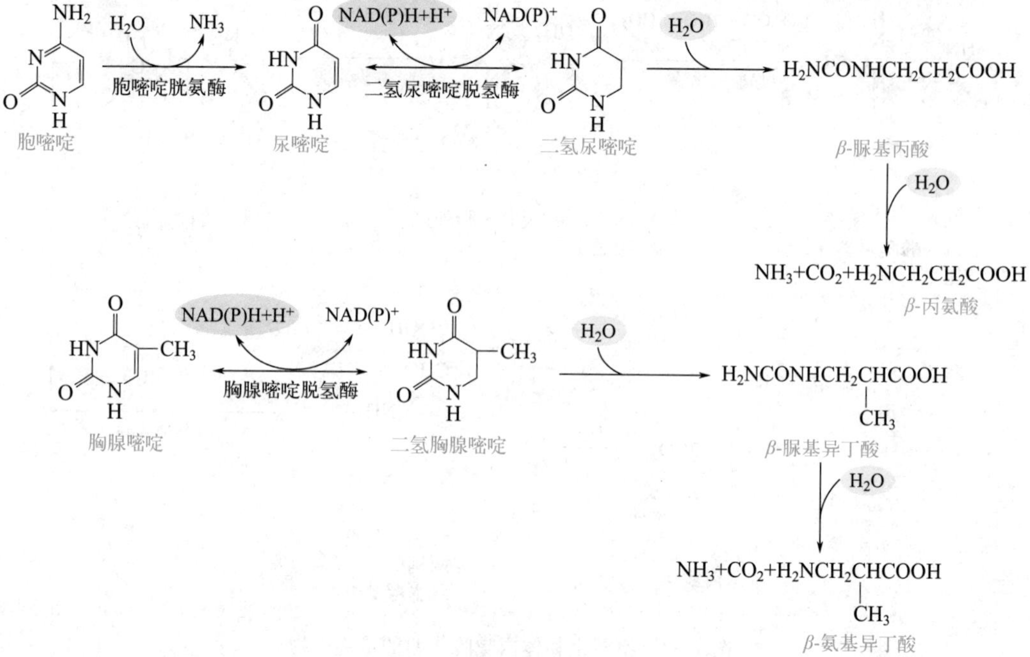

NH2
H2O
NH3
胞嘧啶脱氨酶
胞嘧啶
NAD(P)H+H+
NAD(P)+
二氢尿嘧啶脱氢酶
尿嘧啶
二氢尿嘧啶
H2O
H2NCONHCH2CH2COOH
β-脲基丙酸
H2O
NH3+CO2+H2NCH2CH2COOH
β-丙氨酸
CH3
NAD(P)H+H+
NAD(P)+
胸腺嘧啶脱氢酶
胸腺嘧啶
二氢胸腺嘧啶
H2O
H2NCONHCH2CHCOOH
CH3
β-脲基异丁酸
H2O
NH3+CO2+H2NCH2CHCOOH
CH3
β-氨基异丁酸

图 11-3　嘧啶的分解代谢

第二节　核苷酸的合成

机体内的核苷酸一部分由核酸水解产生，另一部分利用其他物质合成。合成途径主要有两条：利用磷酸核糖、氨基酸及 CO_2 等简单前体物质为原料，经一系列酶促反应，合成核苷酸的过程称为从头合成或全程合成；利用体内游离碱基、核苷，合成核苷酸的途径称为补救途径或补救合成。核苷酸的合成途径可以用图 11-4 概括。

从头合成
补救途径
磷酸核糖、氨基酸、CO2、NH3
核苷
辅酶
碱基
核糖核苷酸
RNA
脱氧核苷
脱氧核苷酸
DNA

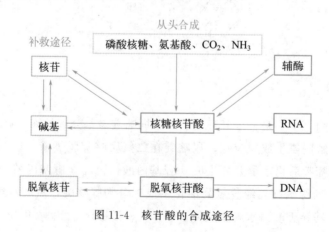

图 11-4　核苷酸的合成途径

一、嘌呤核苷酸的合成

1. 从头合成

同位素示踪实验表明嘌呤环中各个原子的来源不同（图 11-5）。其中氮原子主要来自氨基酸如天冬氨酸、谷氨酰胺和甘氨酸，碳原子来源于 CO_2 和一碳单位如甲酰基。

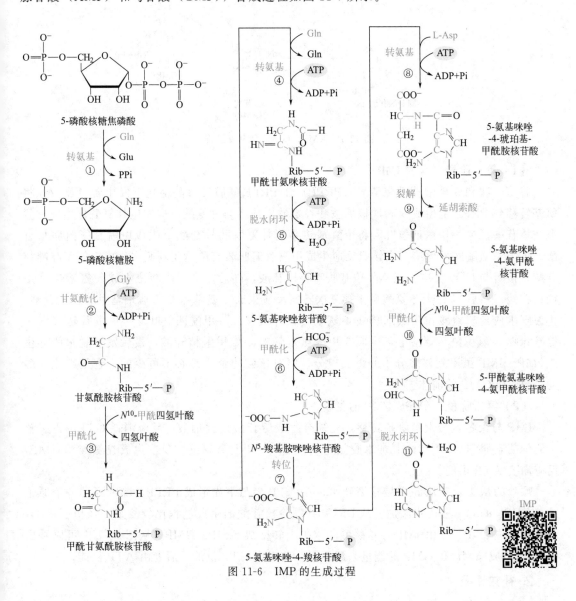

图 11-5　嘌呤环中各原子的来源

嘌呤的从头合成在胞浆中进行，肝脏是主要器官，其次是小肠，脑和骨髓不能合成。嘌呤核苷酸先由前体物质合成磷酸核糖，再逐步合成嘌呤核苷酸。从头合成过程可以分为两个阶段：第一阶段先合成次黄嘌呤核苷酸（IMP，肌苷酸）（图 11-6）；第二阶段由 IMP 生成腺苷酸（AMP）和鸟苷酸（GMP），合成过程如图 11-7 所示。

图 11-6　IMP 的生成过程

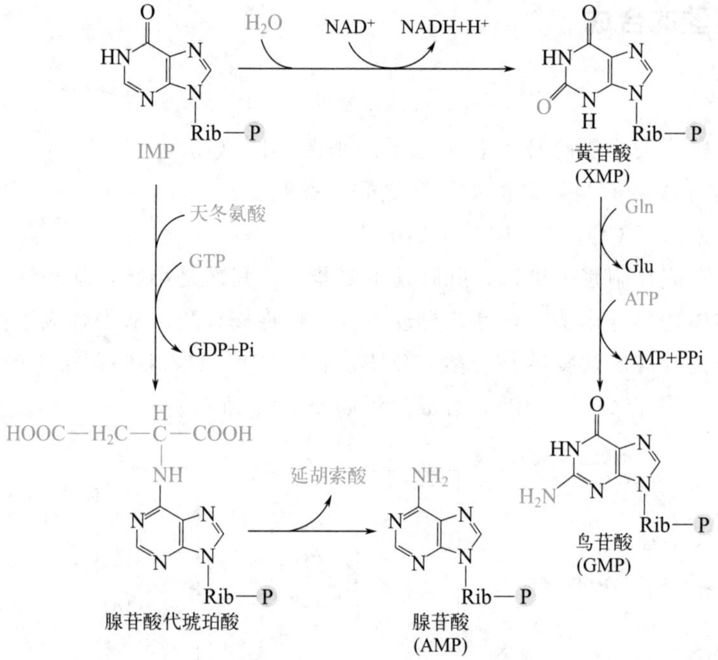

图 11-7　AMP、GMP 的生成过程

（1）第一阶段：合成 IMP

谷氨酰胺和 5-磷酸核糖焦磷酸（PRPP）在 PRPP 酰胺转移酶催化下发生转氨反应，将氨基转移到 PRPP 上生成 5-磷酸核糖胺和谷氨酸，前者与甘氨酸反应发生甘氨酰化生成甘氨酰胺核苷酸。N^{10}-甲酰四氢叶酸将甲酰基转移到甘氨酰胺核苷酸上生成甲酰甘氨酰胺核苷酸，再与谷氨酰胺发生第二次转氨反应生成甲酰甘氨咪核苷酸后闭环脱水生成 5-氨基咪唑核苷酸，接着与 CO_2 反应生成 N^5-羧基胺咪唑核苷酸，随后羧基发生转位生成 5-氨基咪唑-4-羧核苷酸。然后与 L-天冬氨酸发生第三次转氨反应生成 5-氨基咪唑-4-琥珀基甲酰胺核苷酸，再裂解生成延胡索酸和 5-氨基咪唑-4-氨甲酰核苷酸。N^{10}-甲酰四氢叶酸将甲酰基转移到 5-氨基咪唑-4-氨甲酰核苷酸上，生成 5-甲酰氨基咪唑-4-氨甲酰核苷酸，最后发生脱水闭环生成 IMP。IMP 虽不是核酸分子的组成成分，但对核酸的合成是必不可少的，它是组成核酸的 AMP 和 GMP 的前体。

（2）第二阶段：AMP、GMP 的生成

IMP 与天冬氨酸发生氨基转移，先缩合生成腺苷酸代琥珀酸，反应消耗 GTP，再裂解生成延胡索酸和 AMP。IMP 加水脱氢生成黄苷酸，再与谷氨酰胺反应生成谷氨酸和 GMP，反应需要 ATP 供能。

嘌呤的从头合成从 5-磷酸核糖开始，在 ATP 参与下先形成 PRPP，嘌呤环的各个原子是在 PRPP 的 C-1 上逐步添加。从 PRPP 到嘌呤核苷酸的生成过程比较复杂，经历了 10 多步反应生成 IMP，再由 IMP 在单磷酸的水平上转变成 AMP、GMP。从图 11-7 中可以看出由 IMP 生成 AMP 和 GMP 的能量来源不同，前者由 GTP 供能，后者由 ATP 供能。

2. 补救途径

一些哺乳动物的某些组织中没有从头合成嘌呤核苷酸的酶，细胞只能利用细胞内或从饮食中食物的分解代谢产生的嘌呤核苷、嘌呤碱基和 PRPP 重新合成嘌呤核苷酸，这种合成方式称为嘌呤核苷酸的补救合成途径。

补救合成也由 PRPP 提供磷酸核糖，该合成途径有两种重要的酶发挥作用，一种是腺嘌呤磷酸核糖转移酶（APRT），另一种是次黄嘌呤-鸟嘌呤磷酸核糖转移酶（HGPRT）。前者催化腺嘌呤和 PRPP 反应形成腺苷酸，后者催化次黄嘌呤和鸟嘌呤与 PRPP 反应分别生成 IMP 和 GMP。脑、骨髓等组织不能从头合成嘌呤核苷酸，只能进行嘌呤核苷酸的补救合成。

缺乏补救途径会引起嘌呤核苷酸合成速率降低，大量积累尿酸，并导致肾结石和痛风。机体缺失 HGPRT，使得分解产生的 PRPP 不能被利用而堆积，PRPP 促进嘌呤的从头合成，从而使嘌呤分解产物——尿酸增高，会患自毁容貌症，主要临床表现为智力发育障碍、攻击性性格、肌肉痉挛、强制性自咬唇舌和指尖、尿中尿酸排出量过量。在用别嘌呤醇治疗期间，次黄嘌呤和黄嘌呤都不会堆积，它们经 HGPRT 催化转换为 IMP 和黄嘌呤核苷酸，然后形成 AMP 和 GMP，AMP 磷酸化生成 ADP、ATP，GMP 磷酸化生成 GDP、GTP。次黄嘌呤和黄嘌呤的溶解度比尿酸钠和尿酸大得多，如果它们不能通过补救途径被重新利用，也可经肾脏排泄掉。

二、嘧啶核苷酸的合成

同位素示踪实验证明，嘧啶核苷酸中嘧啶碱基的合成原料来自谷氨酰胺、CO_2 和天冬氨酸（如下图所示）。嘧啶核苷酸的合成有两条途径：一条是以 CO_2、谷氨酰胺和天冬氨酸为原料的从头合成途径，首先形成嘧啶环，然后再与磷酸核糖相连形成嘧啶核苷酸；另一条是利用外源或核苷酸代谢产生的嘧啶碱基或嘧啶核苷重新合成嘧啶核苷酸的补救途径。从头合成是嘧啶核苷酸合成的主要途径。

1. 从头合成

CO_2 和谷氨酰胺反应生成氨基甲酰磷酸和谷氨酸，前者和天冬氨酸发生缩合反应，生成氨甲酰天冬氨酸。生成的氨甲酰天冬氨酸经脱水、脱氢、成环生成乳清酸，乳清酸与 PRPP 反应生成乳清苷酸后脱羧生成尿苷一磷酸（UMP），经核苷一磷酸激酶催化生成尿苷二磷酸（UDP），UDP 经核苷二磷酸激酶催化生成尿苷三磷酸（UTP）。UTP 与谷氨酰胺发生氨基化反应生成谷氨酸和胞苷三磷酸（CTP）。UDP 在核苷二磷酸还原酶的催化下生成 dUDP，再脱磷酸生成 dUMP，发生甲基化生成脱氧胸腺嘧啶核苷酸（dTMP）。dTMP 磷酸化生成 dT-DP，再次磷酸化生成 dTTP。嘧啶核苷酸的从头合成过程如图 11-8 所示。

2. 补救合成

嘧啶核苷酸的补救途径是指外源或核苷酸代谢产生的嘧啶碱基或嘧啶核苷重新合成核苷酸的过程。以尿嘧啶转变为尿嘧啶核苷酸为例，有两种途径：一种是尿嘧啶和 1-磷酸核糖在尿核苷磷酸化酶的催化作用下生成尿嘧啶核苷，再经尿苷激酶作用磷酸化生成 UMP，过程消耗 ATP。另外尿嘧啶也可以直接与 PRPP 作用生成 UMP 和 PPi。UMP 磷酸化生成

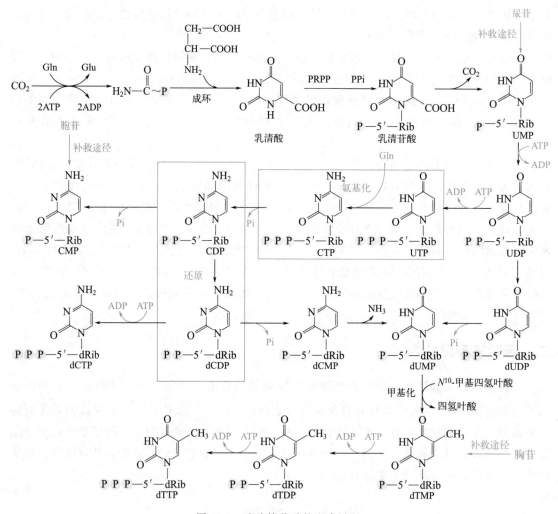

图 11-8 嘧啶核苷酸的生成过程

UDP，UDP 磷酸化生成 UTP。生成的 UTP 和谷氨酰胺发生氨基化反应生成 CTP，CTP 去磷酸化生成 CDP，CDP 既可以去磷酸化生成 CMP，也可以还原脱氧生成 dCDP，dCDP 磷酸化生成 dCTP，去磷酸化生成 dCMP，再脱氨又可生成 dUMP。

三、脱氧核苷酸的合成

脱氧核苷酸是以核糖核苷酸为原料，通过还原酶还原得到的。其中多数生物中核糖核苷酸必须先转化为核苷二磷酸（NDP），再还原为脱氧核苷二磷酸（dNDP），只有少数生物在核苷三磷酸的水平上还原为脱氧核苷酸。

二磷酸核糖核苷 — NADPH+H+ → NADP++H2O / ATP, Mg2+ — 二磷酸脱氧核苷

脱氧核苷酸的合成除需还原酶外，还需另两种氧化还原蛋白：硫氧还蛋白（thioredoxin）和谷氧还蛋白（glutaredoxin）参与。硫氧还蛋白是一种广泛存在的对热稳定的蛋白质，反应主要通过两个巯基的脱氢和加氢实现氧化还原。谷氧还蛋白中两个半胱氨酸残基通过二硫键相互连接，通过二硫键的氧化状态和还原状态的转变，在反应过程中做氢传递载体。核糖核苷酸还原为脱氧核糖核苷酸的过程如图 11-9 所示。

首先在核糖核苷酸还原酶的催化下，核糖核苷二磷酸还原为脱氧核糖核苷二磷酸，同时核糖核苷酸还原酶自身由还原态变成氧化态；随后氧化态的核糖核苷酸还原酶被还原态的硫氧还蛋白或谷氧还蛋白还原再生，硫氧还蛋白或谷氧还蛋白变为氧化态；之后在硫氧还蛋白还原酶或谷氧还蛋白还原酶催化下，氧化态硫氧还蛋白或氧化态谷氧还蛋白分别被 $FADH_2$ 和谷胱甘肽（GSH）还原；最后 NADPH 再使 $FADH_2$ 和 GSH 再生。

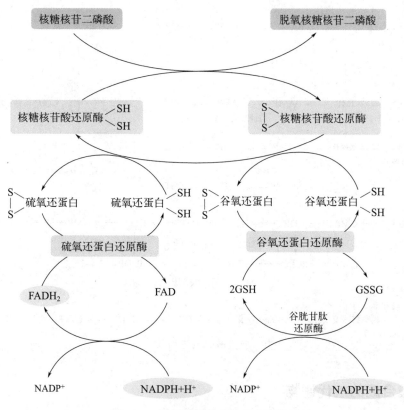

图 11-9　脱氧核糖核苷酸的合成过程

核苷酸的合成过程较为复杂，嘌呤核苷酸和嘧啶核苷酸合成过程以及相互关系总结如图 11-10 所示。嘌呤核苷酸和嘧啶核苷酸的生物合成途径不同，嘌呤核苷酸的合成以 5-磷酸核糖为起始物，磷酸化生成 5-磷酸核糖焦磷酸（PRPP），经多步反应脱水闭环生成 IMP 后发生氨基化反应生成 AMP，磷酸化生成 ADP、ATP。ADP 在二磷酸核苷水平还原脱氧生成 dADP 后磷酸化生成 dATP。IMP 加水、脱氢生成黄苷酸（XMP）后发生氨基化反应生成 GMP，GMP 磷酸化生成 GDP、GTP。GDP 在核苷二磷酸水平还原脱氧生成 dGDP 后磷酸化生成 dGTP。嘧啶核苷酸的合成首先以谷氨酰胺和 CO_2 生成氨甲酰磷酸，后经与天冬氨酸反应成环生成乳清酸，再与 PRPP 反应生成乳清苷酸后脱羧生成 UMP，UMP 磷酸化生成 UDP、UTP。UTP 接受谷氨酰胺的氨基生成 CTP，CTP 也可由 CDP 磷酸化生成。CDP、UDP 在二磷酸核苷水平还原分别生成 dCDP、dUDP，磷酸化生成 dCTP、dUTP。dUTP 去磷酸化生成 dUMP 后发生甲基化生成 dTMP，dTMP 磷酸化生成 dTDP、dTTP。碱基、核苷均可通过补救途径合成相应的核苷酸。

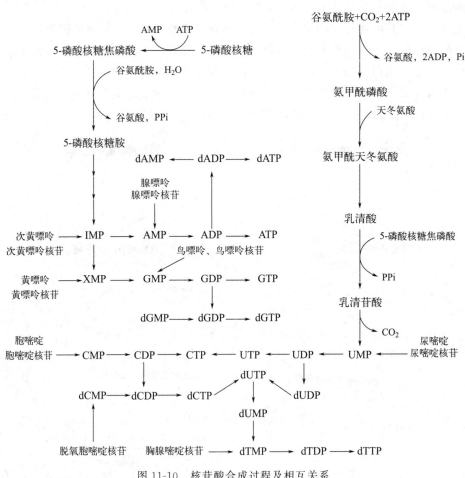

图 11-10　核苷酸合成过程及相互关系

四、核苷酸合成的抗代谢物

核苷酸合成的抗代谢物是一些碱基（嘌呤或嘧啶）、氨基酸或叶酸等的类似物。它们通过竞争性抑制干扰或阻断核苷酸的合成代谢，从而进一步阻止核酸的生物合成。

1. 嘌呤核苷酸合成的抗代谢物

嘌呤核苷酸合成的重要抗代谢物有嘌呤类似物（6-巯基嘌呤）、氨基酸类似物（氮杂丝氨酸）、叶酸类似物（氨基蝶呤、氨甲蝶呤）等。例如：6-巯基嘌呤（6-MP）在体内有三种抑制途径：一是形成巯基嘌呤核苷酸（与 IMP 结构相似），抑制 IMP 转化为 AMP、GMP，从而抑制嘌呤核苷酸的合成；二是反馈抑制 PRPP 酰胺转移酶从而抑制嘌呤核苷酸的从头合成；三是直接抑制 HGPRT，阻断嘌呤核苷酸的补救合成。氮杂丝氨酸主要是通过抑制 IMP 的合成中有谷胺酰胺参与的反应，阻断嘌呤核苷酸的合成代谢。氨基蝶呤、氨甲喋呤主要是抑制 IMP 合成中有四氢叶酸参与的反应，进而抑制嘌呤核苷酸的合成。

2. 嘧啶核苷酸合成的抗代谢物

嘧啶核苷酸合成的重要抗代谢物有嘧啶类似物（5-氟尿嘧啶）、氨基酸类似物（氮杂丝氨酸）、叶酸类似物（氨甲蝶呤）、核苷类似物（阿糖胞苷、环胞苷）等。其中 5-氟尿嘧啶（5-FU）对嘧啶核苷酸合成的影响以及抗肿瘤作用与嘌呤类似物相似。5-FU 在体内活化为 FdUMP 和 FUTP，其中 FdUMP 竞争性抑制 dTMP 合成酶，使 dTMP 生成减少，从而影响嘧啶核苷酸生成；FUTP 以 FUMP 的形式掺入 RNA 分子，影响其代谢。核苷酸合成的抗代谢物与类似物如图 11-11 所示。

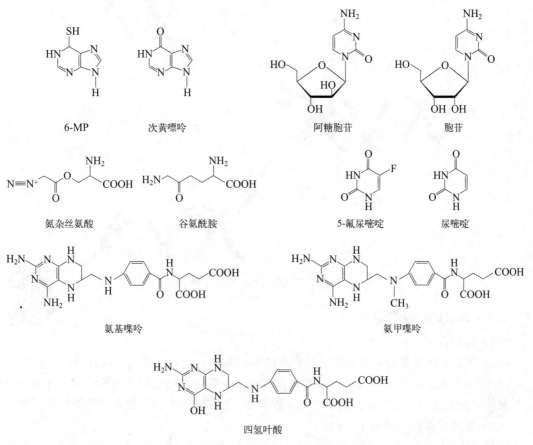

图 11-11　核苷酸合成的抗代谢物与类似物

第三节　DNA 的生物合成

DNA 携带有合成 RNA 和蛋白质所必需的遗传信息，DNA 双链解螺旋，分别作为模板指导 DNA 的合成，复制产生新的子代 DNA 分子，完成亲代的遗传信息向子代的传递。还可以用 RNA 作为模板进行逆转录（反转录）生成 DNA，完成遗传信息的传递。

一、 DNA 的复制

DNA 是双螺旋结构，复制时亲代 DNA 先进行解链，然后分别以两条亲代链为模板，按照碱基互补配对原则各形成一条新链，子代 DNA 分子与亲代 DNA 完全相同（图 11-12）。DNA 的这种复制方式称为半保留复制（semi-conservative replication）。在生物体内能独立行使复制功能，进行独立复制的 DNA 单位称为复制子（replicon）或复制单位。原核生物只有一个复制子，而真核生物有多个复制子。

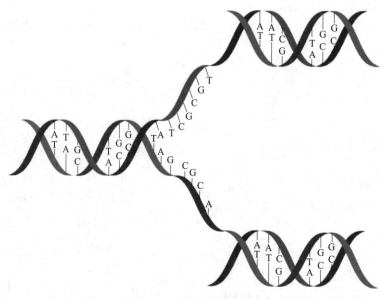

图 11-12　DNA 解旋复制过程

1. DNA 复制的基本规律

（1）复制方式

CsCl 密度梯度离心实验证明，DNA 通过半保留方式复制（图 11-13），得到的第一代 DNA 分子中一条单链从亲代完整地接受过来，另一条单链则完全重新合成。两条子链 DNA 分子继续进行半保留复制，第二代的 DNA 链中有一半的 DNA 链是完全重新合成的。

（2）复制特点

DNA 复制时会形成复制叉（replication fork），复制叉是 DNA 分子上正在进行复制的部位，此处亲代双链打开，与新合成的子代 DNA 单链形成叉状结构（图 11-12）。DNA 复制时有半不连续复制（图 11-14）的特点。半不连续复制是指 DNA 复制时，一条链按 $5'{\to}3'$ 方向连续合成，称为先导链（leading strand）或前导链；另一条链的合成不连续，因为 DNA 聚合酶只能按 $5'{\to}3'$ 方向合成 DNA 链，所以这条链要解旋一部分复制一部分，形成若干短片段（冈崎片段，Okazaki fragments），然后在连接酶作用下将这些短片段连在一起形成第二条子代链，即后随链（lagging strand）或滞后链。复制过程需要 RNA 引物，且复制有固定的起始点。

2. 参与复制的酶和蛋白

（1）　DNA 聚合酶

DNA 依赖性 DNA 聚合酶（DNA dependent DNA polymerase，DDDP　DNA pol）是

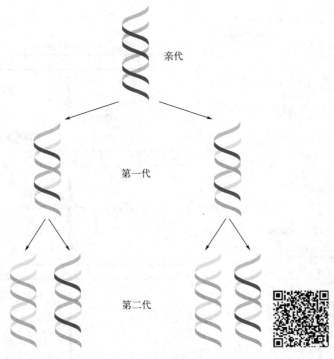

图 11-13　DNA 半保留复制过程

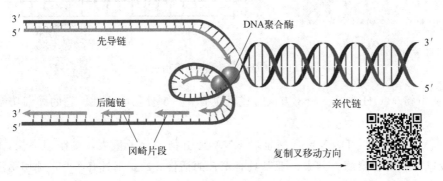

图 11-14　DNA 的半不连续复制

以亲代 DNA 为模板，催化底物 dNTP 分子聚合形成子代 DNA 的一类酶，多数的 DNA 聚合酶是二聚体。大肠杆菌体内有三种 DNA 聚合酶：DNA 聚合酶Ⅰ（DNA pol Ⅰ）、DNA 聚合酶Ⅱ（DNA pol Ⅱ）、DNA 聚合酶Ⅲ（DNA pol Ⅲ）。

　　① DNA 聚合酶Ⅰ　　DNA 聚合酶Ⅰ是一种球状单链多肽，有聚合酶活性，能以单链 DNA 为模板，以具有 3'-OH 末端的低聚脱氧核苷酸为引物，按照 5'→3' 方向合成与模板互补的子链；还有 3'→5' 外切酶活性，能在链延长时切除错误碱基，起校正作用；另外，有 5'→3' 外切酶活性，能切除引物、修复 DNA 损伤。DNA 聚合酶Ⅰ合成速率较慢，每秒可聚合约 10 个核苷酸，延长约 20 个核苷酸后酶脱离模板，其含量最多，主要起校正、修复作用。DNA 聚合酶Ⅰ的作用过程如图 11-15 所示，其中图（a）展示了 DNA 聚合酶Ⅰ的 3'→5' 外切酶功能，图（b）展示了 DNA 聚合酶Ⅰ的 5'→3' 外切酶功能和 5'→3' 聚合酶功能。

　　② DNA 聚合酶Ⅱ　　DNA 聚合酶Ⅱ由一条多肽链构成，有聚合酶活性，能以单链 DNA

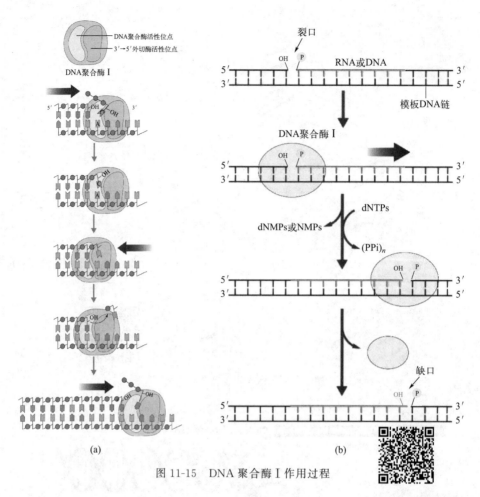

图 11-15　DNA 聚合酶 I 作用过程

为模板，从引物 3′-OH 端按 5′→3′方向合成；也有 3′→5′外切酶活性。它的详细功能尚不安全清楚。

③ DNA 聚合酶Ⅲ　DNA 聚合酶Ⅲ以 RNA 为引物，分子量大，复制速率快，是由 10 种 22 个亚基构成的寡聚酶。其中 α-亚基具有聚合酶活性；ε-亚基具有 3′→5′外切酶活性；β-亚基能有效防止酶从模板上脱落。DNA 聚合酶Ⅲ每秒聚合核苷酸数量超过 1000 个，一般认为大肠杆菌体内 DNA pol Ⅲ是主要的 DNA 复制合成酶。

真核细胞的 DNA 聚合酶有五种，即 DNA 聚合酶 α、β、γ、δ 和 ε。DNA 聚合酶 α 既能催化引物合成，还能催化先导链合成，在 DNA 复制中起主要作用；DNA 聚合酶 β 可能在 DNA 重组修复中起作用；DNA 聚合酶 γ 与线粒体 DNA 的复制有关；DNA 聚合酶 δ 催化后随链合成，具有 3′→5′外切酶活性；DNA 聚合酶 ε 类似大肠杆菌 DNA 聚合酶Ⅰ，具有聚合酶、3′→5′外切酶活性，起校正、修复和填补缺口的作用。

（2）解螺旋酶

解螺旋酶（helicase）能解开 DNA 双螺旋结构，使其成为单链。每解开一对碱基，消耗 2 分子 ATP。底物为具有单链末端或者切口的双链 DNA。

（3）拓扑异构酶

拓扑异构酶（topoisomerase）是催化 DNA 的拓扑链环数发生变化的酶，与转录和复制有关，广泛存在于原核生物和真核生物中。该酶能使 DNA 链上的磷酸二酯键断裂引入缺口（发生"切口反应"），又能使断裂的链重新连接起来（发生"封口反应"）。通过"切口-封口"反应，破坏 DNA 的高级结构。

（4） DNA 连接酶

DNA 连接酶（DNA ligase）能催化双链 DNA 分子中的单链切口处（一个磷酸二酯键断裂处）$5'$-磷酸基和与它邻近的 $3'$-羟基生成磷酸二酯键，但不能连接两条游离的 DNA 单链。

（5）单链结合蛋白

单链结合蛋白（single strand DNA-binding protein，SSB）可以与单股 DNA 链结合，不仅能防止解旋后准备复制的 DNA 重新形成双螺旋，还能防止核酸酶降解。原核生物中 SSB 与单链的结合表现出协同效应，在真核生物中无协同效应。

（6）引发酶

所有 DNA 的合成都需要引物，引物多为小分子 RNA，也有的是 DNA。原核生物和真核生物的引物长短不同：原核生物引物多为 5～10 核苷酸；真核生物引物多为 50～100 核苷酸。引物 RNA 是引发酶（primase）以 DNA 为模板合成的，因此引发酶也称 RNA 聚合酶。

3. DNA 的复制过程

（1）复制起始

复制起始包括对起点的识别、DNA 母链解螺旋形成复制叉以及生成 RNA 引物的过程。DNA 的合成是从特定位点开始的，这个特定位点称为复制起点，复制起点的碱基对（base pair，bp）序列是有特点的。如大肠杆菌 DNA 的复制起点包含 4 个 9bp 序列（Dna A 蛋白结合位点）和 3 个 13bp 序列（在 Dna A 蛋白等的影响下首先在此处解开双链）。起始蛋白如 Dna A 蛋白识别起始位点后与之结合，然后解旋酶和拓扑异构酶与复制起点结合，DNA 解螺旋形成两条单链，单链结合蛋白结合到单链上，随后引发酶以 DNA 链为模板按 $5'\rightarrow3'$ 方向合成引物。先导链的模板只需合成一段引物，后随链是不连续复制的，所以需要合成许多冈崎片段的 RNA 引物。

（2）链的延伸

DNA 链的延伸主要是复制叉的移动和新链的延长，包括先导链和后随链的合成。图 11-14 中展示了 DNA 复制过程中复制叉的移动方向。新链的延长主要由 DNA 聚合酶Ⅲ催化，该酶是一个多亚基复合二聚体，一个单体用于先导链的合成，另一个用于后随链的合成。催化从 RNA 引物 $3'$-OH 末端依次添加新的脱氧核苷酸残基，使新生成的 DNA 链按 $5'\rightarrow3'$ 方向不断延伸。由于后随链合成的是一条条冈崎片段，所以还需要用 DNA 连接酶连接形成长链。

（3）复制终止

DNA 复制终止在线性 DNA 分子和环状 DNA 分子中有所不同，对于线性 DNA 分子当复制叉移动到分子末端时复制终止，对于环状 DNA 分子一般以双向、对称、等速的方式复制，复制叉相遇时合成终止。链延伸过程结束后，DNA 聚合酶Ⅰ利用 $5'\rightarrow3'$ 外切酶活性切下引物，留下的空隙再由 DNA 聚合酶Ⅰ $5'\rightarrow3'$ 聚合酶活性催化填补，最后由 DNA 连接酶将缺口处相邻的两个核苷酸通过磷酸二酯键连接形成完整的 DNA 链，完成复制过程。

二、 DNA 的逆转录过程

逆转录（reverse transcription）是在逆转录酶的作用下，以 RNA 为模板，按照 RNA 中的核苷酸顺序合成 DNA 的过程。逆转录过程仍遵循中心法则（图 11-16）。在病毒中逆转录较为常见，逆转录病毒进入宿主细胞，在逆转录酶的催化下以病毒的 RNA 为模板合成互补 DNA，形成 RNA-DNA 杂合体，随后逆转录酶将杂合体中的 RNA 降解，以剩下的 DNA 链为模板合成另一条互补的 DNA 链，形成双链 DNA。双链 DNA 整合到宿主 DNA 中，潜伏或者在宿主体内复制、转录生产大量的病毒 RNA。

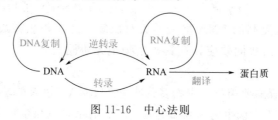

图 11-16　中心法则

三、 DNA 的损伤与修复

虽然生物体有完善的机制确保 DNA 复制的准确性，但在聚合过程中错误偶有发生，使得 DNA 碱基序列发生变化，导致之后的 DNA 复制、转录、翻译随之变化，从而造成异常。多数情况下损伤的 DNA 可以被修复，但严重的损伤是不可逆的，会导致该段的遗传信息丢失。在复制过程中碱基发生点突变、移码突变等都会导致碱基序列发生变化。点突变是一种碱基代替另一种碱基的突变方式，包括转换和颠换，转换是同型碱基之间的置换（嘌呤碱基或嘧啶碱基之间发生置换）；颠换是异型碱基之间的置换（嘌呤和嘧啶之间发生置换）。移码突变是 DNA 链中被插入或缺失一个或多个核苷酸对，导致其后序列发生错位阅读。

生物体通过多种机制修复受损 DNA，不同损伤采用不同的修复方法。常见的修复方法有切除修复和重组修复、错配修复等。其中切除修复是最普遍的 DNA 损伤修复方法，主要包括碱基切除修复和核苷酸切除修复。图 11-17 是单个碱基切除修复过程，首先 DNA 糖苷酶识别损伤的碱基并切除碱基与核糖之间的糖苷键，在 DNA 单链上形成无嘌呤或无嘧啶的空位，再由核酸内切酶从核苷酸链中间切断与受损的核苷酸相连的磷酸二酯键，接着核酸外切酶从切开的核苷酸链的一端逐个切掉相邻的核苷酸，再在 DNA 聚合酶的作用下合成新的片段，最后 DNA 连接酶将新合成的 DNA 片段与原来的 DNA 链连接起来，形成一条完整的 DNA 链。核苷酸切除修复无需利用 DNA 糖苷酶，直接将损伤的核苷酸以及周围正常的核苷酸一起切除，然后以另一条没有损伤的 DNA 链作为模板，重新合成新的互补片段。

重组修复主要有复制、重组、再合成 3 步（图 11-18）。含有嘧啶二聚体或其他结构损伤时，DNA 仍然可以正常进行复制，但当复制到损伤部位时，子代 DNA 链中与损伤部位相对应的位置出现缺口，此时另一条亲代链可以正常复制，其上相应的片段转移到新合成子链的缺口处与有缺口的子链重组。这条亲代链会形成新的缺口，再以互补链为模板，利用 DNA 聚合酶补齐，最后由连接酶连接，完成重组修复。

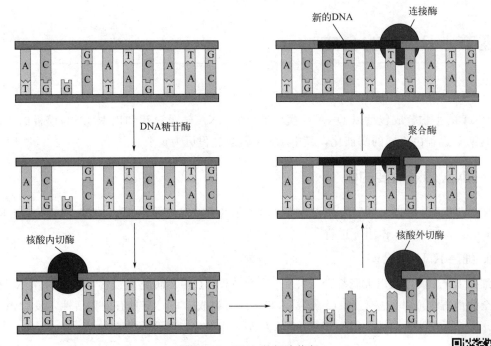

图 11-17　DNA 的切除修复

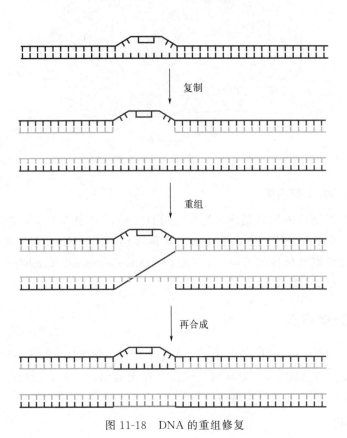

图 11-18　DNA 的重组修复

第四节　RNA 的合成

RNA 的生物合成包括以 DNA 为模板进行的 RNA 转录过程和以 RNA 为模板的复制过程，这两个过程由不同的酶催化，其中 RNA 转录过程更为重要。

一、　RNA 转录需要的酶

RNA 转录需要以 DNA 为模板，在 DNA 依赖性 RNA 聚合酶（DNA dependent RNA polymerase，DDRP）作用下进行。

1. 细菌 RNA 聚合酶

细菌 RNA 聚合酶以大肠杆菌 RNA 聚合酶（图 11-19）研究得最多，大肠杆菌 RNA 聚合酶全酶由五个亚基的核心酶（$\alpha_2\beta\beta'\omega$）和 σ 因子组成。核心酶具有催化活性，没有识别作用。σ 因子没有催化活性，但能识别 DNA 模板上 RNA 转录合成的起始信号。

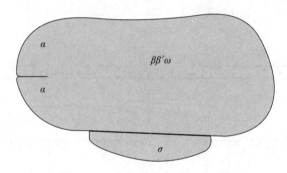

图 11-19　大肠杆菌 RNA 聚合酶

2. 真核细胞 RNA 聚合酶

在真核细胞的细胞核内发现的 RNA 聚合酶有三种，分别为 RNA 聚合酶 I、II 和 III。RNA 聚合酶 I 主要存在于核仁中，催化 rRNA 前体的转录；RNA 聚合酶 II 和 III 主要存在于细胞质中，前者负责催化核内不均一 RNA（heterogeneous nuclear RNA，hnRNA）的合成，后者催化 5SrRNA 和 tRNA 的合成。

二、　RNA 的转录方式

RNA 转录（RNA transcription）是以 DNA 为模板，将 DNA 分子中储存的遗传信息传递给 RNA 的过程。转录以 NTP 为原料，转录过程无需引物。RNA 转录主要有两种方式：一种是不对称转录；另一种是对称转录。

1. 不对称转录

体内转录时，DNA 双链不是同时作为模板，而是在一定条件下，只有一条链（或这条链上某些区域）作为转录的模板，这条链称为模板链（也称负链）。与其互补的另一条链，因序列与转录出的 RNA 相同（T 变为 U），称为编码链（也称正链）。RNA 的这种转录方式称为不对称转录（图 11-20）。

<pre>
5′ CGCTATAGCGTTT 3′   编码链(正链)
3′ GCGATATCGCAAA 5′   模板链(负链)

5′CGCUAUAGCGUUU 3′   转录出的RNA
</pre>

图 11-20　RNA 不对称转录示意图

2. 对称转录

转录过程中以 DNA 双链同时作为模板，合成两条互补的 RNA 链的过程称为对称转录。离体培养条件下常出现对称转录。

三、　RNA 的转录过程

RNA 转录包括起始、延伸和终止三个阶段。

1. 转录起始

RNA 聚合酶首先与 DNA 模板上的特异起始部位结合，DNA 上这个与转录起始有关的部位称为启动子（promoter）。原核生物和真核生物启动子的结构和特点相差较大，转录起始过程也有差异。原核生物转录起始主要是 RNA 聚合酶中的 σ 因子识别 DNA 启动子，然后 RNA 聚合酶中的核心酶与启动子结合，开始转录。真核生物的转录是通过转录因子识别启动子后再转录。

（1）原核生物启动子

转录单位就是 DNA 上从启动子到终止子的一段序列。转录起点的核苷酸记作 +1，起点的左侧为上游，用负的数字表示，起点的右侧为下游，即转录区。原核生物的启动子包括三个部位：开始识别部位，位于 −35 区，有 6 个 bp（TTGACA）的保守序列，能提供 RNA 聚合酶全酶识别的信号；牢固结合部位，位于 −10 区，有 6 个 bp（TATAAT）的保守序列，是双链局部解开区域；起始点是嘌呤（G 或 A），是 DNA 链上第 1 个核苷酸开始转录的位置。RNA 聚合酶全酶识别 −35 区后结合在 DNA 双链上并向右侧滑动，到达 −10 区后牢固结合并解开 DNA 双链，以 1 条 DNA 链为模板向右滑动，至转录起点，开始合成 RNA（图 11-21）。原核生物转录起始形成第一个核苷酸后，新合成的 RNA 出现新的 5′-端，然后进入延伸过程。

（2）真核生物启动子

真核生物转录起始过程较为复杂，依靠转录因子识别启动子。真核生物有三种 RNA 聚合酶，分别作用于三种不同的启动子。RNA 聚合酶 I 的启动子主要负责 rRNA 前体的转录起始。它的启动子由两部分组成：近启动子在起点附近位于 −40～+5，决定转录起始的精确位置；远启动子位于 −165～−40，能影响转录的频率。RNA 聚合酶 II 的启动子负责催化 hnRNA（mRNA 前体）的合成。这类启动子和转录因子十分复杂。RNA 聚合酶 III 的启动子负责合成 5SrRNA、tRNA 等的转录，启动子位于转录起始点的下游，称为下游启动子。

2. RNA 链的延伸

RNA 链的延伸由 RNA 聚合酶催化，RNA 聚合酶在模板链上滑动，使生成的新链沿

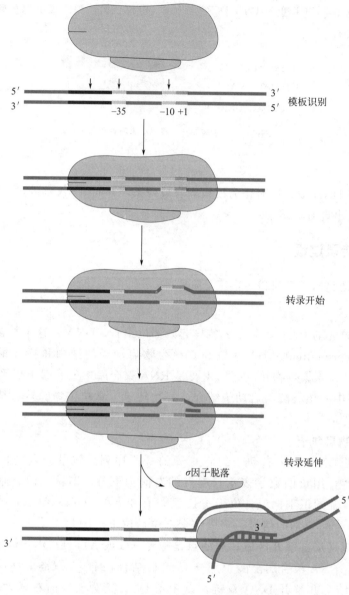

模板识别

转录开始

转录延伸

σ因子脱落

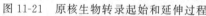
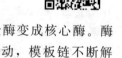

图 11-21　原核生物转录起始和延伸过程

$5'{\rightarrow}3'$增长，形成 9 个以上的核苷酸链后，σ 因子从全酶上解离下来，全酶变成核心酶。酶的结构发生变化，酶和模板链结合的紧密程度下降，便于沿模板继续滑动，模板链不断解旋，RNA 链不断转录合成，完成转录的 DNA 双链重新缔合成双螺旋结构。

3. 转录终止

终止子（terminator）是包含 RNA 聚合酶转录终止信号的 DNA 序列。DNA 链的转录。终止位点是一段回文结构的特定序列，单链会通过自身碱基互补配对形成发夹结构，双链 DNA 形成十字结构（Gierer 结构），这两种结构如图 11-22 所示。当 RNA 聚合酶移动到终止子时，DNA 上的十字结构会阻止 RNA 聚合酶继续向前移动。蛋白质因子 ρ 因子附着在 RNA 链上沿 $5'{\rightarrow}3'$ 移动，当遇到被阻滞在终止子的 RNA 聚合酶时，ρ 因子的解螺旋活性使 RNA 链从 DNA 模板上释放，转录终止。

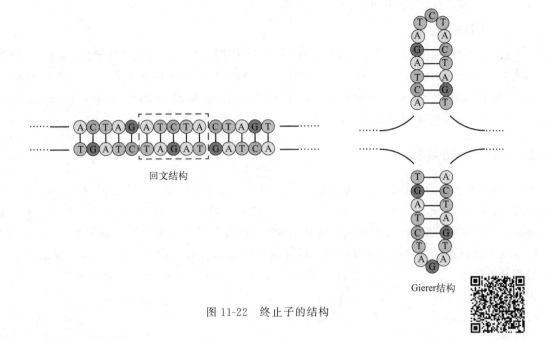

回文结构

Gierer结构

图 11-22　终止子的结构

四、 RNA 的转录后加工

转录合成的 RNA 需要进一步修饰加工，才能变成具有生物活性的 RNA 分子，这一过程称为转录后加工。转录后的加工包括：切除某些核苷酸序列、拼接形成 5′-和 3′-末端的特殊序列、碱基修饰、改变糖苷键等过程。下面简要介绍几种 RNA 的加工过程。

1. mRNA 的加工

原核生物没有细胞核，mRNA 转录和翻译接续进行，mRNA 生成后绝大部分直接作为模板翻译其编码的蛋白质，不需要再进行加工。真核生物 mRNA 的合成在细胞核中，蛋白质的翻译在细胞质中。真核生物的基因是不连续的，称为断裂基因或割裂基因，其中的信息区称为外显子（expressed region），是最后出现在成熟 RNA 中的基因序列，又称表达序列；断裂基因中的非信息区称为内含子（intron），其被转录在前体 RNA 中，经剪接被去除，最终不存在于成熟 RNA 中。外显子和内含子被隔成若干片段，一起被转录，生成分子量很大的前体分子，在核内加工过程中又形成大小不等的中间物，称为 hnRNA，再进行剪切反应切除内含子，将外显子连接起来，加工生成成熟的 mRNA。

真核生物 mRNA 的加工过程一般包括：剪掉 hnRNA 中的内含子序列，将外显子连接起来；在 3′-端添加 poly A（多聚腺苷酸）结构；在 5′-端形成"帽子"结构，"帽子"结构一般是通过鸟苷酸、核糖甲基化生成的，如：5′-末端的 G 被甲基化，并通过焦磷酸与另一个发生了核糖甲基化的核苷酸以 5′,5′-磷酸二酯键相连。这种结构有抗 5′-核酸外切酶降解的作用，在翻译时为核糖体识别 mRNA 提供了信号。

2. tRNA 的加工

tRNA 的加工过程包括剪切、拼接以及对碱基和核糖的特定部位进行修饰。比如切除 5′-和 3′-端多余的核苷酸序列；碱基甲基化、羟基化，尿嘧啶变为二氢尿嘧啶，腺苷酸脱氨变为次黄苷酸；在 3′-端添加-CCA$_{OH}$ 序列等。

3. rRNA 的加工

在核仁中经 RNA 聚合酶催化合成的 rRNA 前体需经过加工才能产生成熟产物。原核生物先生成 30SrRNA（rRNA 前体），经过甲基化修饰后，发生甲基化的位点断裂，释放出 16SrRNA、23SrRNA 和 5SrRNA。再进一步切割这 3 种 rRNA 末端，形成成熟的 16SrRNA、23SrRNA 和 5SrRNA。

五、 RNA 的复制

RNA 复制是除了逆转录病毒以外的其他 RNA 病毒的扩增方式，RNA 依赖性 RNA 复制酶（RNA dependent RNA polymerase，RDRP）主要存在于 RNA 病毒中，能以 RNA 为模板合成 RNA，是除逆转录病毒外的其他 RNA 病毒和类病毒复制所必需的酶。某些 RNA 病毒如大肠杆菌噬菌体是以 RNA 为模板复制出病毒 RNA 分子的。病毒 RNA 复制酶具有很高的模板专一性，只识别病毒自身的 RNA，但该酶缺乏校正功能，因此 RNA 复制时错误率很高。

课后练习

一、填空题

1. 核苷酸的生物合成有 2 个途径，其中_____是主要途径，而_____是次要途径。

2. 真核细胞中含有三种 RNA 聚合酶Ⅰ、Ⅱ、Ⅲ，它们在细胞中的定位是Ⅰ位于_____，Ⅱ位于_____，Ⅲ位于_____中，并依次用于合成_____、_____和_____。

3. _____和_____酶的缺乏可导致大肠杆菌体内冈崎片段的堆积。

4. RNA 聚合酶与 DNA 分子中的_____结合后才能启动转录的进行。

二、判断题

1. 嘌呤核苷酸和嘧啶核苷酸的生物合成途径是相同的，都是先合成碱基环再与磷酸核糖生成核苷酸。（　　　）

2. DNA 的复制从固定点开始，并以固定点结束。（　　　）

3. 原核生物的 RNA 聚合酶可以直接识别启动子，真核生物的 RNA 聚合酶不能直接识别启动子。（　　　）

三、选择题

1. 嘌呤核苷酸从头合成中，首先合成的是（　　　）。

A. IMP　　　　　　B. AMP　　　　　　C. GMP　　　　　　D. XMP

E. ATP

2. 人体嘌呤分解代谢的终产物是（　　　）。

A. 尿素　　　　　　B. 尿酸　　　　　　C. 氨　　　　　　D. β-丙氨酸

E. β-氨基异丁酸

3. 脱氧核糖核苷酸生成的方式是（　　　）。

A. 在一磷酸核苷水平上还原　　　　　B. 在二磷酸核苷水平上还原

C. 在三磷酸核苷水平上还原　　　　　D. 在核苷水平上还原

E. 直接由核糖还原

4. 下列关于氨基甲酰磷酸的叙述中，正确的是（　　　）。

A. 它主要用来合成谷氨酰胺　　　　　B. 用于尿酸的合成

C. 合成胆固醇　　　　　　　　　　　D. 为嘧啶核苷酸合成的中间产物

E. 为嘌呤核苷酸合成的中间产物

5. 关于 DNA 复制，错误的是（　　　）。

A. 为半保留复制

B. 子代 DNA 的合成都是连续进行的

C. 亲代 DNA 双链都可作为模板

D. 子代与亲代 DNA 分子核苷酸序列完全相同

6. 冈崎片段是指（　　　）。

A. 模板上的一段 DNA　　　　　　　B. 在后随链上由引物合成的不连续 DNA 片段

C. 在领头先导链上合成 DNA 片段　　D. 除去 RNA 引物后修补的 DNA 片段

E. 指互补于 RNA 引物的那一段 DNA

7. 关于 RNA 转录合成的叙述，其中错误的是（　　　）。

A. 只有 DNA 存在时，RNA 聚合酶才能催化链的合成

B. 转录过程中 RNA 聚合酶需要有引物

C. 转录时只有一股 DNA 作为 RNA 的模板

D. RNA 链的生长方向是 $5' \rightarrow 3'$

8. ρ 因子的功能是（　　　）。

A. 增加 RNA 合成速率

B. 释放结合在启动子上的 RNA 聚合酶

C. 参与转录的终止

D. 允许特定转录的启动过程

参考文献

［1］ 张洪渊，万海青．生物化学．3 版．北京：化学工业出版社，2014.

［2］ 朱圣庚，徐长法．生物化学．4 版．北京：高等教育出版社，2017.

［3］ 张洪渊，万海青．生物化学．4 版．北京：高等教育出版社，2017.

［4］ 王冬梅，吕淑霞．生物化学．2 版．北京：科学出版社，2019.

［5］ 陈钧辉，张冬梅．普通生物化学．5 版．北京：高等教育出版社，2015.

［6］ 杨志敏，蒋立科．生物化学．2 版．北京：高等教育出版社，2010.

［7］ 蔡志强，朱劼．生物化学．北京：化学工业出版社，2020.

［8］ Berg J M，Tymoczko J L，Gatto Jr G J，Stryer L. Biochemistry. Eighth edition. New York：W H Freeman and Company，2015.

［9］ Nelson D L，Cox M M. Lehninger Principles of Biochemistry. Seventh edition. New York：W H Freeman and Company，2017.

［10］ Garrett R H，Grisham C M．Biochemistry. Sixth edition. Cengage Learning，2016.

［11］ Shen J，Jin W X，Chen C.Metabolic minimap of anaerobic digestion for undergraduate biochemistry courses. Biochemistry and Molecular Biology Education，2022，50（6）：641-648.

［12］ Khalid H，Amin F R，Chen C. An integrated laboratory experiment for the determination of main components in different food samples. Biochemistry and Molecular Biology Education，2022，50（1）：133-141.

［13］ 陈畅，李成．生物化学中厌氧消化代谢途径的教学实践．生物工程学报，2022，38（12）：4765-4778.

［14］ 陈畅，宋超．厌氧消化过程化学变化的教学研究．化学教育，2023，44（6）：76-83.

［15］ 陈畅．生物化学课堂教学的精密设计与实施．生命的化学，2022，42（12）：2288-2292.

［16］ 陈畅．以动带静——静态生物化学的单元化"微教学"实践．生物工程学报，2022，38（4）：1649-1661.

［17］ Shen J，Chen C. Anaerobic digestion as a laboratory experiment for undergraduate biochemistry courses. Biochemistry and Molecular Biology Education，2021，49（1）：108-114.

［18］ 陈畅，宋超．蛋白质含量测定的教学改进．生命的化学，2021，41（12）：2712-2717.

［19］ 陈畅，金文雄，戴壮强．生物化学中糖类分解代谢的教学创新．生命的化学，2021，41（9）：2060-2067.

［20］ 陈畅，袁淑兰，李成．生物化学产甲烷动力学的教学实践．化学教育，2023，44（22）：95-101.